U1004745

芜湖市文化研究论文汇编

第一辑

芜湖市文化研究与弘扬工作领导组 编

安徽师范大学出版社
·芜湖·

责任编辑:胡志恒
封面设计:丁奕奕

图书在版编目(CIP)数据

芜湖市文化研究论文汇编. 第一辑 / 芜湖市文化研究与弘扬工作领导组编. —芜湖 : 安徽师范大学出版社,2016.9
ISBN 978-7-5676-2545-7

Ⅰ. ①芜… Ⅱ. ①芜… Ⅲ. ①地方文化 - 芜湖市 - 文集 Ⅳ. ①G127.543-53

中国版本图书馆CIP数据核字(2016)第147855号

芜湖市文化研究论文汇编·第一辑
芜湖市文化研究与弘扬工作领导组　编

出版发行:安徽师范大学出版社
芜湖市九华南路189号安徽师范大学花津校区 邮政编码:241002
网　　址:http://www.ahnupress.com/
发 行 部:0553-3883578　5910327　5910310(传真) E-mail:asdcbsfxb@126.com
印　　刷:安徽芜湖新华印务有限责任公司
版　　次:2016年9月第1版
印　　次:2016年9月第1次印刷
规　　格:700mm×1000mm　1 / 16
印　　张:26.75
字　　数:286千
书　　号:ISBN 978-7-5676-2545-7
定　　价:78.00元

凡安徽师范大学出版社版图书有缺漏页、残破等质量问题,本社负责调换。

目　录

芜湖古代圩田刍探

周瑜与芜湖

小乔与小乔墓考

王敦与“王敦城”

李白诗缘芜湖

芜湖小九华与地藏文化

从“一华”到“九华”金地藏落迹寻踪

繁昌窑及其历史文化影响

“石圣”米芾与无为米公祠

南宋状元张孝祥与镜湖

徽商与芜湖的相互影响

汤鹏、萧云从与芜湖铁画

孙中山与芜湖

鸠兹文化探析

芜湖市文联课题组

摘要:芜湖古名“鸠兹”,春秋建邑,迄今已有2500多年建置史。本文就“鸠兹”得名由来,“鸠兹之战”,古鸠兹邑所辖范围以及“鸠”为何物,“兹”是什么意思,“鸠图腾”与“凤图腾”的关系,鸠兹广场雕塑“鸠顶泽瑞”的文化表征与涵义,鸠兹文化的文脉传承及核心要义等,参考大量文献资料并赴实地考察,进行深入探析。

关键词:鸠兹邑 鸠兹之战 鸠图腾 鸠兹文化

一、“鸠兹”一名最早见诸吴楚鸠兹之战

《春秋左传·襄公三年》:“三年春,楚子重伐吴,为简之师,克鸠兹,至于衡山。使邓廖帅组甲三百、被练三千以侵吴。吴人要而击之,获邓廖。其能免者,组甲八十、被练三百而已。子重归,既饮至三日,吴人伐楚,取驾。驾,良邑也。邓廖,亦楚之良也。君子谓:‘子重于是役也,所获不如所亡。’楚人以是咎子

重。子重病之，遂遇心病而卒。”[①]

这是有文字记载以来最早的“鸠兹”得名，源自于春秋时期吴楚两国之间发生的一场战争。

春秋中晚期，周太王之子泰伯、仲雍创建的吴国经过不懈努力，发展成为长江下游地区实力最强的国家。当时中原北方的晋国与江汉流域的楚国为了争夺对中原地区的控制权，展开激烈较量。为了削弱楚国的势力，周简王二年（公元前584年），晋景公派遣遭受楚国迫害逃亡在晋的楚国大夫申公巫臣前往吴国，游说吴王寿梦，联晋抗楚。巫臣不辱使命，不仅顺利完成这一政治性很强的外交任务，而且还向吴军传授使用战车及排兵布阵之法，使得吴军的战斗力有了很大提高。

晋国“联吴抗楚”的建议，与吴王寿梦西向夺取楚国势力范围的企图不谋而合。时隔不久，吴国通过一连串的武力征讨，将原本归附于楚国的东方蛮夷（如舒鸠国等）纳入其控制之下。吴国因此而国力大增，版图也扩大了许多，与中原各国之间的交往变得十分密切，成为楚国的一支劲敌。

周灵王二年，也就是鲁襄公三年（公元前570年）春，为了遏制吴国势力西向蔓延，楚共王派遣楚国令尹子重率精兵攻打吴国，意欲首先夺取吴国西部重镇鸠兹邑，然后直捣吴国首都梅里，把眼中钉肉中刺的吴国彻底干净地消灭掉。此攸关重要的关

①（春秋）左丘明著、李梦生注释：《左传今注》，凤凰出版社2008年版，第363—364页。

键性一役，便是历史上有名的“鸠兹之战”，被记录在《春秋左传》。

由于鸠兹之战的重要，战术打法又很奇特，被载入由中国军事科学院编写的《中国军事史》。

子重的伐吴大军从楚国浩浩荡荡出发，一连打了好几个胜仗，遇到的吴国守军不是弃阵地而逃就是举手投降，不堪一击。其实这正是吴王寿梦“诱敌深入”的计谋，子重不知是计，反而十分得意。当到了鸠兹邑境内的衡山看不到一点抵抗的迹象，便误以为衡山守军又像前几处一样，早已望风逃逸。杀鸡焉用宰牛刀，子重命大将邓廖率领穿组甲的士兵300人（“组甲三百”）、穿被练的士兵3000人（“被练三千”）作为前锋，继续向吴地纵深挺进，自己则暂回国内小作休整，待邓廖拿下鸠兹邑以后，兵临梅里城下，再行出马。

据考证，“组甲”是用丝带连结皮革或是铁片制成的铠甲，“被练”是用煮熟的生丝穿甲片制成的甲衣，二者是古代两种战甲的名称。春秋时期，“甲士”与“徒卒”有所区别，穿铠甲或是甲衣的“甲士”（士兵）通常为全军精锐，而“徒卒”只是一般步兵。当邓廖率领这支由楚军精锐组成的部队开到鸠兹邑境内衡山，早已埋伏在此的吴国军队在吴王寿梦指挥下，一声号令，突然从楚军一侧杀出，拦腰截断楚军，把楚军分割成两段，造成楚军首尾不能相顾。然后采取“围点打援”的战术将楚军杀得个落花流水，丢盔弃甲，溃不成军。结果邓廖精锐部队的300名组甲

（兵）只剩下80名，3000名被练（兵）也只剩下300名。勉强逃生（“其能免者，组甲八十、被练三百而已”），其余均死的死降的降，主将邓廖也被生擒活捉（“获邓廖”），当上吴国俘虏。

而在此时，子重却一点也不知情，以为胜券在握，继续在官邸内饮酒作乐。不出三日，忽然战报传来，邓廖所率精锐惨遭全军覆没，鸠兹邑不但没有被攻克，反而被吴军乘胜追击，一举攻占了楚国东部重镇驾邑（今芜湖市所辖无为县境内），为鸠兹之战画上了一个圆满的句号。这也是给楚军特别是给子重一个极大的讽刺，打了楚军特别是子重一记响亮的耳光。

不久，子重在楚国朝野上下一片指责声中，大病一场，郁郁死去（“楚人以是咎子重。子重病之，遂遇心病而卒”）。

时隔2200年以后，清朝康熙皇帝在读到《左传》这段文字的时候，大发感慨：“吴楚争强自此始”[①]。也就是说鸠兹邑境内发生的一场战争，吴胜楚败，从此拉开了吴楚之战的序幕，标志着吴国与楚国抗衡争强的开始。

子重，春秋时期楚国令尹，芈姓，熊氏，名婴齐，字子重。楚穆王的儿子，楚庄王的弟弟。楚共王时，担任楚国令尹。

令尹这一职务，为楚国在春秋战国时期设立的最高官衔，掌握政治事务、发号施令，执掌一国之国柄。“身处上位，以率下民。”对内主持国事，对外主持战争，总揽军政大权于一身。楚国

①《钦定春秋传说汇纂》，吉林出版集团2005年版。

派出这样一位重量级人物去攻打吴国，原本指望取得伐吴成功，不料却败在鸠兹之战的鸠兹邑境内衡山。从此吴楚两国之间的战局得到阶段性扭转，楚军再也不敢轻易冒犯吴国。

衡山，即是“横山”，又称“横望山”，因四望皆横而得山名。位于今芜湖市毗邻之马鞍山市当涂县境内，古代辖属鸠兹邑。其山势威严，横列若屏障，方圆百余里，是一个易守难攻的战略要地。当年吴王寿梦就是选择于此设下伏兵，一举歼灭楚军精锐，取得鸠兹之战重大胜利，同时也使吴国由水战优势转为陆战（在巫臣的指导训练下），经受了一次实战考验，迈出可喜的一大步。

此时正是晋悼公雄霸中原的时代，楚国在北面十分艰难地与晋国抗衡，无力继续发动对吴国的征伐。到了公元前561年，一代雄主吴王寿梦去世，局势才似乎有所改变。

吴王寿梦是吴国历史上一位伟大的君主，在他统治的25年中，吴国从一个默默无闻的小国一跃而成为举足轻重的军事强国，其陪都鸠兹邑也相应得到很大发展，成为吴国西部边陲重镇首邑。又因鸠兹之战取得重大胜利，令世人刮目相看。

吴王寿梦去世以后，楚国自恃少了一个强敌，先后取道鸠兹邑，发动了两次征伐吴国的战争。一次是公元前537年的鸠兹“鹊岸之战”，另一次是公元前525年的鸠兹“长岸之战”，两次战争都以吴胜楚败而告结束。

这两次战事，在《军事辞海》①等文献资料中都有记载。

楚灵王四年，也就是吴王馀祭十一年（公元前537年），楚国与其侯国蔡、陈、许、顿、沈、徐、越等联合攻打吴国，吴军出兵迎战，在鸠兹邑境内的鹊岸（今铜陵及繁昌狄港板子矶一带）将楚国联军击败，史称鸠兹“鹊岸之战”。

楚平王四年，也就是吴王僚二年（公元前525年），楚国又向吴国开战，吴王僚命令自己的儿子公子光迎战。公子光率领吴国舟师沿江（今长江）逆水而上，与楚国令尹子瑕的舟师相遇，双方在鸠兹邑的长岸（今芜湖市境内天门山一带水面）进行了一场血战。

水战是吴国的强项，吴国很快便将楚国大将司马子鱼杀死。楚国舟师奋力反击，又将吴军打败，并缴获了吴王僚的乘船，也就是“余皇号”旗舰，派兵将严加看守。吴军主帅公子光为了夺回“余皇号”，派了3名敢死队员，潜伏在“余皇号”附近，作为内应。到了夜深人静的时候，突然发起袭击，高呼：“余皇!”“余皇!”潜伏在附近的吴军敢死队员轮流高声应答，楚军误以为吴军攻进水营，一时大乱。吴军乘势发起攻击，夺回“余皇号”旗舰，大败楚国舟师。

长岸之战是中国古代水战史上，最早详细记载水战经过的一则战例。

---

①《军事辞海》编辑委员会编:《军事辞海》,浙江教育出版社2000年版。

《左传·昭公十七年》："战于长岸，……楚师乱，吴人大败之，取'余皇'以归。"

长岸之战也是我国古代最早的编队水战，标志着中国战争形式和战术运用的重大进步。

二、鸠兹邑是春秋时期吴国首邑

自鸠兹"长岸之战"后，楚国再也没有胆量和军事能力取道鸠兹邑攻打吴国，鸠兹邑成为守卫吴国、防范楚国入侵的坚强堡垒。

据考证，鸠兹邑建置历史十分悠久，早在2500多年前的春秋时期，吴泰伯于东海之滨的湿地（鸠薮之地）建立起的勾吴王国，便已经有了邑制。由于所处战略地位重要，与勾吴王国一开始建都的都城梅里相距很近，犄陪都之势，便按国名"鸠（勾）吴"，冠之以"鸠"，得邑名"鸠兹"。

因古代（现代亦是如此）吴地一带"鸠"、"勾"发音不分，故"勾吴"又被叫做"鸠吴"，"勾践"又名"鸠浅"。以此类推，"鸠兹"有时候又被叫做"勾兹"，或"祝（祝鸠）兹"、"皋夷"（生活在岗丘高地上的东夷氏族）等。

关于"邑"，《说文》解释为："邑，国也。"[①]《左传》："凡称人曰'大国'，凡自称曰'敝邑'。"这里的"邑"，当然指的是王

① 许慎著：《说文解字》，中华书局1963年版，第131页。

国下面的侯国（国在古代为王侯的封地），相当于后来国家下面的省，或是省下面的府，府下面的县。

与鸠兹邑同一时期，也有一个冠以“鸠”名的邑（侯国），位于长江北岸，叫做“舒鸠”（今安徽舒城一带）。“舒鸠”时为江淮流域众多侯国中较为强大的侯国之一，大言不惭地称己为“舒鸠国”，简称“鸠国”。

古代鸠兹邑所辖范围甚广，据有关资料记载：“芜湖县，府西南六十五里。西至庐州府无为州百三十里，西南至宁国府南陵县百十里。春秋时为吴之鸠兹邑，汉置芜湖县。”①

其实根据史料考证，古代鸠兹邑所辖属地范围，远不止以上所说这些地域。

湖北荆州《今县释名》：“汉置松兹县，在庐江郡，此县地为汉南郡之高成县。东晋咸康中，以庐江郡松兹县流民，避兵至此，乃侨置此。古今地名云，荆州松滋县，古鸠兹地，按古鸠兹邑，在今芜湖县。”②

这段史料透露出来一个信息，即是庐江郡松兹县曾属“古鸠兹地”所辖，极有可能侨置到湖北荆州以后，仍辖属鸠兹邑。

今湖北省罗城县一带，春秋时期也曾辖属鸠兹邑。民国年间，当地考古人员在该县九资河发掘出土一块《鸠兹碑》，直呼鸠兹邑为“鸠兹国”。

---

①顾祖禹撰：《读史方舆纪要》卷二十七，商务印书馆1937年版。

②荆州市方志办编：《今县释名》。

鸠兹之战的战事记载表明，既然公元前570年便有“鸠兹”邑名的出现并记录在《春秋左传》，说明此前就已经有了鸠兹邑的建置。考证推断应为吴国初立国的时候，亦即公元前585年（周简王姬夷元年、吴寿梦元年），也就是鲁成公六年，距2015年已有2600年。

关于“邑”的解释，古代又有指一般城市，“大曰都，小曰邑”。也有作为县的别称，且有解释为部落、村落。《说文》：“土肥美，背山向海，宜五谷，善田种，有邑落长帅”。

古鸠兹邑最先是从部落或村落兴起，尔后人越聚（鸠）集越多，部落或村落越发展规模越大。到了春秋时期，勾吴立国（吴国先称“勾吴”，鸠兹也曾称过“勾兹”），鸠兹属吴地，邑便成为封地建置。此时的鸠兹邑，是行政区的概念，不再是小小的部落或是村落，俨然为一侯国建置规模。

古鸠兹邑“东控勾吴，南连荆楚”，而又“扼中江之险”[①]，为交通枢纽要地，往来货运方便，十分繁盛。

勾吴初立国（公元前585年）时，建都太湖之滨的梅里，鸠兹邑与之相距很近，成掎角之势，“偏都”一方，对鸠兹邑的建设发展起到一定促进作用。

公元前570年发生的那场鸠兹之战，楚国令尹子重只要衡山一战无恙，便可克下鸠兹，趟过中江，直捣吴国都城梅里，取得

---

①芜湖市地方志编纂委员会编：《芜湖市志》（上册），社会科学文献出版社1993年版，第16页。

伐吴全胜。当然，这一仗最后以楚国战败而告终，目的未能达到。

可以想见，当年这场战争所耗费的人力财力有多大，鸠兹如果是一般小邑村落，又怎么能承受得起？

公元前514年，吴国从梅里迁都姑苏，即今苏州市，鸠兹邑遂失去"偏都"优势，发展相对有所滞弱。

公元前472年，吴国被越国灭，鸠兹邑属越国。

公元前334年，楚国又灭掉越国，鸠兹邑属楚国。据《楚文化志》记载，楚国收取"灭国城邑""吴城22座"，除吴都和吴别都城5座外，"其他城邑"17座，鸠兹位列吴国17邑之首[①]。可见鸠兹邑在楚国人心目中的地位有多重要，鸠兹之战在楚国人心头划下的伤痕有多深，好不容易才在越国人帮助下报了"一箭之仇"。

公元前221年，秦灭楚，统一中国，分设天下36郡，鸠兹邑作为建置留存，属鄣郡（后改为丹阳郡）。直到公元前109年，汉设郡县制，"鸠兹"易名"芜湖"，改为县建置（汉代设县仍为侯国建置），治所在鸠兹故城。

据《汉书》记载，西汉元朔元年也就是公元前128年，汉武帝将芜湖作为丹阳侯刘敢的封地，这是"芜湖"最早出现在史册上的记载[②]。刘敢死后，土地收归国有，公元前109年，芜湖作为县名被正式载入国家地理。

---

①张正明主编：《楚文化志》，湖北人民出版社1988年版，第123页。

②班固撰：《汉书》，浙江古籍出版社2000年版。

公元233年，芜湖县迁治所在今市区鸡毛山高地，于是“古鸠兹旧治再未复用”[①]，惟留下鸠兹故址（今芜湖县花桥镇黄池村境内），春秋时期建造的一座土城，当地百姓称之为“楚王城”，供人凭吊瞻仰。历经2500多年风雨剥蚀无毁，成为历史见证，诉说往事辉煌……

三、“鸠”是以鸠鸟为原型的文化图腾

鸠，《辞海》解释为“鸠鸽科部分种类的通称”[②]。

除鸽类外，目前所能发现以“鸠”为名称的鸠鸟有13种之多，如绿鸠、南鸠、鹃鸠、斑鸠、雎鸠、鹁鸠、祝鸠……等。在鸟类众多家族中，“鸠”算得上是“人丁”兴旺。

而这些以“鸠”命名的鸟类，其中有不少并不属于“鸠鸽科”，如“鹰科”、“鹗科”等，都有。林林总总，非常地多，很难说得清它们究竟属于哪一科哪一属哪一种。

庞大的鸠鸟家族，有机形成立体排列组合：飞得最高的，有来鸠（鹰）、祝鸠（隼、雕）；水陆两栖的，有雎鸠（鹗）、鹁鸠（俗称水鹁鸪）；余者居其中。

为什么会出现一“鸠”多种多类“鸠鸟”的情况，有关专家认为，在古代特定的历史条件下，还没有对生物建立科学的分类

①芜湖市地方志编纂委员会编：《芜湖市志》（上册），社会科学文献出版社1993年版，第104页。

②辞海编辑委员会编：《辞海》，上海辞书出版社2009年版，第1165页。

体系，不可能对诸如“鸠”之类的鸟分纲、目、科、属、种，只能统而称之。

由于这些飞来飞去的鸟发出“啾、啾、啾”的叫声，“啾”演变为“鸠”，便将其称之为“鸠鸟”。

尽管如此，鸠鸟再多也还有一个共同属性，即凡是被称作“鸠”的鸟，大多生长生活在湖沼泽地一带。所谓“鸠薮泽”，便指的是以“鸠”为计量单位，划出一片湖沼泽地（薮泽），按古代“井田制”计算法，“一夫百亩，九夫为鸠”，“鸠薮泽”也就是方圆九百亩“薮泽之地”的意思。大抵便是鸠鸟振翅一飞，所能活动覆盖的范围。

“鸠”从鸠鸟引申开来，还有鸠集、聚集的意思。

有鸠自远方来，不亦乐乎。无论是从水上来、空中来、陆地来，大家生活在一起（薮泽），和睦相处，共谋繁荣，祥和安定，多么富于哲理的一幅文化图景。想象开来，又是多么富有诗情画意、多么壮观。

关于“兹”，《辞海》解释不仅是“在这里”和“现在”等多种意思，还与“玄”字相通。古代“兹”、“玄”同音，字义也是作“玄”字解释。玄，“带赤的黑色，也指高空的深青色，引申为幽远，以及玄妙、玄虚。”乃至作“精神性的宇宙本体”解释。（《辞海》）

古代神话传说中天空飞来玄鸟，所产鸟卵被殷商始祖契的母亲简狄吞食，生下契。“天命玄鸟，降而生商”，视为神圣。

当古代（远可上溯至春秋以前）还没有把“兹”做为“在这里”和“现在”字义解释的时候，“鸠兹”是不能简单理解为“鸠在这里”，或是“鸠在此处”的意思。

“鸠”既然是鸟，无论高空水中陆地，长着翅膀总是要飞，不可能处于静止状态。

《芜湖市志》对“鸠兹”解释有“鸠鸟云集”的说法①，即是天空中大批大批的鸠鸟，如同云彩般飞翔聚集而来，是一种动态。

“鸠兹”的“兹”如作“玄”字解释，便很能与“鸠”字搭配组词。从文学角度来看，也很美：幽远的天空，深青色的天空；一群又一群的鸠鸟，如同云彩一般飞来，铺天盖日地飞来，它们把天空都快要染成赤黑色……那是一种多么精美绝伦的境况。

古代长江流域一带，尤其地处“薮泽”的鸠兹邑，人们以种植稻米为生，那时候的生产方式还比较落后，靠野生种植和大自然赐予，在灭害虫除杂草等方面基本上束手无策。这时候，神奇出现了，铺天盖日般的鸟（鸠）飞了过来，它们“啄食害虫，清除杂草，踩溶泥土，有力地促进禾苗生长，起到耘田作用，保证了稻谷的丰收”。

但鸟毕竟不是人，鸠鸟再神奇也没有人的悟性，当人们不需要或是并不怎么需要的时候，鸠鸟却很不合时宜地成群结队地飞来；而当人们需要的时候，比如松泥土、除杂草、捉害虫以及捕

①芜湖市地方志编纂委员会编：《芜湖市志》（上册），社会科学文献出版社1993年版，第104页。

鱼等，却迟迟未见到来，或者来了一下又飞走，什么作用也起不了。于是，人们便想出一个办法，采取祭祀的形式，对鸠鸟发出召唤，需要的时候让它们飞来，不需要的时候就让它们离开。

由于这种祭祀召唤发出的是一种“啰——啰——”的呼唤，“啰”、“傩”同音，人们便把这种祭祀形式叫做“傩”，或“大傩”。后来又把这种祭祀形式演变为傩戏，以及傩舞、傩歌等。演傩戏闹开场的时候，全体演员站成一排，对着天空大声呼唤：“啰（傩）……”声音越大越好，越洪亮越有精气神。

其傩戏、傩舞、傩歌等，在古鸠兹邑一带十分普及，至今皖南很多地方仍保留着不少傩戏剧目，经常参加一些文艺演出，被称作中国戏剧的“活化石”。

于是古人便以为这些鸟（鸠）是天神的使者，是上天派它们下来助人耕耘、保佑农业丰收的神鸟。在古人原始思维中，鸠鸟便显得“玄而又玄”，威力无比，天地万物之精灵，而对之图腾崇拜。

图腾，是上古时代原始人群体的亲属、祖先、保护神的标志与象征，是人类历史上最早的一种文化现象。图腾崇拜产生的基础，是社会生产力的低下和原始民族对自然的无知。

原始人群体大多采用实际生活中的动物，如马、牛、羊、狮、虎、狼等兽类及各种各样的鸟类，作为本氏族部落的图腾。

《拾遗记》：“少昊以金德王。母曰皇娥，处璇宫而夜织。或乘桴木而昼游……时有神童，容貌绝俗，称为白帝之子……降乎水际，与皇娥宴戏，奏娅娟之乐，游漾忘归……帝子与皇娥泛于海上，以桂枝为表，结薰茅为旌，刻玉为鸠，置于表端。”①

少昊的母亲皇娥，当她还是少女的时候，夜间在玉宫里纺织锦缎布匹，白天乘坐木筏在茫茫大海上漫游。这一天，皇娥在漫游中遇到了英俊潇洒的神童“白帝之子”，二人一见如故，皇娥便与这位神童一道，乘坐着木筏，在海上嬉戏玩耍，尽云雨之欢，乐而忘返。

白帝之子与皇娥泛舟海上，他们用玉石雕刻成一只精致的鸠鸟，装饰在旗杆的顶端。

古人认为，鸠与鹰互变，有时候鸠变成鹰，有时候鹰又变成鸠。白帝之子氏族部落图腾是鹰，而皇娥是以鸠鸟作为本氏族的图腾崇拜。以鹰为图腾的白帝氏族和以鸠为图腾的皇娥氏族相亲相爱，结为连理，诞生了少昊。按照当时的氏族社会通例，子女从母，以母亲的图腾作为自己的图腾，鸠便顺理成章地成了少昊氏族的图腾符号。

鸠“置于表端”，具有图腾柱的性质。这也是有文字记载以来我国第一例图腾崇拜的图腾柱——鸠图腾。

又据考证认为，当时的“鸤鸠”（《山海经》记载）即是后来人们所说的“布谷鸟”，此鸟“谷雨鸣，夏至止”，民间以为是一种候鸟。白帝之子与皇娥二人将鸠鸟立于表端，同时也是为了掌

①(晋)王嘉撰，孟庆祥、商媺姝译注：《拾遗记译注》，黑龙江人民出版社1989年版，第13页。

握天气物候节令变化，以便农耕。

关于古代氏族部落对鸟图腾及鸠图腾的崇拜，《左传·昭公十七年》记载郯国的郯子对鲁国昭子曾经说过的一段话可以说明。

郯子曰："我高祖少昊，挚之立也。凤鸟适至，故纪于鸟，为鸟师而鸟名。凤鸟氏，历正也；玄鸟氏，司分者也；伯赵氏，司至者也；青鸟氏，司启者也；丹鸟氏，司闭者也；祝鸠氏，司徒者也；雎鸠氏，司马也；鸤鸠氏，司空也；爽鸠氏，司寇也，鹘鸠氏，司事也；五鸠，鸠民者也。五雉，为百工正，利器用，正度量，夷民者也。"

现代著名学者傅斯年在其《中国古代鸟图腾氏族考》中认为：我们从人类学和民俗学的见地来看这段材料时，立刻觉得郯子所说的这许多鸟官皆是古代鸟图腾部落的名字。因为根本上这些鸟名并不是真鸟而是氏族之名，并且是官名，正合于氏族社会的人以鸟为图腾，并以鸟为族名或官名的通例。

鸠分五类，少昊又把"五鸠"中的祝鸠、雎鸠、鸤鸠、爽鸠、鹘鸠，分别命名为五位主要大臣。

春秋时期，吴泰伯在东海之滨的"鸠薮之地"建立起一个诸侯王国，其名称便是用鸠鸟命名，称做"鸠吴"。

《史记》："泰伯立国，自号勾吴。"记述的就是这段由鸠图腾引出的历史，其"勾吴"亦即"鸠吴"。

大约在距今3000多年前的商代，居住在中国北方泾水和渭水一带的姬姓部落，在古公亶父的统治下，变得日益强大，于是发动起对商王朝的进攻。为了使父亲的愿望早日实现，同时也是为了使姬姓部落将来统治的版图面积更大，古公亶父的长子泰伯主动放弃对王位的继承（也有说是泰伯因与父亲古公亶父意见不合，被迫潜行），带领着一支队伍进行战略性远征。

泰伯的队伍朝着太阳升起的地方往东进发，一直到被大海挡住了去路，才停下继续远征的脚步。在被称作是“荆蛮之地”的江南湿地，建立起又一强大的诸侯王国——勾吴国。泰伯与当地土著人一道，狩猎生产、传播文化。通过观察，他发现，经常有成群结队的鸟（鸠）铺天盖日般飞来。这些鸟飞来以后，有的在水边捕鱼，有的在陆地啄草，捕鱼的鸟把没有吞食下去的鱼给了水上打鱼的；啄草的鸟把地里的杂草清除干净，土地踩得松软，甚至把稻谷上的虫子也吃掉，帮了种庄稼的不少的忙。这些鸟飞到哪里，哪里打鱼的和种庄稼的就发出一片欢呼，发自内心的欢迎。泰伯看到这种情形，非常高兴，于是自己带头，又让这一带百姓把头上的头发剪短，剪成像鸟的头冠那样，身上刺成像鸟羽毛那样美丽的花纹，当人和鸟聚集在一起，远远看上去都分辨不出哪是鸟，哪是人，相生共处、其乐融融。

于是，一个以鸠鸟为名称的诸侯王国，便在东海之滨的鸠薮之地建成。

把鸠图腾的“鸠”列为诸侯王国的国号，吴泰伯堪称史上第一人。尽管期间也有以鸠鸟命为国名，如鸠兹国、舒鸠国、爽鸠国等，但那些都只不过是侯国，与诸侯王国的吴国还是有所区别的。

另有一位诸侯王国的国君，甚至将鸠图腾的“鸠”作为自己的姓氏，他就是春秋时期以“卧薪尝胆”之策战败敌国而夺取天下的越王勾践。

越王勾践又名“鸠浅”，依据是20世纪60年代发掘出土、80年代始考证出来的一把宝剑的剑身铭文，其8个鸟篆字为“越王鸠浅自乍（作）用剑”。

公元1965年，在湖北省江陵出土一把保存完好的宝剑，出土的时候寒气逼人，锋利无比。剑身布满黑色菱形花纹，纹饰清晰精美，剑格两面铸有花纹，分别嵌有蓝色琉璃与绿松石。剑首向外翻卷作圆箍形，内铸同心圆，近剑格处有两行鸟篆铭文，共8个字，虽经专家仔细辨认，并送到北京呈请考古大师郭沫若考释，也只认出8个字当中的“越王用剑”4个字，另外4个字始终辨认不出，直到20世纪80年代末，才被古文字学家辨认出来是“鸠浅自乍”。其中的“乍”字，专家考证为通假字“作”字，连起来读便是，“越王鸠浅自乍（作）用剑”，即是越王勾践特意让人制作的一把自己随身使用的宝剑，“王者之剑”。

有关专家通过这把“王者之剑”，考证认为，勾践又名“鸠浅”。皆因吴地一带“勾”、“鸠”读音相同；越王勾践的“践”，又与“浅”音相同。

千古之谜，终于尘埃落定，真相大白，原来越王勾践也姓“鸠”，是鸠图腾的图腾崇拜者，“鸠民”的后人。

四、鸠图腾属于凤凰图腾组成部分

根据有关研究资料表明，在华夏文明众多文化图腾中有两大主流图腾，即是以黄河流域为中心的龙图腾和以长江流域为中心的凤图腾。因古代黄河流域多以畜牧业为主，马及与马差不多形象的蹄类动物在畜牧业中占主导地位，故龙图腾的基本原型是马；长江流域多以稻米种植业为主，鸟在催耕助耕等方面发挥巨大作用，被人们看作神奇，视为神圣，所以凤图腾的基本原型便是鸟。

最早提出“龙图腾”和“凤图腾”说法的是，我国现代著名学者闻一多先生。

闻一多在一篇专门谈论龙凤的文章中写道：“就最早的意义说，龙与凤代表着我们古代民族中最基本的两个单元夏民族与殷民族……把龙凤当作我们民族发祥和文化肇端的象征，可说是再恰当没有了。”[1]

闻一多还在他的《伏羲考》文章中指出，龙这种图腾，“是只存在于图腾中而不存在于生物界中的一种虚拟的生物，因为它是由许多不同的图腾糅合成的一种综合体。”[2]其形象大体为牛头、豕鼻、鹿角、马鬣、蛇躯、鳞身、鳄棘、鱼尾、鹰爪、鼍足。能

---

① 闻一多：《龙凤》，见闻一多《神话与诗》，北京联合出版社公司2014年版，第64页。

② 闻一多：《伏羲考》，见闻一多《神话与诗》，北京联合出版社公司2014年版，第21页。

在水中游、云中飞、陆上行，能呼风唤雨、行云播雾、司掌旱涝。

这样一种神异之物，自然界当中显然不曾有过，也绝对不可能实有。

同样如此，凤图腾的凤凰也是不存在于生物界的某种具象动物，只是一种虚拟生物，是人们对各种自然和物理现象幻化糅合而成的生命景象。

凤凰的早期形象广泛见诸远古文化，比龙的形象更为具体、明确、丰富。

《山海经》："有鸟焉，其状如鸡，五采而文，名曰凤凰。"

明代袁宗道《论文》："凤之象也，鸿前麟后，鹳颡鸳思，龙文龟背，燕颌鸡啄，五色备举。"

东汉皇甫谧《帝王世纪》："黄帝服斋于中宫，坐于元扈，洛上乃有大鸟，鸡头，燕喙，龟颈，龙形，麟翼，鱼尾，其状如鹤，体备五色，三文成字。首文曰顺德，背文曰信义，膺文曰仁智。不食生虫，不履生草，或止帝之东园，或巢阿阁。其饮食也，必自歌舞，音如箫笙。"

战国时期庄周《庄子》："南方有鸟，取名为凤，所居积石千里，天为生食，其树名琼枝，高百仞……"

凤凰是新石器时代以来，由火、太阳和各种鸟类复合而成的部族图腾。其形象大体是鸿前麟后，蛇颈鱼尾，鹳颈鸳思，燕颌鸡喙，人目鸭耳，鹤足鹰爪，龙文龟身。具有鸿雁、麒麟、蛇、鱼、龙、龟、燕、鸡等虫、鸟、兽等类图腾的复合特征。其复合形象早已融入人们理想之中，复合意义也由平面向立体转化。

有关专家把远古时期的中国凤鸟形象，分为四大区系：

一是南凤区系，主要指长江中下游地区的凤鸟，包括崧泽文化、大溪文化、河姆渡文化和良渚文化所遗存的原始凤鸟形象，专家考证为鹑鸡类。

二是西凤区系，主要指黄河中上游地区以及川、藏、云贵地区为中心的凤鸟，包括大地湾一期文化（老官台文化）、仰韶文化、马家窑文化、巴蜀文化、滇越铜鼓文化等遗存的原始凤鸟形象，考证为骏鸟类天翟类。

三是北凤区系，主要指东北地区的红山文化所遗存的原始凤鸟形象。

四是东凤区系，也就是鸠兹邑所属凤凰图腾区系，其主要是指以黄河下游和淮河流域为中心的东部沿海地区的凤鸟，包括江苏连云港云台山一带原始岩画，大汶口文化、龙山文化中所遗存的原始凤鸟形象。

值得一提的是在东凤区系的江苏连云港将军崖原始岩画上，其凤鸟形象除鹰鸮外，有的凤鸟形象头部刻画的还是鸠鸟的头。鉴于此，有关专家便在东凤区系鹰鸮类后面，又加上鸠鸟类，即东凤区系的原始凤鸟形象为鹰鸮类、鸠鸟类。

也就是说鸠图腾为凤凰图腾组成部分，属于东凤区系。

将军崖原始岩画位于连云港市锦屏山南麓，是以石器敲凿磨制而成的原始岩画。有关专家考证认为，这是中国迄今为止所发现最古老的岩画，也是惟一一幅反映农业部落原始崇拜内容的岩画，距今大约有4000年历史，被称为我国最早的一部“天书”，向人们传递着鸠图腾的古老信息。

凤凰在远古时代是阳性的象征，谓之“阳鸟”。随着封建社会的日益成熟和天子与龙关系的固定化，凤凰由此而成了龙的配偶和附属品，不能不说是图腾学中的一大遗憾。而对于广大民众来说，尤为重要的还是凤凰鸟象征着灵魂，不仅意味着灵魂可以升天，而且还意味着再生。

凤凰涅槃，是说凤凰燃起的烈火将腐朽焚毁，为着新世界、新生命的诞生展示了坚定果敢的无畏精神。

可以这么说，无论是在先民的心目中还是现代炎黄子孙的灵魂深处，凤凰都是华夏文明品质的象征，映照着华夏文明品质的精髓。

凤凰由实而虚，由单一而复合，由美丽而和谐的意蕴，作为华夏民族一种重要文化，已经是一种符号，一种观念，一种情绪的抽象化。

而鸠鸟作为凤凰图腾所属东凤区系组成部分的鸠图腾原型，同样具备凤凰的所有象征品质与精髓。

五、历代对“鸠兹”的讴歌赞美

“鸠”之神奇魅力以及“鸠兹”的深厚底蕴，自有文字记载以来被历代赞美传诵。如中国现存最早一部诗歌总集《诗经》，开篇《关雎》就写道："关关雎鸠，在河之洲；窈窕淑女，君子好逑。"

屈原著名的骚体诗《离骚》，有"雄鸠之鸣"佳句。

宋玉《高唐赋》，有"王雎鹂黄，正冥楚鸠（"王雎"也是鸠）"的美好描述。

另外古代《山海经》还多处写到"鸠"，其中"发鸠之山，其上多柘木，有鸟焉……名曰精卫……"不少著文认为，其"精卫鸟"指的就是鸠鸟。

《后汉书·礼仪志中》还特别记载了汉高祖刘邦因感鸠鸟救逸之恩，得汉一统天下后，命以鸠鸟为饰，制作"鸠杖"，赐给70岁以上的老人，以示尊重。

至于"鸠兹"虽然作为古邑名出现，前后也不过460多年，而且"不复再用"，逾2100多年过去，后人一直都没有把它忘记。如被称作"桐城学派三祖"之一的清代诗人姚鼐，其脍炙人口的《过芜湖》诗中，地名不以"芜湖"出现，独写"鸠兹"：

不见春江际，安知路所经。
远随烟外席，时逗岸边亭。
鹊尾云弥白，鸠兹山渐青。
更投前港宿，雨势复冥冥。

清代大学问家、《明史》纂修官施闰章在《雨泊芜江》诗中写道：

鸠兹烟水地，春尽重淹留。
皎月何时见，孤帆永夜愁。
涨江来楚蜀，寒夜动林丘。
谢朓青山近，凄凄蔓草秋。

施闰章又在《寄伟长芜湖客舍》一诗中写道：

鸠兹烽火万家残，旅食僧庐百计难。
断云送雁衔芦远，哀壑惊乌绕树寒。
宅倚旧山归未得，心期流水向谁弹。
吏拙自嫌愁太甚，新诗寄尔避人看。

清代诗人、官至刑部尚书王士祯在《江行望识舟亭》诗中写道：

鸠兹北面识舟亭，天际归帆望杳冥。
松竹阴中孤塔白，楼台缺处数峰青。
赭山人去生春草，江水潮回没旧汀。
更忆于湖玩鞭迹，吴波不动客扬舲。

近代芜湖学者汤圣侣撰《范罗山赋》，首句便直书："郡号姑孰，邑鸣鸠渚；东控勾吴，南连荆楚……"

历代以"鸠"以及"鸠兹"为题的著名诗文很多，不再一一列述。

与"鸠"之神奇魅力以及"鸠兹"的深厚文化底蕴相比，历代留传下来的佳句绝章似乎还少了点，远不能适应其文化品位及其厚力。这当中有一个重要历史原因就是，古鸠兹邑属吴楚置地，是吴楚文化重要发祥地之一，楚被秦灭，秦始皇实行“焚书坑儒”的文化破坏政策，对宣传吴楚文化的一些文字和书籍几乎是毁灭性的打击，“鸠” 和“鸠兹”自然也在劫难逃。所以。对于曾经十分辉煌，产生过重要影响的“鸠”文化及鸠兹邑史，还需要我们深入发掘研究，进一步弘扬传承。

历史是人民创造的。人民需要一种精神。

这种精神的原动力，其中一个十分重要的组成部分就是文化。

进入世纪千年之交，芜湖市人民政府广纳民意，动迁让址，辟建鸠兹广场，提供市民文化休闲。广场融休闲于湖天一色，承文脉于观光赏景。广场内主题雕塑将芜湖各个重要历史阶段的典故和史实展现在世人面前，尤其是广场中央的巨型青铜雕塑“鸠顶泽瑞”，更是用写实和夸张相结合的艺术手法，以“鸠”为主体，只只形态各异，个个栩栩如生，给人以不尽遐想、思索。

艺术的张扬感染，千古放飞……

“鸠”及鸠兹，不仅是一种文化，更是一种精神，鼓舞人们不断向前进。

六、鸠兹文化的核心要义

关于什么是鸠兹文化的核心，可以概括为5个词10个字，即：美好、和谐、勇敢、坚忍、奋进。

美好：鸠兹文化的物化典型鸠与凤凰一样，是美的集合、美的化身。从发生美的角度看，其融合过程实际上是一个美的因素不断被发现、选择、采纳、综合和被升华的过程，也就是人们通常所说的审美过程。从形式美的角度来看，符合对称、平衡、虚实、参差、多样统一等形式美法则，其色彩鲜丽，形状悦目，姿态雅致、活泼、轻灵、奔放，雄健、浑朴、昂扬，堪可称作是美轮美奂。

再从内涵美的角度来看，鸠与凤凰一样，具备有祥瑞美、新异美、崇高美等诸多美的特征。人们将求吉利、求如意、求生活富足、求爱情美满的愿望寄托在它们身上。如《拾遗记》记载的皇娥与白帝泛舟海上，“刻玉为鸠，至于表端”，《诗经》描写的“关关雎鸠，在河之洲”等，不仅反映的是男女之间爱情，更多表达的是对美好生活的追求。

《诗经》开篇《关雎》之“关关雎鸠”的“鸠”，就是栖息于古鸠兹故城（今水阳江畔芜湖县花桥镇黄池村）一带的水鸟，属于庞大鸠鸟家族的一支。

和谐：如前所说，凤凰不是一种具象的鸟，而是人们意象中以鸟为原型糅合而成的文化图腾。鸠也一样，是以鸠鸟为原型，糅合多种文化元素的图腾符号，属于凤凰图腾“东凤区系”组成部分，其中仅“鸠鸽科”的鸟类就有300多种，这就需要有一种和谐的氛围、包容的胸怀，才能把大家聚集到一起。

鉴于此，“鸠”，又被引申为“鸠（聚）集”之字义。有鸠自远方来，不亦乐乎。大家相处鸠（聚）集在一起，发展生产，繁衍后代，其乐融融，好不快哉。而古鸠兹邑就是从一个小小的原始部落，通过和谐的文化力量，“鸠（聚）集”发展成为诸侯王国吴国的重镇首邑。

勇敢：鸠是勇敢的，春秋时期发生在鸠兹这片土地上关乎国家生死存亡的三次“鸠兹之战”，敢于同强敌较量，沙场拼杀，英勇顽强，直到把敌方赶出家门，勇敢捍卫自己的领土和尊严，而被光荣载入史册，世代引以为骄傲和自豪。

坚忍：“泰伯东征”历经千辛万苦，长途跋涉，一路披荆斩棘，战胜恶劣天气和水土不适的困难，同时还要与敌寇作战，终于在东海之滨荆蛮之地建立起鸠（勾）吴诸侯王国，以及越王鸠浅（勾践）“卧薪尝胆”受尽屈辱痛苦，以韬晦之计打败敌国，这些真实的事例，无一不是坚忍的结果，闪耀着坚忍不拔的思想光华。

奋进：神话传说中鸠鹰互变，也就是说在鸠的身上有很多鹰的特点。雄鹰展翅，扶摇万里，挟长风乘万里浪，昂扬向上，不断开拓奋进……

文化是人类全面发展的必然要求，人类生活从低级到高级、从蒙昧到文明的发展过程，实际上就是人们生活中文化的含量不断增加、质量不断提高的一个过程。

文化与精神息息相关。文化孕育精神，精神是文化的内在体现。

研究和弘扬鸠兹文化，就是为了进一步发扬芜湖城市精神，开放、诚信、务实、创新，励精图治，奋力拼搏，把我们芜湖这座古老而又年轻的城市建设得更加美好。

干将莫邪铸剑芜湖

芜湖市党史和地方志办公室课题组

摘要：春秋时期，干将莫邪铸剑芜湖神山，开创了芜湖传统钢铁业先河。从此以后，芜湖的传统钢铁锻造业经历了2000多年的发展与繁荣历史，成为芜湖古代城市一大产业，别具一格的铁艺文化在此过程中成长壮大。

关键词：干将莫邪　铸剑　芜湖　文化品质

芜湖富藏铜铁矿产资源，从西周到南宋长达2000多年历史中，一直是全国著名的铜铁矿产品开采冶铸基地。丰富的矿产资源和悠久的金属开采冶炼历史，使芜湖成为铁制工具较早出现的地区之一，铸造出最早的铁制兵器——渗碳钢剑。

一、历史上的干将莫邪与铸剑芜湖

（一）史籍记载中的干将莫邪

1.历史典籍对干将莫邪铸剑的记载

干将、莫邪，是一对工匠夫妻，为春秋时期吴国著名的铸剑大师，其具体生卒年限不详。据《吴越春秋·阖闾内传第四》记载："干将者，吴人也，与欧冶子同师，俱能为剑。越前来献三枚，阖闾得而宝之，以故使剑匠作为二枚：一曰干将，二曰莫耶。莫耶，干将之妻也。"①

干将莫邪为吴王铸锋利之剑，历经曲折。《吴越春秋·阖闾内传》记载："干将作剑，采五山之铁精，六合之金英。候天伺地，阴阳同光，百神临观，天气下降，而金铁之精不销沦流。于是干将不知其由。莫耶曰：'子以善为剑闻于王，使子作剑，三月不成，其有意乎？'干将曰：'吾不知其理也。'莫耶曰：'夫神物之化，须人而成。今夫子作剑，得无得其人而后成乎？'干将曰：'昔吾师作冶，金铁之类不销，夫妻俱入冶炉中，然后成物。至今后世，即山作冶，麻绖蒌服，然后敢铸金于山。今吾作剑不变化者，其若斯耶？'莫耶曰：'师知烁身以成物，吾何难哉？'于是干将妻乃断发剪爪，投于炉中。使童女童男三百人鼓橐装炭，金铁乃濡，遂以成剑。阳曰干将，阴曰莫耶。阳作龟文，阴作漫理。干将匿其阳，出其阴而献之。阖闾甚重。"②

《吴越春秋》还记载："楚王召风胡子而告之曰：'寡人闻吴有干将，越有欧冶，寡人欲因子请此二人作剑，可乎？'风胡子曰：

①赵晔著：《吴越春秋》，江苏古籍出版社1986年版，第25—26页。

②赵晔著：《吴越春秋》，江苏古籍出版社1986年版，第26页。

‘可。’乃往见二人，作剑，一曰龙渊，二曰太阿。”①

又据《越绝书》记载：“楚王召风胡子而问之曰：‘寡人闻吴有干将，越有欧冶子，此二子甲世而生，天下未尝有。精诚上通天，下为烈士。寡人愿赍邦之重宝，皆以奉子，因吴王请此二人为铁剑，可乎？’风胡子曰：‘善。’于是，乃令风胡子之吴，见欧冶子、干将，使之作铁剑。欧冶子、干将凿茨山，泄其溪，取铁英，作为铁剑三枚：一曰‘龙渊’，二曰‘泰阿’，三曰‘工布’。毕成，风胡子奏之楚王。楚王见此三剑之精神，大悦风胡子。问之曰：‘此三剑，何物所象？其名为何？’风胡子对曰：‘一曰龙渊，二曰泰阿，三曰工布。’楚王曰：‘何为龙渊、泰阿、工布？’风胡子对曰：‘欲知龙渊，观其状，如登高山，临深渊；欲知泰阿，观其钲，巍巍翼翼，如流水之波。欲知工布，钲从文起，至脊而止，如珠不可衽，文若流水不绝。’晋郑王闻而求之，不得，兴师围楚之城，三年不解。仓穀粟索，库无兵革。左右群臣贤士，莫能禁止。于是楚王闻之，引泰阿之剑，登城而麾之。三军破败，士卒迷惑，流血千里，猛兽欧瞻，江水折扬，晋郑之头毕白。楚王于是大悦，曰：‘此剑威耶？寡人力耶？’风胡子对曰：‘剑之威也，因大王之神。’楚王曰：‘夫剑，铁耳，固能有精神若此乎？’风胡子对曰：‘时各有使然。轩辕、神农、赫胥之时，以石为兵，断树木为宫室，死而龙臧。夫神圣主使然。至

---

①张觉译注：《吴越春秋全译》(附录一《吴越春秋》佚文)，贵州人民出版社2008年版，第340页。

黄帝之时，以玉为兵，以伐树木为宫室，凿地。夫玉，亦神物也，又遇圣主使然，死而龙臧。禹穴之时，以铜为兵，以凿伊阙，通龙门，决江导河，东注于东海，天下通平，治为宫室，岂非圣主之力哉！当此之时，作铁兵，威服三军，天下闻之，莫敢不服。此亦铁兵之神，大王有圣德。'楚王曰：'寡人闻命矣！'"①

由此可见，吴人干将先后为吴王、楚王铸剑。欧冶子与干将为同门师兄弟，二人为楚王所铸之剑，锐利无比，名声远播，并因此引发了一场晋楚之战。自此之后，干将、莫邪不仅作为一代名师的名字，也成为人们对锋利宝剑的统称。如荀子曰："干将、莫邪、钜阙、辟闾，皆古之良剑也。"②

2.干将莫邪铸剑地点辨析

史书对干将莫邪先后为吴王、楚王铸剑的历史多有记载。然而，对干将莫邪究竟在何处为吴王、楚王铸剑，则记载有限。

关于干将莫邪为楚王铸剑的地点，据史书记载在今河南省舞阳附近。司马迁《史记》"索隐"《太康地记》记载："汝南西平有龙泉水，可以淬刀剑，特坚利，故有龙泉之剑，楚之宝剑也。……然干将、莫邪匠名也，其剑皆出西平县，今有铁官令，

①（东汉）袁康、吴平著：《越绝书》，浙江古籍出版社2013版，第70—71页。

②荀况著：《荀子全本注译》，中国文史出版社2013年版，第370页。

别领户，是古铸剑之地也。”[①]

古之西平县，古帝柏皇氏后裔的封地柏子国，故址在今河南西平柏亭及舞阳市部分地区。周景王十四年（公元前531年），柏国为楚国所并，成为楚国的属地。

干将在为楚王铸剑之前，曾长期服务于吴王，那么，干将莫邪具体又是在何处为吴王铸剑？历史传说中有浙江的莫干山与芜湖的神山二种说法。

康熙年间的《太平府志》卷三《地理志》“赤铸山”条云：“《图经》云：楚干将造剑之处，今山有干将墓。”[②]

据《吴越春秋》记载，干将莫邪为吴王铸剑是在吴王阖闾执政初期（大约在公元前514年）。吴王阖闾“任贤使能，施恩行惠，以仁义闻于诸侯。”“举伍子胥为行人，以客礼事之而与谋国政。”吴国实力大增，在与楚国相争中渐趋上风。正是在这一时期，伍子胥率众开凿了胥溪，打通了从吴国都城姑苏（今苏州）过太湖，经宜兴、高淳，穿固城湖，到芜湖入长江的水道。此时的芜湖地区，已经成为吴国攻打楚国的前沿阵地，便利的水道、军事斗争的需要，加之芜湖地区富裕的铁矿资源，使得干将莫邪得以来到芜湖，铸锻锋利之剑。

①司马迁著，邹德金整理：《名家注评史记》（下），天津古籍出版社2010年版，第835页。

②康熙《太平府志》，转引自台北成文出版社1974年影印本，第62页。

神山铸剑遗址

（二）干将莫邪与芜湖

1.历代文人笔下的干将莫邪与芜湖

民间广泛流传着干将莫邪铸剑芜湖的传说，历代文人在自己的诗文中也多有记载。

宋代诗人黄庭坚曾写道：“读书在赤铸，风雪弥青萝。汲绠愁冰断，村酤怯路蹉。玉峰凝万象，绿萼绕群螺。古剑摩空宇，寒光启太阿。”诗人在赤铸山读书时想到了古剑“寒光”与“太阿”，绝非偶然，因为，“寒光”与“太阿”正是干将莫邪铸造的宝剑名称。可见，早在千年前的宋代，干将铸剑芜湖的传说已广为流传。

明代著名戏剧家汤显祖也曾写过：“干将惜此铸芙蓉，风雨千秋石上松。借问闾门腾虎气，何如江上镇蛟龙。”这首诗记载了干将莫邪铸剑芜湖的典故，点明了干将铸剑的大致时间（阖闾当政时期）、地点（赤铸山）等，与后面的民间故事大有相同之处。

神山铸剑遗址

清代文人的诗文更有较多反映。如：乾隆朝进士、芜湖人韦谦恒的《赤铸山》云：“干将铸剑处，山气尚氤氲。”乾隆朝进士、顺天大兴（今北京）人朱筠《于湖曲和张文潜》诗云：“干将精飞烧山赤，鱼肠后逆又鸣笛。”浙江桐庐人、光绪朝进士、曾任徽宁池太广分巡道道员的袁昶的《神山泉——干将子淬剑处》：“闻说一泓水，可淬太阿銛。莫邪何许住，碧莹镜开奁。”又《干将试剑泉》：“泉无一日竭，剑有千年锈。唤良工淬冶，光腾尚方宿。”这些诗文，都明确记录了民间关于干将莫邪铸剑芜湖神山的传说。

2.关于干将莫邪铸剑神山的传说

“干将莫邪铸剑芜湖”的故事在芜湖流传已久。故事以优美的语言、曲折的情节，记载了干将莫邪铸剑芜湖的凄美传说：

春秋时期，吴王阖闾酷爱宝剑，派人遍访天下名师，为自己冶铸更多的宝剑。当时著名的冶剑师欧冶子仙踪难觅，于是找到了干将、莫邪夫妇。吴王限期三年，命干将夫妇铸出雌雄宝剑两柄，否则休想生还。干将夫妇跋山涉水，寻找铸剑的优质原料，来到芜湖，终于找到了罕见的矿山铁精，于是开始冶炼。可是，熊熊炉火烧了许多日子，铁精却纹丝不动。铸剑期限一天天地逼近了，干将夫妇十分焦急。妻子莫邪提醒他说：“据说冶炼宝剑，必须有人气入炉，才能打动炉神，融化顽铁。”干将叹口气说：“我何尝不知此事，我们的师傅夫妇就是双双舍身投炉，才铸出举世无双的宝剑。我们现在就跳入炉膛吧，不然炼不出宝剑，吴王也要杀死我们。”莫邪哭着说：“我们不能都死，你的技术比我好，你留下，我去了。”说着跳入熊熊炉火中，化为一股白气。干将悲痛万分，忽见炉中顽铁慢慢融化了，干将暂时忘记了悲痛，全神贯注地将铁水注入模具中，等铁水冷却了，两把寒光闪烁、锋利无比的雌雄宝剑铸成了。雄剑雌剑分别取名为干将、莫邪。

干将把雄剑藏在赤铸山上大松树下的石头里，把雌剑献给了吴王。吴王为检验宝剑的锋利，去劈一块巨石，巨石应声分开。赤铸山上至今还留着试剑石遗址。吴王劈开巨石后举剑一看，发现是一柄雌剑，于是沉下脸，命令干将交出雄剑。干将说放在了赤铸山了。吴王派兵上山取剑，并嘱咐士兵取到剑后就杀死干将，防止他再为别人铸剑。干将和士兵来到藏剑处，只见雄剑自动从石头里跳出来，化为一条青龙，驯服地卧于干将脚下，干将骑上青龙，直上云霄。不久，吴王战死。一天夜里，一条青龙盘旋于王宫上空，宫中立即冲出另一条青龙，两条青龙双双远走高飞，不知去向了。两条青龙就是干将、莫邪铸造的两把宝剑。

这个故事与黄庭坚和明代汤显祖的诗作相互印证，从民间传说的角度，说明了干将莫邪铸剑芜湖的历史史实。

3.芜湖与干将莫邪铸剑的相关遗存

芜湖市区东部有一片连绵起伏的山丘，分别名为神山、赤铸山、火炉山，山丘森林覆盖、草木葱绿，是芜湖重要的风景区。这里保存着大量干将炼剑的遗迹。据康熙《太平府志》载："神山在（芜湖）县东北九里，与赤铸（山）相连。《图经》（汉唐时期书）云：'干将淬剑于此，上有磨剑池、砥石。'"

《图经》为我国古代以图为主并辅以文字的记述各地自然地理环境、行政区划沿革等方面的专著，现大多已失传，而《太平府志》明确记载说，这段文字为汉唐时期的《图经》所述。可见，早在汉唐时期，关于干将莫邪铸剑芜湖神山的事迹已经记录在案。

宋《太平寰宇记》在对太平州芜湖县的记述中写到：“江中鳖州长三里，与芜湖相接楚。干将坟在县东北九里，楚干将莫邪之子复父仇，三人以三人头共葬在宣城县，即芜湖也。”①

《太平寰宇记》书影

民国八年（1919年）《芜湖县志》除了对神山有同样记载，还记载有：赤铸山“楚干将造剑之处，山有干将墓”；火炉山“相传干将造剑设炉于此，因以为名”；破山“干将试剑于此，上有试剑石”②等。

①《太平寰宇记》卷一〇五，台北文海出版社1993年影印本。

②余谊密主修、鲍实总纂：《（民国）芜湖县志》卷三《地理志》，黄山书社2008年版，第8—9页。

《太平寰宇记》书稿

1979年10月，北京大学地理系主任、著名历史地理学家侯仁之等来芜湖作历史地理考察后认为：干将铸剑的地点，全国范围内流传有二，除芜湖之外，还有浙江莫干山。从文献记载来看，芜湖为早。又一种可能，干将铸剑，并不只会在一个地方。但是，干将在芜湖神山铸剑是屡见于史乘的[1]。

二、干将莫邪铸剑芜湖的历史条件

干将莫邪铸剑芜湖，与芜湖独特的地质、地理环境和历史条

①参阅芜湖市城市建设局：《芜湖市历史地理概述》，1979年。

件分不开。

（一）芜湖丰富的铁矿资源和悠久的金属开采、冶炼史为干将莫邪铸剑芜湖提供了客观条件

1.芜湖丰富的铁矿资源为干将莫邪铸剑芜湖提供了物质前提

芜湖位于长江下游成矿带上，具有形成多种矿产的地质条件。在市区，就有小型矿床的齐落山磁铁矿和赭山铁锰矿；附近则有繁昌的桃冲铁矿、当涂年陡乡的和睦山铁矿（此处曾长期属芜湖市管辖）等。这些丰富的铁矿资源为人类早期铁的冶炼、铸造提供了基础性条件。

人类早期对铁矿石的利用主要是对地表矿石的采集利用。芜湖地区地处亚热带湿润性气候带，雨量丰盈，藏有丰富的铁矿资源的低矮山丘经年累月受雨水侵洗，一部分铁矿石裸露在山表，为人们采集利用提供了条件。史书记载“干将作剑采五山之精六合之金英”（《吴郡志卷第二十九》），则表明当时干将铸剑的原料来自于采集。而在生产工具十分简陋的情况下，人们无法对铁矿采取地下开采，只能对地表矿石加以利用。

从20个世纪下半叶以来，众多的古代炼铁遗址的发现，印证了自春秋战国至唐代，芜湖一直是重要的冶铁基地。1958年，考古工作者在繁昌县竹园湾、三梁山、铁牛山发现三处唐代炼铁遗址，面积约10平方千米，有6处较大的冶铁遗址，17处冶铁废墟

墩，还有多处小的遗址。1989年，繁昌县又出土了铁锭，经碳14测定为春秋时期产物。

2.芜湖悠久的金属开采、冶炼历史为干将莫邪铸剑芜湖提供了良好的技术基础

历史上的芜湖南陵大工山一带，曾是中国古代重要的铜矿开采、冶炼、铸造基地，这里铜矿资源丰富，含铜品位较高。从公元前11世纪至公元1279年的长达2300余年时间里，大工山铜矿采冶、炼铜10万余吨，其量可供打造百万件的青铜器，为中华青铜文明发展做出了巨大贡献。1988年在南陵出土了春秋早期“龙耳尊”，是青铜铸造、焊接技术在吴越地区运用的典范，具有典型的吴越文化特征，也充分展示了芜湖古代高超的金融冶炼、铸造技术。早期铁的冶炼与铸造技术，是在青铜器冶炼铸造技术的基础上发展起来的。正是这样的社会环境，为干将莫邪铸剑芜湖提供了良好的技术基础。

（二）芜湖优越的地理位置是干将莫邪铸剑芜湖的重要因素

1.历史上的芜湖是吴楚文化交流、人流迁徙的地理节点

远古时期的芜湖，水泽与冈丘杂处，生存环境优越，故很早便有了人类的活动、生存印迹。从繁昌的“人字洞”到齐落山、荆山的新石器群落，早期人类留下了丰富的遗存。

由于河流纵横、沼泽遍布，对交通工具简陋的古代人来说，

很难形成较大规模的族群集聚。因此，在相当长的时间里，芜湖地区的人口一直处于低密度的状态。

春秋时期，芜湖（鸠兹）为吴国所属。越王勾践灭吴，芜湖入越国势力范围。越伐楚，楚威王大败越，尽取古吴地至浙江，于是芜湖归楚国。在吴国与楚国争霸时，芜湖是双方攻守争夺之地，也是双方势力此消彼长的地区。战争带来了不同地区人员、物资的交流与往返。这也是吴人、楚人乃至越人相继在此地留下活动遗迹的原因之一。

2.芜湖较好的生存、发展机遇为干将莫邪选择在这里铸剑的诱因

人类社会第二次大分工的初期，手工业刚从农业中分离出来，手工业者很难在一地获得长久的生存条件。这是因为，一方面，早期封闭的农耕经济对工具的需求相对有限，手工业受到技术、材料等方面的限制，产品的商品化程度很小；另一方面，由于产品的流通受到自然环境、社会需求等方面的限制，无法形成固定的手工业生产基地。尤其是早期的冶铁锻造业，更是受到资源及开采技术的局限，更难以形成长期固定的生产地。因此，手工业者（特别是具有很高技术含量的铁冶手工业者）往往随着需求区域的变化而迁徙，并视自然和社会环境条件而落脚。

春秋时期是我国历史上的重要转折时期，这一时期的社会统治能力与统治结构均较为稚嫩，手工业与农业的分离也处于早期阶段，尤其是铁的冶炼与锻造尚属于初期，统治阶级还没用认识

到铁制工具的巨大威力。官方既没有机构、也没有制度对铁器工匠加以约束和限制，同样也不会为铁器工匠提供生存保障。因此，铁器工匠作为自由人，长期奔走在社会的底层，自谋生计。干将莫邪作为春秋时期著名的工匠，在当时的历史条件下还不可能成为某一个政权的专业服务者。为了生存，他们为所有可以提供生计的人或政权贡献自己的技术服务，这也是为什么干将莫邪曾先后服务于吴楚两国的原因。

在农耕社会的历史条件下，手工工匠因环境与需求的变化而不断迁徙是一个普遍现象。芜湖是吴楚势力相互渗透、此消彼长的地区，又是湖泊水泽遍布、水道纵横的地区，舟楫制造业发展较早，水路交通较为发达。尤其是中江的治理、胥溪的开凿，使芜湖的交通枢纽地位逐渐形成。在农耕时代交通工具简陋的条件下，对地理环境较为复杂的江南地区而言，水道往往成为物资与人员流动的重要途径。早期芜湖地区相对便利的水道交通，有利于人口的流动与迁徙。

同时，春秋时期芜湖地区大部尚属于莽荒之地，人烟稀少、土地空旷，吴越楚等国都没有对其进行长期而有效的控制。可以说，芜湖地区在春秋战国时期是一块边鄙之地，社会环境较为宽松。

上述条件为大批流民、自由民提供了有利的生存、发展空间与机遇，使芜湖地区成为各色人等尤其是具有一定技艺、独自谋生能力很强的手工业者迁徙、杂居之所。

正是因为芜湖优越的地理位置、丰富的铁矿资源、良好的社会环境以及统治者的政治需求，在春秋（大约在公元前514年）吴王阖闾执政时期，干将莫邪曾在芜湖神山、赤铸山一带为吴王铸剑，经年累月铸成两柄利剑，分别以“干将”、“莫邪”而名之。干将将“莫邪”剑献给了吴王阖闾。其后，干将莫邪受楚王征召去了楚地西平，为楚王铸剑。此后，便不知所踪。干将莫邪在芜湖究竟生活了多少年，如今已无从考证。但是，他们在芜湖留下的那段经历，却载入芜湖人的历史记忆之中，开启了芜湖历史文化的厚重篇章。

三、干将莫邪铸剑芜湖与芜湖地域文化

（一）干将莫邪铸剑芜湖的历史价值

由青铜器时代进入到铁器时代，是人类历史上的一次飞跃，它带来了长达两千多年的璀璨农耕文明。首先，铁器在战争中的使用，大大丰富了人类军事斗争的内涵与形式，提高了战斗的杀伤力，使得大规模的攻城略地与兼并成为可能，也使战争这一“恶”的形式成为人类不同文化之间碰撞、融合的巨大力量。

其次，随着铁器的广泛开发利用，由兵器而至生产工具再至日常生活用品，不断推动了人类生产力的发展，改善了人类生活的条件，提高了人类生活的质量，进而创造了丰富多彩的农耕

文明。

（二）干将莫邪铸剑芜湖与芜湖铁艺文化

自干将莫邪以后，芜湖传统钢铁锻造业经历了2000多年的发展与繁荣期，培育了底蕴深厚、内涵丰富的铁艺文化。从山越人自铸刀剑，到濮七落户于濮家店，再到“苏钢”技术的成熟与外传；从“芜湖三刀”到“芜湖铁画”，芜湖铁艺文化创造了一个又一个神话。

据《太平御览》记载，东吴时期，孙权作“千口剑、万口刀……皆是南越钢碳作之。”[①]可见，同处于江南越地的芜湖，其钢铁制造业的发达。

《三国志·吴志·诸葛恪传》记载，芜湖一带的山越人“自铸甲兵”，也反映了芜湖民间土著一直保存着铁制武器的锻铸技艺。

尤其是到了宋代，发生了山东曲阜铁工濮氏乔迁芜湖的大事，使芜湖的冶铁炼钢技术达到了新的高度。南宋初年，山东曲阜有精于炼钢的铁工濮家兄弟七人，因金兵南侵，分别随军转战南迁，移居安徽和江苏。其中老七落户芜湖，居住在城东南郊的百家店，炼铁制钢，因钢铁品质优良，畅销于民间和军队，业务兴旺，因此人们将“百家店”更名为“濮家店”。

---

①李昉等撰:《太平御览》卷三四三,中华书局1960年版。

到明代中叶，由于社会经济的发展，芜湖专业炼钢的钢坊不断发展扩大，濮家的濮万兴钢坊从濮家店搬迁到芜湖西郊明代城墙内的铁石墩、铁锁巷一带的濮家院，这里有西湖，便于为钢淬火取水。后来，明城墙筑成，因炼钢业发展，用水不便，濮万兴又在城西外七更点设置了总作坊，濮家院为东作坊。到了清乾隆、嘉庆年间，芜湖炼钢冶铁进入全盛时期，又增设了西作坊，并在石桥港西面的花津路建筑了白石浴池，专供本作坊炼钢工人沐浴，可见工人人数之多。

清光绪二年（1876年）芜湖被辟为对外通商口岸，西方先进的“洋钢”倾销芜湖，使得芜湖地产钢铁冶炼行业逐步歇业倒闭。然而，芜湖铁工的锻制技艺却通过打制“芜湖三刀”、“芜湖铁画”等得以保存了下来。

（三）芜湖铁艺文化的特点

传统钢铁冶炼锻造业的昌盛，成就了芜湖别具一格的铁艺文化，其特点有以下几个方面：

1.连绵不绝、源远流长

自干将莫邪铸剑芜湖以后，芜湖的传统钢铁业一直是当地重要的手工业，一方面给当地百姓提供了一条生存之路，另一方面也成为吸引外来人才、资金的重要载体，推动了芜湖传统城市的形成与发展。

芜湖历史上是一座移民城市，传统钢铁制造业的发达和丰富的铁矿、柴炭资源，加上水路交通十分便利，使芜湖成为铁艺技术人才与商业资本首选落脚的目的地。除宋代著名铁匠世家濮七落户芜湖外，到明清时期，还有从南京迁来的葛永泰、马万盛两家大户。葛永泰钢坊开设于芜湖西湖池东面，即今太阳宫（古称北极阁）、湖滨街附近，后来因用水不便迁到七更点。当时，芜湖许多钢坊都由江苏人开设，他们带来了大批来自南京附近的江宁、句容、溧水、当涂的炼钢工人。

明代，徽商走出大山来到芜湖，也开始兴办钢坊。明嘉靖时，休宁人汪尚权“商于湖阴（芜湖）数年。复大募工，治钢冶。指挥百人，斩斩有序，工罔费效……资日丰于旧”。[①]可见，传统钢铁业吸引了大批投资者，带来丰厚的回报。

传统钢铁业的兴盛，造就了芜湖古老城市的一大特点，即传统钢铁锻制技艺称雄天下。1919年的《芜湖县志》记载：芜湖“惟铁工为异于他县，居市廛冶钢业者数十家，每日须工作不啻数百人。”“铿锵之声终日不绝于耳。”在近代西方钢铁工业的冲击下，芜湖的传统钢铁手工业仍然能够繁荣如斯，正是依靠了这种精湛而独特的钢铁手工锻制技艺。

2.积极进取、不断创新

干将莫邪铸剑芜湖，曾遇“金铁之精不销沦流”，数月铸剑不

①转引自王廷元:《论明清时期的徽商与芜湖》,载《安徽史学》1984年第4期。

成。其夫妻二人精心研究、总结历史经验，“断发剪爪，投于炉中”，“金铁乃濡，遂以成剑”。这种善于探索、研究的精神，成为芜湖铁艺文化的最初基因，渗透到芜湖传统钢铁业技师的精神世界之中。从发明了冶铁史上著名的“芜钢”冶炼法，到打造了驰名的“芜湖三刀”（剪刀、菜刀、剃刀），再到创造了亘古一绝的艺术奇葩——芜湖铁画，正是这种基因不断光大的丰硕结果。

3.海纳百川、包容并蓄

芜湖地处吴头楚尾和中江水路的枢纽，是各种文化交流、碰撞、融合之地。芜湖地域文化，有着楚文化的浪漫、吴文化的务实、越文化的崇商、中原文化的尚文以及土著文化的野性，这种多样性为创新提供了丰盈的文化土壤，而芜湖作为移民城市从来就不乏包容性。

正是这种独特的、相对稳定的宽容的社会环境，不断吸纳着来自四面八方的铁匠技师，使他们在产业本土化的过程中，逐步转化为地道的芜湖人。而在这个过程中，各种具有非凡创造力的技术创新不断涌现，推动了芜湖传统钢铁锻制技术突飞猛进的发展，引领着全国钢铁制造业的发展方向。其中，最为突出的就是“芜钢”技术的发明，它曾在数百年中为全国同行业之翘首。

清嘉庆《芜湖县志》记载：“初锻熟铁于炉，徐以生镤下之，名曰锈铁，锈饱则镤不入也。于时渣滓尽去，锤而条之，乃成钢。其工之上者，视火候无差，忒手而试其声，曰若者良，若者楛。其良者扑之皆寸断，乃分别为记，橐束而授之客，走天下不訾也，工以此食于主人倍其曹，而恒秘其术。”[①] 这里记录了芜钢冶炼的基本过程和技术，也反映了“芜钢”的发展盛况。

“芜钢”的发明和外传，充分体现了芜湖铁艺文化对外来技术的吸纳、包容与改造的能力。正是在这样的基础上，芜湖铁匠打造出了闻名遐迩的芜湖三刀。芜湖三刀具有式样美观、钢火纯正、刀刃锋利的特点，明清时期就畅销大江南北。剪刀有“硬剪铁皮不卷口，软剪丝绸不打滑”之美誉，清道光年间在巴拿马国际博览会上获得奖章。菜刀有“斩钉削铁如泥”之称。

芜湖铁艺文化追求不断创新、精益求精的精神，激发着芜湖铁工技师的创造力、想象力。他们不仅打制出举世闻名的武器、工具，还将铁制技术与艺术相结合，创制了蜚声海内外的艺术奇葩“芜湖铁画”，使铁的技艺不仅可以满足人们的物质需求，也可以提供给人们以精神上的享受。

（四）芜湖铁艺文化铸就了芜湖民风气质

东吴时期，诸葛恪在征讨皖南、浙西的山越人时，曾对山越人的性格特征进行了分析：“丹阳山险，民多果劲……其升山赴险、抵突丛棘，若鱼之走渊、猿狖之腾木也。”[②]他所提到的丹阳，包括了今天整个芜湖在内的皖南地区。可见，芜湖土著山越

①陈春华等撰：《芜湖县志》卷一，嘉庆本。

②陈寿著：《三国志》，太白文艺出版社2006年版，第797页。

人果敢尚武，充满野性的活力。这种气质一直为芜湖人传承至今。

明嘉靖年间，倭寇肆掠东南沿海地区。嘉靖三十四年（1555年）“新倭来益众，益肆毒。每自焚其舟，登岸劫掠。自杭州北新关西剽淳安，突徽州歙县，至绩溪、旌德，过泾县，趋南陵，遂达芜湖。烧南岸，奔太平府，犯江宁镇，径侵南京。”[①]各地官兵皆望风而逃，唯芜湖县丞陈一道率芜湖健儿独进；“一道所率皆芜湖骁健，乃麾众独进，为贼所杀。一道义男子义横身捍贼刃，亦死”[②]。

神山铁门槛石碑

①张廷玉等撰:《明史》卷三二二,中华书局2001年版。

②《世宗实录》卷四二四,见安徽省地方志编纂委员会编《安徽省志·附录》,方志出版社1998年版,第11页。

嘉靖三十五年（1556年），“倭犯无为州，同知齐恩率舟师败倭于团山北等港，斩首百余级。子嵩，年十八，最骁勇，击倭至安港，伏发被围，恩家二十余人俱力战死，惟嵩等三人获全。”[①]

这是2000多年铁艺文化人格化的历史积淀，是刚毅、果敢的精神在各个不同时期、不同环境下的具体表现。

综上所述，2000多年前干将莫邪铸剑芜湖的那一段历史，为芜湖人民乃至整个城市留下了一个传奇。

神山铁门槛石碑

干将莫邪铸剑芜湖作为芜湖人民的宝贵历史遗产，给予了芜

①张廷玉等撰：《明史》卷二九〇，中华书局2001年版。

湖深远的影响。它逐渐演变为这座古老城市的传统产业特征——“铁到芜湖自成钢”，积淀为一种文化——源远流长、进取创新、兼容并蓄的铁艺文化，转化为一种精神——刚毅、果敢、不屈不饶。

三华山无湖长印

三山区委宣传部课题组

摘要：2000年3月，文物考古专家在芜湖市三山区境内三华山发掘出土一枚汉代官印——无湖长印。这是芜湖有史以来出土的第一枚象征权力地位的官印，也是目前为止全国出土仅两枚地方官印的其中一枚，引起社会高度关注。本文试通过三华山无湖长印，深入探讨芜湖什么时候开始设县及最初得名和更名由来；无湖长印作为陪葬以及墓葬主人墓址选地的缘由，反映芜湖深厚的历史文化底蕴和优越的地理环境。

关键词：无湖长印　无湖　三华山

公元2000年3月，安徽省文物考古研究所和繁昌县文物管理所为配合长江干堤繁昌段水利加固工程，对位于芜湖市三山区境内的三华山（时属繁昌县）一汉代墓葬进行勘探发掘，发掘出土一枚印面保存完好仅印纽有些残损的汉代官印——无湖长印，专家鉴定为国家二级文物。

同时发掘出土的还有汉代五铢钱1枚、大泉五十铜钱485枚以及陶罐1件、陶钵1件、铜带钩2件、铁剑2件、铁削（刀）1件、铜环（戒指）1件。

无湖长印材质为铜金属，龟形纽，正方形，边长1.4厘米、高1.4厘米。正面刻有四个篆体阴文字，虽年代久远，但经仔细辨认仍清晰可见："无湖长印"。

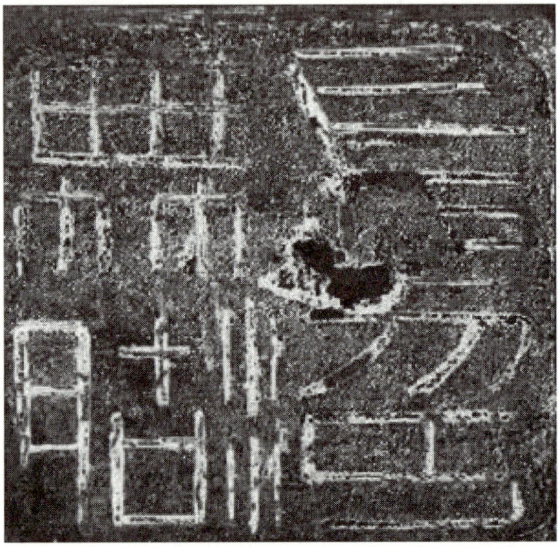

三华山无湖长印印面

另有两方小型印章，均以同样手法刻有四个篆体字："陈强私印"。由此可见，墓主人的名字叫做"陈强"，陈强就是沉睡地底逾2000年之久的芜湖（时名"无湖"）最高长官——无湖长。

一、无湖长印为古代地方官印

关于官印的出现，可追溯到4000多年前的尧、舜时代。

据汉代方士编写的纬书《春秋合诚图》记载，"尧坐舟中与太尉舜临观，凤凰负图授尧，图以赤玉为匣。长三尺八寸，厚三寸，黄玉检，白玉绳。封两端，其章曰‘天赤帝符玺’。”[①]

这段话的意思是尧与太尉舜坐在舟中泛游，忽然有一只凤凰飞到他们面前，将背负的图书交给了尧。图书被装在一个赤玉匣子里，长三尺，宽八寸，上有黄玉检斗，用绳子捆扎，两端用泥封固，加盖“天赤帝符玺”印章。

对官印起源记载的还有《春秋运斗枢》：“黄帝时，黄龙负图，中有玺者，文曰‘天王符玺’。”[②]

《逸周书·殷祝篇》：“汤放桀而复薄，三千诸侯大会，汤取天子之玺，置之天子之坐左。退而再拜，从诸侯之位。”[③]

秦代官印与春秋时期的官玺已有明显不同。秦代只有皇帝的印才能称作“玺”，皇帝以下百官皆称“印”或“章”。据考古发现，秦代官印除皇帝用玉作为材料制作外，一般官吏的印章多为铜质，白文凿印，通常为2至3厘米见方。正方形，喜用“田”字界格，印文亦分布格内，与印章形式相统一，显得平正秀丽。笔势圆润流畅，挺拔有力；率意自然，含古朴之气。

《汉书·惠帝纪》：“及故吏尝佩将军都尉印将兵及佩二千石官印者，家唯给军赋，他无有所与。”[④]

---

①转引自王琪森:《中国艺术通史》,上海锦绣文章出版社2012年版,第108页。

②转引自王琪森:《中国艺术通史》,上海锦绣文章出版社2012年版,第108页。

③张闻玉译注:《逸周书全译》,贵州人民出版社2000年版,第319页。

④班固撰:《汉书》(上),岳麓书社2008年版,第26页。

两汉时期官印制作虽遵循一定等级制度，但各个时期官印的印体厚薄、纽式形状及印文风格都有一定差别。汉初，印面仿秦制，施“田”字界格或“日”字格，构图较秦印丰满茂密。惠帝至文景时期，印面已不怎么施界格，多为4字，官名5个字的则合为4字。印文笔势多圆转，印体较薄，背平。武帝至西汉末年官印，二千石秩禄官员的官印为5字称“章”，中下级官员的官印均4字称“印”，字体宽博，笔势雄劲而略呈圆转，布局严谨饱满，风格凝重大度。

汉代官印边长汉制一寸的称“通官印”，半通为通官印之半，称“半通印”。

官印的形状亦体现官员等级，正规官员的官印为正方形，临时派遣的官员则是长方形，叫做“关防”。

秦汉以来，历代朝廷都设有秘书性质的专门机构，统一管理官印的制发。管理官印的秘书人员高度警觉，小心谨慎，对官印妥善保管。为防止官印被盗，有的地方郡县还在治所衙署内设有专门存放官印的密室，如官印丢失或是被盗，则根据情节轻重给予降职等行政或法律处置。一旦发现有伪造官印者，一律予以惩罚。对于盗窃官印的不法之徒处罚非常严酷，分别施以绞刑、斩刑等重罚。

三华山无湖长印的印面字体宽博，笔势雄劲而略呈圆转，布局严谨饱满，风格凝重大度，铜质鼻纽，4字印，形状为正方形。

考其治印风格、形制等特征，对照上述文献记载的官印介绍，不难看出，无湖长印的治印风格与汉代特别是西汉末年十分相近。且铜质鼻纽、正方形、四字印形制是朝廷正式任命地方官员所持官印的特征，也与时任无湖长身份相吻合。

由此可以看出，无湖长印属于古代地方长官行使权力的官印。

中国古代，尤其是秦汉时期对官印的看护非常严格，对失印及盗印者的处罚苛酷有加，直至处以绞刑、斩刑。故考证认为，无湖长印与丢失和盗窃无关，就是汉代芜（无）湖最高长官无湖长陈强在世时行使权力所持官印。

二、无湖长印历史年代为西汉末年“王莽改制”时期

西汉末年，汉王朝政治腐败，出现经济凋敝、人心浮动的混乱局面。王莽摄政时为获取民心制定了一些缓和社会矛盾的政策，但收效甚微，不能在根本上解决问题。公元8年即汉初始元年，王莽当上了新朝皇帝，他企图通过复古周礼达到治国安天下的目的，于是仿周制推行新政，史称“王莽改制”。

王莽改制是为缓和西汉末年日益加剧的社会矛盾，树立自己威信，巩固自己统治而采取的一项系列性措施，包括土地制度改革、货币制度改革、商业改革、官名县名及政治体制改革等。

在王莽改制中，货币制度改革是其改革的主要内容。三华山汉墓出土的485枚“大泉五十”铜钱，就是王莽改币制的重要物证。

与无湖长印同一墓穴出土的“大泉五十”文物，毫无疑问地把无湖长印的历史年代，定格在西汉末年“王莽改制”时期。

所谓“大泉五十”，是王莽时期货币流通极为普遍的一种。“泉”，谐音为“钱”，是“钱”字的借用。王莽相信谶纬学，在夺取天下后因“劉”字（繁体刘字）是由“卯”、“金”、“刀”三字组成，为避讳“劉”字，铸币文字都要改变，而改“钱”为“泉”。同时，此一改还寓意“钱如泉水流转，永不停息”。

“大泉五十”，即是“大钱当五十”的意思。

在币制改革方面，王莽共进行了四次比较大的改革，第一次是王莽即位前的居摄二年（7年），王莽下令在五铢钱之外增铸大钱、契刀、错刀。

第二次币制改革是在王莽始建国元年（9年），这一年王莽由“摄皇帝”即位“真皇帝”，认为“劉之为字，卯、金、刀也”，废“劉”而兴“王”。“正月刚卯，金刀之利，皆不得行。”于是在始建国元年（9年）王莽即位后，即废除契刀、错刀和五铢钱，“乃更作小钱，文曰：‘小泉直一’”，与原来的“大泉五十”并行通用。

但老百姓认为王莽币制多变，没有信用，还是习惯使用五铢钱，所以在无湖长陈强的墓葬中除485枚“大泉五十”外，另有五铢钱1枚，共486枚汉代铜钱。

王莽于始建国二年（10年）又进行了第三次币制改革。王莽发现“大泉五十”“小泉直一”难以推行，遂下诏书：“民以食为命，以货为资，是以八政以食为首。宝货皆重，则下用不给；皆轻，则僦载烦费。轻重大小，各有差品，则用便而民乐。”[1]推出了五物、六名、二十八品货币一齐参加市场流通。在刀币上加了一个方孔圆钱，铸上刀币的名称和价值，如“契刀五百”、“一刀平五千”等。“一刀平五千”的圆钱上用黄金镶嵌“一刀”二字，刀身铸有“平五千”三字，所以又称“金错刀”。

“一刀平五千”与原来的五铢钱并用，“一刀平五千”等于5000枚五铢钱，“契刀五百”等于500枚五铢钱，“大泉五十”等于50枚五铢钱。

第四次改革是在天凤元年（14年），废大、小钱另作货布、货泉。这次改革非但没有理清混乱的货币体制，反而加剧了货币制度的混乱。

“大泉五十”铸行时间虽然只有短短13年，但它却是王莽建新朝通行货币中流通时间最长、铸量最大的一种货币。

在政治体制改革方面，王莽别出心裁地制定出一套分封办法：“州从《禹贡》为九，爵从周氏有五。诸侯之员千有八百，附城之数亦如之，以俟有功。诸公一国，有众万户，土方百里。侯伯一国，众户五千，土方七十里。子男一则，众户二千有五百，土方五十里。”[2]

不仅如此，王莽还掀起了空前绝后的改名运动，无论地名、

①班固：《汉书》（下），岳麓书社2008年版，第1541页。

②班固：《汉书》（下），岳麓书社2008年版，第1544页。

官名、建筑名基本上全都改了一遍，且对行政区划和行政部门职权进行调整。

为了表示改朝换代，革“汉”立“新”，废“刘”兴“王”，王莽根据儒家经典将一大批政府机构和官员职务也更换了名称。如将“大司农”更名“羲和”（后又更名为“纳言”），“大理”更为“作士”，“太常”更为“秩宗”，“大鸿胪”更为“典乐”，“少府”更为“共工”等……

尤为值得一提的是，王莽推行官职更名不仅是在朝廷，而且对地方官员也不放过，官职名称多有改变。如将“太守”改为“大尹”（或“卒正”、“连率”），“都尉”改为“太尉”，“县令”（长）改为“县宰”。

如此一来，芜（无）湖最高长官陈强的官职名称已不再叫做“无湖长”，而是被王莽改为“无湖县宰”，或简称“无湖宰”。

既然不再称“长”，其“长印”也失去原先一县之长的权力象征作用，沦为废铜疙瘩一个，只能作为闲暇观赏，或是收藏。而倘在观赏收藏中被好事之徒发现报告到王莽那里，免不了犯有“怀旧忤上”之嫌，治罪下来，吃不了兜着走。

故西汉末代无湖长陈强便干脆将无湖长印带进棺材，埋藏地底，作为纪念和永久的念想。

王莽改制不仅未能挽救西汉末年社会危机，反而使各种矛盾进一步激化，又逢天凤四年（17年）发生大范围蝗灾、旱灾，饥荒四起，赤眉与绿林农民起义军大规模反抗，战乱中王莽被其部属杀死，短命的王莽新朝遂告灭亡。

东汉王朝建立后，又恢复了县令长制。当新任无湖长再也找不到原先的官印时，则又要另刻一枚。

三、无湖长印持有者汉代无湖长

秦汉时期地方行政建制，基本上实行的都是郡县制。秦朝实行的是单一的郡县制，两汉实行郡国并行，但仍以郡县制为主。

秦始皇统一中国，分天下为36郡，后又增加到40多个郡。西汉平帝年间（前9—前6年），郡国共有103个，其中郡有83个。东汉顺帝时（126—144年），郡国105个，其中有79个郡。这些郡的规模及具体郡情并不平衡，“就户口幅员而论，有大小之别；就政事难易而论，有剧（难治理）、平（一般）之异；就地区而论，有远近、内外之分。”①

秦孝公的时候把全境划分为41个县，秦始皇统一中国后全国究竟有多少个县，因缺少翔实资料，无法考证。

西汉时期与县平级的政区建制分别有国、邑、道。

《汉书·百官公卿表》：“县大率方百里，其民稠则减，稀则旷……列侯所食县曰国，皇太后、皇后、公主所食曰邑，有蛮夷曰道。”②

①白寿彝主编：《中国通史》（第4卷），上海人民出版社2007年版，第828页。

②班固撰：《汉书》，中州古籍出版社1996年版，第295页。

国（侯国）是列侯的封地，是对功臣的赏赐。但列侯仅有食封地赋税之利，而无治民之权。汉初列侯大者三四万户，辖数十县；小的仅几县，甚至仅食一乡。列侯爵位可以世代相袭，然一旦获罪，即被免侯除国，故有的侯国仅存在很短一段时间，便被免除。

邑是皇太后、皇后和公主们的封地。

道是少数民族聚居地区的县级行政单位。

县以下的基层政权为乡（亭）、里等组织，乡（亭）、里基层官吏虽不是朝廷正式任命，但其地位却至为重要。举凡国家赋税、徭役、兵役以及地方教化、狱讼、治安等，均为乡（亭）、里官吏承担。

据《汉书·百官公卿表》记载，西汉平帝时期全国共有1587个县、道、邑、国，辖有6622个乡，平均每个县辖4个乡左右。乡的官吏有啬夫、三老、乡佐和游激。啬夫是乡的主管官吏，根据乡的大小又有所区别，大乡设有秩（享受国家津贴）啬夫，简称“有秩”；一般性小乡只设1名啬夫，不叫“有秩”，即编外的不属于国家正式编制官吏，无秩禄，不享受国家津贴。

亭和乡是同级单位，但其设置地点与作用不尽相同。设在城市中的亭属于县以下里以上单位，设在乡村中的亭称为“乡亭”。亭的主要官吏是亭长，由县廷任命。

秦朝灭亡后，经过楚汉之争，刘邦获胜。公元前202年刘邦称帝，国号汉，史称西汉，定都长安。

西汉使中国人和汉人划上了等号，同时也是中华帝国的黄金时代，中华文化发展的一个高峰。社会经济与文化全面发展，对外交往日益频繁，成为当时世界上举足轻重的一大强国。

关于西汉时期所设县令、长，《汉书·百官公卿表》记载为："万户以上为令，减万户为长。"西汉时期，按县的人口多少，分别划分为大县和小县。万户以上为大县，长官称作"县令"，秩禄在600至1000石之间；不满万户的为小县，长官称作"县长"，秩禄在300至500石之间。县令、长由朝廷任命，作为地方一级行政机构的主要长官，具有相对比较独立的行政权限。

县令、长为郡的下属机构，受郡一级统辖，就其自身行政权限而言，正如《汉书·百官公卿表》所说："县令、长，……掌治其县。"除受郡国首相监督外，县令、长拥有掌治所在县的完整权力，具体为："掌治其民，显善劝义，禁奸罚恶，理讼平贼，恤民时务，秋冬集课，上计于所属郡国"。

"掌治其民"，是说县令、长作为一县主要长官，全面主管县内各项事务。"显善劝义"即办理教育文化，"禁奸罚恶"即维持地方治安，"理讼平贼"即掌理司法，"恤民时务"即办理一切民政事务，"秋冬集课"即是对县吏下属进行考核监督。

明代史学家顾炎武在《日知录·令长条》中写道："汉时令长，虽于太守称属，往往能自行其意，不为上官所夺。"[①]县令、

①顾炎武著:《日知录》卷九，上海古籍出版社2006年版。

长作为基层行政人员，在权力系统中，既是直接亲民、管理一方的长官，又是能上通皇帝的最基层官吏。

西汉重郡守，郡守可治千里，对属吏和属县之吏有近乎绝对的权力，但郡下属县“之地域虽方仅百里，而职权广泛，包容甚众”，众多庶务，很多事情，不可能都由郡守亲自去办，而是要由郡下属县的县令、长处理。

作为基层政权的最高长官，西汉末年芜（无）湖县一县之长的无湖长陈强，掌有一定权力，做了不少政务方面的实事。

起码在王莽改制那段混乱时期，无湖长陈强为维护一方稳定，服务一方百姓，行政有所作为，要不然也不会在棺材里面睡得那么安稳。

西汉时期，对出宰百里的县令、长人选十分重视。汉代著名思想家、哲学家董仲舒曾撰文说道：“今之郡守、县令，民之师帅，所使承流而宣化也；故师帅不贤，则主德不宣，恩泽不流。”①可见县令、长任用选拔之重要。

西汉社会存在一定程度的社会阶层之间纵向流动，官吏之门原则上对所有人开放。权贵人家的子弟相对无权的人家来说，容易得到好的起家官，也更容易迁升至县令、长，但他们自身努力才是主要原因。贫困人家的子弟可以从县乡低级属吏做起，或通过研习经学作官，得以升任县令、长。

①司马光著：《资治通鉴》，万卷出版公司2014年版，第130页。

汉代对县令、长知识背景的考察，倾向于儒家经传，以文书案牍处理为其知识系统主要内容，亦即习惯所称“儒生”与“文吏”。

今所见西汉县令、长涉及材料，多来自《史记》、《汉书》和《后汉书》。遗憾的是这些文献资料对基层县令、长的记载不多，几乎查遍所有这方面文献资料，都查阅不到有无湖长陈强。

文献记载的99个县令、长中，有13人最高官为县令。也有县令、长任上事迹的记载，但很简略，看不出真实情况。

文献记载中，父祖官至二千石秩禄以上或贵幸人家子弟所见共20人，明确记载为贫困人家子弟的所见8人。与权贵人家子弟任官人数相比较，贫困人家还是有着一定差距。

当然，我们也不能仅此就断言西汉县令、长多为权贵子弟所据，因史籍记载一般偏重于上层，普通出身人家抑或贫困人家子弟难见记载。

汉代，尤其是西汉时期，人们对宦海浮沉看得不怎么重，一个很重要的原因就是去官或免官以后可以再度起家。朝廷看重的是官吏的能力，而不是其他，因此可以说在原则上，西汉官吏群体基本属于开放型。

鉴于此，西汉末年任无湖长的陈强，对其究竟称“长”还是称“宰”，抑或究竟升迁还是被贬，也就没那么重要，否则他就不会把官印（不管作用有效还是无效）随棺入葬，把权力和权力象征的无湖长印看得那么淡。

或许也有另外一种情况，陈强在任上政绩突出，受到民众拥戴，朝廷嘉许，把不管有效还是已经失效的无湖长印随葬棺内，以作为一种奖励表彰。

四、无湖长印与无湖（芜湖）

芜湖得名之初称“无湖”。

“无”与“芜”是古今字，“无”是“芜”的本字。许慎《说文解字》，“无”归在“林”旁之下，是大、卄卄、林组成的𣞤（𣞤），意思是草木繁盛。

“无”又有解释为“没有，不”；也有解释为“哲学范畴，指无形、无名、虚无等，或指物质的隐微状态。”（《辞海》）

《老子》：“天下万物生于有，有生于无。”

道是“无湖”却有湖，湖的无穷之大，湖的无所不有。

南梁元帝萧绎定都江陵（今湖北荆州）时路经芜湖，写下《汛芜湖》一诗：“桂潭连鞠岸，桃李映成蹊。石文如濯锦，云飞似散珪。桡度菱根反，船来荇叶低。帆随迎雨燕，鼓逐伺潮鸡。”

这是最早一首以“芜湖”为题的状物诗词，给诗取题为“汛芜湖”，其“汛”字，即是“河流定期的涨水”，水很大。

大水过去以后，别有一番风光。千湖之郡，美不胜收，故有“桂潭连鞠岸，桃李映成蹊”之佳句绝章。

芜湖最早的行政建制是春秋时期吴国的鸠兹邑。

周元王四年（前472年），越王勾践平吴，鸠兹属越；楚威王六年（前334年）楚大败越，杀（越）王无疆，尽取故吴地至浙江，鸠兹属楚。秦王嬴政二十四年（前223年）秦灭楚，以楚地为楚郡，二十六年（前225年）完成统一，分天下为36郡，将楚郡分为九江郡、鄣郡、会稽郡，鸠兹亦属鄣郡丹阳县。后刘邦、项羽起义军灭秦，项羽分封诸侯，以鄣郡属九江王英布。

西汉初期，郡国并行，鄣郡先后属楚王韩信、荆王刘贾、吴王刘濞、江都王刘非、丹阳侯刘敢、广陵侯刘成，芜湖（无湖）为鄣郡辖县。

“无湖”一名在古籍上出现的时间为东汉年间，出自班固所撰《汉书》卷十五《王子侯表》载文。

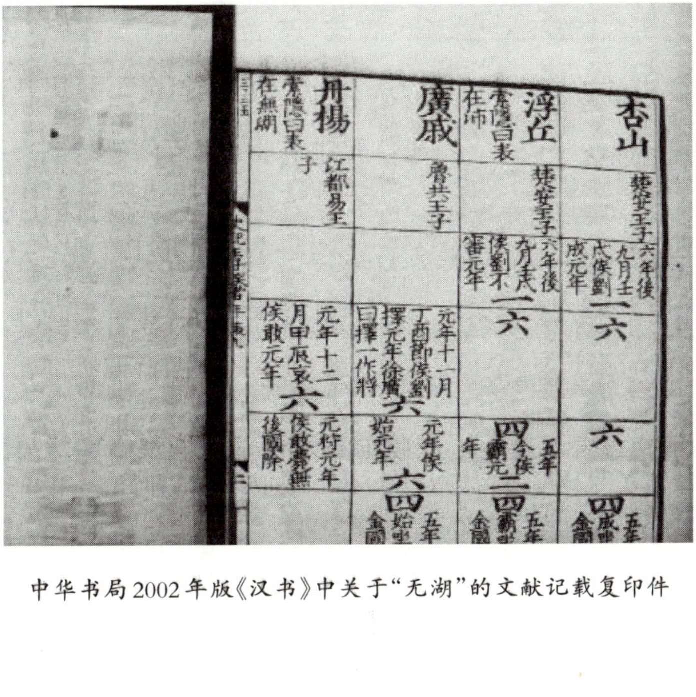

中华书局2002年版《汉书》中关于“无湖”的文献记载复印件

《汉书》卷十五列表记载，哀侯刘敢为汉江都易王刘非之子，“武帝元朔元年（前128年）十二月甲辰被封为丹阳国侯，食邑处为‘无湖’。”此处的“无湖”，就是“芜湖”。

《史记》卷二十一《建元以来王子侯者年表》列表中记载，西汉武帝元朔元年（前128年），“帝敕封江都易王刘非之子哀侯刘敢为丹扬国侯”。唐代司马贞《史记索隐》，注有“无湖”。

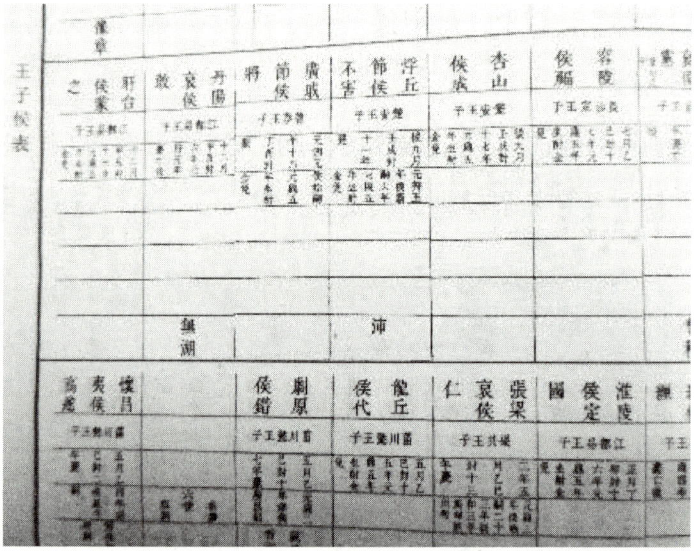

中华书局1975年版《史记》中关于“无湖”的文献记载复印件

《安徽省志》：“秦末或秦汉之际，随着江南地区开发和加强治理，分会稽郡西部地区设鄣郡，在安徽境内设有石城、芜湖（此处的“芜湖”应为“无湖”）、宛陵等县。”[①]汉武帝“元狩二年（前121年），撤销江南地区的庐江郡，以其所领东部4个县划属鄣郡，并改鄣郡为丹阳郡。郡治宛陵……领17个县”，17个县中，“于潜等7个县在今江浙境内，余下10个县在今安徽江南地区，分别是：宛陵县、宣城县、芜湖县、春谷县、石城县、陵阳县、丹阳县、黟县、歙县。”在分县写到芜湖县时说，“地在楚汉之交，属楚国鄣郡。汉初，先后属刘贾的荆国、刘濞的吴国、刘非的江都国鄣郡。元狩二年，改属丹阳郡。”

据史料记载，丹阳郡虽然地域辽阔，县数繁多，但全郡仅有17541户人家，人口为405170，辖境相当于于今安徽长江以南、江苏大茅山以及浙江天目山脉和新安江支流武强溪以北地区。

秦汉时期，与无湖同一时期设县的还有无锡县（今江苏省无锡市）、无棣县（今山东与河北省交界处）、无盐县（今山东省东平县境内），乃至无极县（今河北省中部偏西）等。都是以“无”为首字，冠以县名。如同“无锡”并不是没有锡，“无棣”以境内棣棠花盛开而闻名天下，“无盐”的今山东省东平县盛产食盐，“无湖”并非没有湖，而是湖泊众多，有“千湖之郡”美誉。

以无锡县为例，一些地名学者、语言学者、历史地理学者在总结前人学术成果的基础上，经对江浙地区大量地名的调查研究得出的结论是，“无”为发语词，没有实际字义；“锡”的原义因

①安徽省地方志编纂委员会编:《安徽省志·建置沿革志》,方志出版社1999年版,第15页。

古越语佚亡已久，无从考证。无锡县的“无锡”和古吴越地区其它许多地名（如“夫椒”、“余杭”、“句容”、“姑苏”乃至“无湖”一样），均属齐头式地名。冠首字虽然写法不同，但古音相合或相近，都是古越语的发语词，没有实质性字义。

这些地名随着古代吴越地区的氏族迁徙、流散和与华夏族的融合，原义渐至湮没，但一部分却因用汉字记录同样的音而保存下来。

关于芜湖最初叫做“无湖”，古代文献记载的比较多。如西晋著名政治家、军事家和学者杜预著《春秋左氏经传集解》，将春秋鸠兹之战的发生地鸠兹与衡山，注说在当时的“丹阳无湖县”。

《禹贡》卷六：“中江从丹阳无湖县西东至会稽阳羡县东入海。”①

及至近代，民国八年（1919年）余谊密、鲍实所编县志，也称之为《无湖县志》（石印本，总册数8册，中国国家图书馆藏）。

而三华山无湖长印，更是以实物形式，雄辩地证明了古代芜湖的确曾名“无湖”。

起码在西汉末年王莽新朝以前，就是这样的县名称谓。

按司马迁《史记》卷二十一《建元以来王子侯者年表》和《汉书》卷十五《王子侯表》所记载，距今2100多年的武帝元朔元年（前128年），有了无湖县建置并得县名“无湖”，到无湖长

---

①孙诒让著:《十三经注疏校记》，齐鲁书社1983年版，第10页。

陈强去世前后的始建国元年（9年），王莽改制废“令长”改“宰”，一直叫做“无湖”，乃至顺延。

“无湖”一名究竟顺延多久？“无湖”什么时候更名为“芜湖”？历史上没有记载，只能通过一些文献资料推断。

《太平寰宇记》：“芜湖（水名）长七里，蓄水不深而多生芜藻，故曰‘芜湖’。因以名县。”

《太平御览》引《宣城图经》曰：“芜湖山在（芜湖县）西南，山因湖名之。汉末于湖侧置芜湖县，以其地卑、蓄水非深而生芜藻，故以名县焉。”①

《安徽通志·舆地志》：“芜湖（水名），在芜湖县西南十五里，源出丹阳湖，过黄池，合五丈湖、路西湖诸水，至县入江。蓄水不深而多芜藻，故名。”②

由此可见“无湖”更名“芜湖”，是因为有一“长七里”实物形态的湖泊，位在“湖侧”，“县西南十五里”。有称“蓄水不深而多生芜藻”，也有称“蓄水非深而生芜藻”或“蓄水不深而多芜藻”，总之，离不开一个“芜”字。

由一称作“芜湖”的实物形态湖泊，“因以名县”，从此“无湖”更名“芜湖”，一直延续至今。

历史上芜湖县治所几易其址，最初位于今芜湖县黄池境内楚王城，东吴黄武二年（223年）迁至今芜湖市区鸡毛山高地。如

①转引自贾文毓、李引主编：《中国地名辞源》，华夏出版社2005年版，第415页。

②何绍基等撰：《安徽通志》，江苏广陵古籍刻印社1986年影印本。

果说芜湖县治所城侧有一名叫“芜湖”的湖泊，是不可能在今芜湖市区鸡毛山高地，只能是在楚王城侧畔。

考其历史年代，“芜湖”更名当在三国东吴黄武二年（223年）之前。

也就是说在此之前，一直就叫做“无湖”，长达360年之久。

历史上的芜湖，水乡泽国，自然风光宜人，历代都有文人雅士涉足，并留下许多不朽的诗词、题咏和篇章。

中唐诗人刘秩《过芜湖》诗：“百里芜湖县，封侯自汉朝。荻林秋带雨，沙浦晚生潮。近海鱼盐富，频淮粟麦饶。相逢白头叟，击壤颂唐尧”。

刘秩是一位很有成就的诗人，他是唐代著名史学家刘知几的儿子。刘秩本人也是著作等身，写了不少诗词文章，他还是我国最早一部政书《政典》的撰写者。

诗的开篇之句“百里芜湖县，封侯自汉朝”，点明了芜湖设县封侯的历史年代。因汉代的县为侯国，故有“封侯”之说。

诗中写的“近海鱼盐富，濒淮粟麦饶”，“海”，指的是东海。“近海”，是指离海不远。唐及唐代以前，芜湖为长江注入东海的出海口，沧桑变化，后出海口又移到镇江，继而移到上海，成为现在这种地理状况。“淮”，有解释为淮河，但据《水经注》、《太平寰宇记》、《读史方舆纪要》等文献记载，皖南沿江地区的青弋江、水阳江、漳河历史上曾被称为“淮水”、“小淮水”，此处“濒淮”的“淮”，似应解释为青弋江、水阳江、漳河。

“近海”与“濒淮”，指的是汉唐时期芜湖区位优越，得天独厚。通过“鱼盐富”和“粟麦饶”这些词句的修饰，不难看出当时芜湖及其周边一带，人民生活富裕，社会和谐稳定，一派欣欣向荣。

诗中所言“相逢白头叟，击壤颂唐尧”，即是形象地反映这一带百姓热爱美好生活，讴歌汉唐盛世，连路上遇着的白发老人都热情予以赞颂，抒发情怀。

“击壤”，是古代一项比较普及的投掷游艺。关于击壤的投掷游艺，有解释“壤”是用木头做成，游戏规则是先把一只壤插在地上，人后退到三四十步开外，用手中的壤向地上的壤远远击去，击中的算赢，反之为输。也有认为击壤与投壶相似，是士大夫们一种休闲习艺方式，因为击壤具有较强的娱乐性，容易被人们接受，于是渐流向民间，参加的人越来越多，并改变了击壤的活动形式。被击和所击之“壤”不一定都是木头，也有采用别的器物，如砖块、石块、陶片等。

五、无湖长印随葬三华山

汉代，江南地区虽郡县级治所城市体系基本形成，但由于江南一带经济水平、人口因素、地理条件以及交通状况等与黄淮流域不尽相同，其治所城市的建设发展也与之有着很多不同。

据有关资料显示，西汉时期扬州的会稽、丹阳、豫章三郡面积为445887平方千米，占当时全国总面积的11.31%；县级治所城市61座，平均密度为每7310平方千米有一座治所城市。荆州的江夏、桂阳、武陵、零陵、南郡、长沙等六个郡国，面积为426607平方千米，占当时全国总面积的10.82%，县级治所城市79座，平均密度为每5400平方千米有一城。

按《汉书·地理志》记载，汉平帝元始二年（2年），“凡郡国百三，县邑千三百十四，道三十二，侯国二百四十一”，合计县级城市1587座。而荆、扬二州的江南治所城市，西汉时期仅140座，占全国城市的9%左右，远远低于全国平均水平。

综观中国古代，城市在政治上统治农村，在经济上却是依赖农村。从政治统治的角度来看，要做到朝令夕至，一个县治城市的有效管理幅度最好能保持在方圆数百里以内。在财政主要依赖农业税的条件下，维持一个县级政权至少要控制好几千户纳税农民。如此一来，在方圆数百里的地域内，至少要有数千户居民方可划为一县，建立一座治所城市。

在地域与居民两个条件中，居民人数对设县立治的意义无疑更为重要。

而中华帝国发源地的中原由于“地狭人众”，县的辖境一般只有数百平方千米，县级治所城市分布密度非常高。江南“地广人稀”，县的辖境及管理范围比较大，治所城市的分布密度也就比较低，一般情况下在数千平方千米甚至上万平方千米之内才设有一县，建一治所城市。

从考古发掘资料来看，江南城市除吴城等极少数治所城市有一定规模外，大多城区面积都在1平方千米以内。如丹阳郡之春谷县城面积只有0.12平方千米，石城县城面积为0.39平方公里，芜湖县城面积为0.12平方千米”。①

可以想见，汉代芜（无）湖县治所城市面积非常狭小，仅180亩（0.12平方公里），正常办公处理政务都紧紧巴巴，更就不用说腾出地块对亡者进行安葬了。

治所城市规模大小，与人口密度有着密切关联。从人口分布情况来看，据《汉书·地理志》记载，汉平帝元始二年（2年），4万户以上的县有长安、成都、茂陵、鄢陵、宛、阳翟、彭城等。而广大的长江中下游以南地区，据东汉应劭《汉官仪》称："荆、扬之江南七郡，唯有临湘、南昌、吴三县令。"按秦汉制度，万户以上的县设令，万户以下的县设长，荆、扬二州的江南七郡仅临湘、南昌、吴三县才给设"令"，人口才超过万户。可见江南的县人口何等稀少，所以治所城市规模便相对较小。

尽管县域管理面积比较大，但人口不足万户的无湖长印主人，芜（无）湖最高长官的无湖长（或"无湖宰"）陈强，只能带着他已经失去权力效应的无湖长官印，在城外风水宝地的三华山坐北朝南，择地安葬。

"无湖长印"发掘地三华山，位在今芜湖市三山区境内，与芜

①张南等:《安徽汉代城市的分布与建设》,载《学术界》1991年第1期。

湖市所辖繁昌县毗邻，一度时期曾属繁昌县所辖。

繁昌，曾经是古春谷县行政辖区一部分。

古春谷县，为今芜湖市所辖南陵县青弋江西南部分、繁昌县和铜陵市及其铜陵县，直至池州市贵池区清溪河流域濒江部分（含池州市主城区）、青阳县东北部一大片狭长的沿江区域。春秋时期为吴地西南隅边陲，吴被越灭，是为越地；楚又灭越，继属楚，楚人“悬地而治”于此立县，治所在今繁昌县狄港镇境内。

秦始皇统一中国后，分封天下三十六郡，将楚地分为鄣郡、会稽、九江三个郡，春谷属九江郡。

张楚时，春谷被项羽封为九江王英布的侯国之地。汉高祖灭英布后，将其封为其子淮南王刘长国地。汉文帝六年（前174年），废淮南王刘长侯国，设直属朝廷的庐江郡，春谷属之。汉文帝十六年（前164年），汉文帝将原来的淮南国分为三个侯国（淮南、衡山和庐江），分别封刘长的3个儿子刘安、刘勃、刘赐为王。刘赐得江南豫章、庐江二郡为庐江国，春谷属庐江国庐江支郡。

汉武帝元狩二年（前121年），撤销江南地区的庐江郡，将宣城、泾县、陵阳、春谷4个县划入鄣郡，并改鄣郡为丹阳郡。汉献帝兴平元年（194年），春谷县划入孙吴，属丹阳郡。

汉代春谷县地域广阔，其范围包括今繁昌县以及南陵县、铜陵县、铜陵市区的一部分。其中繁昌县建县最早，始于晋元帝大兴元年(318年)，时属侨县，侨置于春谷县且与其并立。

历史上芜湖与古春谷的行政区划几度分合，有的时候春谷县部分或大部区域归芜湖所辖，有的时候又变为兄弟县或别的行政区划建置。

但无论行政关系怎样划分，作为一县之长的无湖长（宰）陈强，在葬于本县治所城内客观条件不允许的情况下，是绝不可能把自己的最后归宿寄托在邻县土地上。这就说明风光秀丽的三华山，在陈强去世的西汉末年那段时期内，行政区划属于芜湖。

而作为活的历史教材的三华山，见证了芜湖与古春谷行政区划的多次分合。直至2006年2月经国务院批准，成立芜湖市三山区，三华山遂划归芜湖市区。

而三华山无湖长印，更是揭开了芜湖历史上尤其是西汉末年及汉以前很多不为人知尘封已久的秘密，讲述精彩动人的故事。

三华山，位于今芜湖市三山区境内，面积4平方千米。

《图经》：“（三华山）其三峰秀起：一老子，二方丈，三秦望。卓如文笔，为一邑文明风气之会。”

三华山为皖南山区北延山脉余脉，属九华山脉一支。面江临矶，山下水阔波平，山上茂林修竹、郁郁森森，鸟鸣兽行、云烟氤氲、秀色怡人。

有山必有寺，天下名山僧占多。三华山跟所有天下名山一样，也有一千年宝刹，三宝妙地，名“三华禅寺”。

传说唐至德年间，金地藏携善犬“谛听”渡海来华，弘扬佛法，在芜湖上岸后，从“一华”到“九华”，一、三、五、七、九，落迹前行。“一华”为今芜湖市区中心的赭山，“三华”即是芜湖市三山区的三华山，“五华”为繁昌县平铺镇境内五华山（隐静山），“七华”一直寻觅未果，有说法疑为南陵县何湾镇丫山，“九华”便是青阳县地藏菩萨道场之九华山，又称“大九华”（芜湖赭山广济寺被称“小九华”）。

传说总归是传说，不足以为信。可让人感到奇怪的是，在无湖长印发掘地仅咫尺之遥的地方，三华山有一叫做“马兰腰”的山腰处，留下关于金地藏走过的“大脚印”传说。

汉代官印——无湖长印与唐代留下的金地藏“大脚印”传说，相映成趣，神奇无比。

神奇而美丽的三华山，历代被赞美讴歌，如李白《江上答崔宣城》诗：“太华三芙蓉，明星玉女峰。寻仙下西岳，陶令忽相逢。问我将何事，湍波历几重？貂裘非季子，鹤氅似王恭。谬忝燕台召，而陪郭隗踪。水流知入海，云去或从龙。树绕芦洲月，山鸣鹊镇钟。还期如可访，台岭荫长松。”

据专家考证，这首诗是唐天宝元年（742年）李白四十二岁那年，自南陵奉诏入京，乘兴写下著名的《南陵别儿童入京》期间所作。

崔宣城，即时任宣城县令崔钦。

到了唐代，县建制的最高长官已不受秦汉“县令长”之制约束，县无论大小，统称为“县令”。

诗中“树绕芦洲月”的“芦洲”，《李白在安徽》一书解释为

"指今繁昌县荻港一带江面。其间多洲渚，长满芦苇"。并将"山鸣鹊镇钟"的"鹊镇"解释为"镇名，在繁昌临江南岸，古为繁昌县城所在地，故又名'旧县镇'，今改名'新港'。"①

唐宪宗元和年间《元和郡县志》："鹊头镇，在宣州南陵县西一百一十里，即春秋时，楚伐吴，败于鹊岸是也。沿流八十里有鹊尾洲，吴时屯兵处。"②

泛舟"江上"，远眺"芦洲"、"鹊镇"之三华山，如芙蓉出水，玉女凌风。诗人李白将这种江上观感通过诗词和答（此前宣城县令崔钦肯定赠诗李白），传递给好友崔宣城，同时也使得无湖长印出土地的三华山，更加鲜活多姿，富有魅力。

①常秀峰：《李白在安徽》，安徽人民出版社1980年版，第227页、第228页。

②李吉甫著、贺次君校：《元和郡县图志》，中华书局1983年版。

芜湖古代圩田刍探

芜湖县委宣传部课题组

摘要：芜湖圩田自东汉起，历经唐、宋两代，开发初具规模，以开发早、规模大、产量高、设施及管理齐全而著称于世。本文试从芜湖古代圩田肇始、分布、规模、特点、修复以及圩田管理等方面，进行探索研究。

关键词：芜湖　古代　圩田

一、芜湖古代圩田的始建与开发

芜湖受亚热带湿润性季风影响，四季分明，地理气候优越，是人类重要繁衍地之一。考古发现表明，芜湖及周边地区是古人类和人类文明发祥地。繁昌人字洞、峨桥响水涧村聚落遗址、火龙岗新义村和荆山蒋公山新石器遗址[①]等考古发掘，验证了古代芜湖是宜居之地。

大量文物考古发现，早在四五千年以前，就有先民生活在荆山附近。春秋时期，吴国西部重镇鸠兹邑境内，就已经有了今

① 殷涤非：《芜湖蒋公山遗址调查报告小记》，载《考古》1959年第9期。

"咸保圩[①]"的雏形，东接黄池山丘，西临江水湖沼地，是早先人类聚住的好地方。

民以食为天，临水湖滩有取之不尽的食物资源。江水涨潮，山洪爆发有山丘避难，久而久之，形成先民们的集聚地。

《春秋左传》记载："襄公三年（前570）年，楚子重伐吴，为简之师，克鸠兹，至于衡山"。以此记推，鸠兹邑咸保圩约在公元前670年即已形成。后来的史志记述较多，如《史记·越世家》载："周元王四年（前472 年）越王勾践平吴，越兵横行于江淮 之间，于是鸠兹属越。楚威王元年（前334年）楚败越，杀越王无疆，尽取吴故地至浙江。鸠兹属楚。"《秦本记》："秦王嬴政二十四年（前223年）灭楚、以楚地为楚郡。二十六年（前221年）完成统一，分天下为三十六郡，将楚郡分为九江、鄣、会稽三郡，鸠兹属鄣郡。"

民国版《芜湖县志》记载："朱天珍《龟龙寺记》：芜湖邑东四十里，有圩曰咸保，古丹阳湖地也。世传吴赤乌二年围湖成田。史书：孙吴大兴水利，其说可略见。"[②]"早在东吴赤乌元年（238年），孙权手下大将丁奉镇守芜湖、宣城一带时，发动军民围湖造田，亲自督修圩堤。数万人披星戴月，经过四年努力，终于"围于湖成良田"，其中金钱湖滩田20余万亩，"堤长一百零四

① 见《读史方舆纪要》

② 余谊密主修、鲍实总纂：《（民国）芜湖县志》卷四十一，黄山书社2008年版，第292页。

里又四十九步，堤宽丈余，高二丈余，底宽五丈[①]。圩内高处筑埠田、低处挖沟渠，以军队屯田。又迁流民，筑庐舍、建村庄、使军民耕耘其间。”（《清顾祖禹：《读史方舆纪要》卷二十九》）

民国版《芜湖县志》载：“咸保圩分为四角，经修圩堤，东北角属南幸铺，东南角隅有滩一幅，土名宣界滩，东为宣界，西属咸保。圩中有港一道，土名鸠兹沟，即鸠兹港之支流也。港水虽浅，界址甚明……有陡门二座，北在蜈蚣渡，南在南陡门。周围圩埂四十余里。”[②]内有农田18675亩，其中旱地314亩。

三国时期，战事频繁，粮草是魏、蜀、吴三方称霸的重要基础。魏国占有中原和荆江粮仓，蜀汉占有成都平原和关中粮仓，东吴则靠长江中江湖滩，垦围圩田。孙吴基础较实，比魏蜀坚持称帝多20余年[③]。史料记载有东吴赤乌二年（239年）、永安三年（260年）、建衡元年（269年）三次在丹阳湖一带兴建水利，围湖造田，其中就包括今万春圩、咸保圩、陶辛圩、易太圩等[④]。

三国之后东晋末年战争重起，义熙八年（412年）“田赐贫民，由官田变民田。”虽称“民田”，实为土豪地主势力共管[⑤]。

唐代曾一度时期为确保官粮漕运禁用丹阳湖水灌溉农田，圩

---

① 母指与中指伸张为一尺，五尺为一步，二步为一丈，十丈为一引，十八引为一里。

② 余谊密主修、鲍实总纂：《（民国）芜湖县志》卷三十三，黄山书社2008年版，第232页。

③ 见《我国历代纪元表》，《现代汉语词典》（附录），商务印书馆2009年版。

④ 见芜湖县水利局：《芜湖县水利文史汇编》。

⑤ 见余谊密主修、鲍实总纂：《（民国）芜湖县志》卷三十三，黄山书社2008年版。

田一度遭到荒废。后来逐渐恢复，至南唐时收归皇家所有，置官管理，划荆山、万春、黄池为三曹管辖。

其后，历东晋、南朝、隋、唐到宋朝各个时期，都有围湖造田，著名的万春圩为东晋时所筑，同时在黄池、白沙等地也相继进行筑圩造田。

特别是南宋，当时金兵南侵，中原地区军民南迁，促成芜湖圩田进入大发展时期。

北宋时万春圩归属芜湖县所有，租税上缴大司农[①]。北宋太平兴国中期（976—983年）江南大水，圩吏欧阳某护圩不谨，万春圩决口破圩，荒废达八十年之久。嘉祐六年（1061年），江东转运使张颙，判官谢景温力主修复芜湖万春圩，并委派宁国县令沈披实地查勘[②]。

沈披精水利，他将考察后的情况绘画成图，呈报给张颙、谢景温。三人均极力主张修复万春圩，并向皇上保证，修圩不成"愿重坐之"[③]。于是，宋仁宗嘉祐六年（1061年），朝廷批准开工重修万春圩。发官粟募穷民，"旬日得丁万四千人"，民夫来自宣城、宁国、南陵、当涂、芜湖、繁昌、广德、建平（今郎溪）八县，分别由各县主簿统领，沈披负责施工方略事宜。此时江东转运司也移治于芜湖，转运使张颙、判官谢景温也"比日一自临

① 唐宋代为主管国家仓廪的官吏。

② 沈括：《万春圩图记》，见《四部丛刊三编》集部《沈氏三先生集·长兴集卷二十一》。

③ 沈括：《万春圩图记》，见《四部丛刊三编》集部《沈氏三先生集·长兴集卷二十一》。

视”，经过14000名民夫，用80天时间，使这座荒废80年余的古圩终于巍然屹立起来。修复后的万春圩，堤宽6丈，高1.2丈，周长达84里，共治田127000亩；圩内修通沟渠，大渠可以通小船，并修建大道22里，道阔可容两车并行，宋仁宗特别赐名“万春圩”。

宋徽宗时又建筑了规模很大的易太、政和、陶辛、行春四座官圩，使万顷沼泽之地变为良田[①]。

二、芜湖古代圩田的分布、特点与贡献

（一）芜湖古代圩田的分布

据现有文献资料，关于芜湖古代圩田的记载，唐宋以前较简，宋代以后略为详细，清代咸丰（1851年）、同治（1862年）、光绪（1875年）年间的史料，比较详实。

清光绪年间芜湖有大小圩（含坝、滩、埠）120个[②]。平原区以圩为主，附带有滩，四周筑堤为圩，圩外小圩为滩，山丘边以坝、埠为主。原本坝是山丘沿河湖半边筑堤称坝，沿山丘沟壑出口处筑堤和没水的地方称埠，但芜湖所称坝、埠多以地名形式出现。

---

① 见郭静洲:《沈括〈万春圩图记〉点注》,见芜湖县地方志编纂委员会办公室编《芜湖县志资料选编》(第二辑),第70—71页。

② 见余谊密主修、鲍实总纂:《(民国)芜湖县志》卷三十三,黄山书社2008年版。

其中县域东南乡有圩14个，万春圩、政和圩、保丰圩、周皋圩四圩总长一百六十多里，另有倪家圩、永定圩、保胜圩、保德圩、永城圩、保和圩、南辛圩、九都圩、易泰圩。

北乡有埠、圩34个，较大的是博望圩，埂长九里，其余埂长多为三里左右。如赭新兴埠、保兴埠、小港口、千斤埧、官桥埠、塔子埠、陶阳新兴埠、易安埠、永城埠、后新成埠、大小埧、许家圩、南桐城埠、北桐城埠、后所埠、西了埠、横塘埠、洋波埠、三埧埠、毛家营、张家营、卞家圩、胡家埧、曲流埠、咸辛圩、韩旺埠、小阳埠、南辛兴埠、湛塘埠、北辛兴埠、新圩角、万年圩、升仙圩等。

芜湖县古代圩田全图　（据民国《芜湖县志》）

西南乡有埠、滩34个，全为小埠小滩：尚塘埠、郑盛埠、双港埠、芦花塘、犁头埠、新兴埠、中和埧、苍杷埠、东麻浦、西麻浦、鹅儿埠、港南埠、竹墩埠、沉塘埠、汪家埠、李家埠、葛埠、刘公埠、胡家滩、三坝、黎家埠、河塘埠、杨木埠、阛兴埠、蔡家五埧、新埠、淮兴埠、小淋滩、山西湖、大塘埠、四埧、高寺埠、灰山埠、古埂埠等。

南乡有圩、埧、埠38个。较大的圩口有埭南圩、陶辛圩、行春圩、白沙圩、十连圩等五个。埂长总计为一百九十里。其他小圩埧有：凤林圩、沙坝、高村坝、孤山坝、练成圩、外潮埠、万盛坝、永丰埧、杨家埠、新庄埠、李家埠、刘村埠、桐城坝、杨林埠、汤家坝、马家滩、招塘埠、新坝、俞家坝、杨家坝、前村坝、保仪埠、宦家坝、罗週坝、李招埠、独山圩、朱村埠、湖西埠、马塘坝、张秋坝、高宕坝、碑弓坝、天井坝等。

（二）芜湖古代圩田的特点

芜湖古代圩田有以下四个特点：

1.始建早

春秋鸠兹邑境内咸保圩，公元前570年以前即已形成。《晋书》载："丹阳郡统十一县，非以于湖于芜湖地。其地在县东咸保圩"。

2.圩口大

北宋仁宗嘉祐六年（1061年）重修万春圩记载，万春圩周长达84里，有田地12万7千亩，圩中大道可容两车并行，道长20里。即是芜湖古代圩田之冠，也是长江流域大圩之一。北宋徽宗时（1101年至1119年）新筑的政和圩、陶辛圩、行春圩周长达145里（王象之《舆地纪胜》）。这些圩田在南宋高宗绍兴年间都曾重修并扩大，到宋孝宗隆兴二年（1164年）实核其周长为290余里，比同期修筑的太湖圩田（周长145里）、当涂圩田（周长190里）要大的很多[①]。

3.质量好

芜湖一带所建圩田，工程质量讲究。以万春圩为例，坝宽6丈，高1丈2尺，呈梯形，堤岸基础十分宽阔厚实。堤外又筑缓坡，植有柳桑，堤外河边种有芦苇，起到防浪固堤作用。同时圩内划百亩田为一方，四周有小水沟环绕，每四方为一区，挖大水沟为界，使水流通畅，易灌易排。重修完工后的第四年经受了一场长江水灾的严峻考验。当时的宣州、池州等大小1000多个圩田惨遭淹没，唯有万春圩安然无恙，并屏障保护了芜湖县附近诸小圩。

4.历史名人立传于世

北宋科学家沈括（1031—1095年），字存中，杭州钱塘人，

① 马端临:《文献通考》卷六《天赋考》,中华书局1988年版。

仁宗嘉祐年的进士，是王安石变法运动的“智囊”之一，著有《梦溪笔谈》、《良方》、《长兴集》等书。同时他还十分重视积累人民在生产斗争中的经验，热心提倡并参与兴修水利，改造器具类社会活动。北宋仁宗嘉祐六年（1061年）重修万春圩，由其兄宁国县令沈披主持踏勘记录，绘制地形图，规划工程，策划施工，以及驳斥修圩反对派意见。沈括积极参与并撰写《圩田五说》和《万春圩图记》，详细介绍了万春圩的实现过程，因此得以载诸史册，传之后世，为宣传芜湖圩田起了巨大作用。

《梦溪笔谈》书影

（三）芜湖古代圩田的历史贡献

芜湖圩田发展，使芜湖能以鱼米之乡的美名享誉天下，同时，也促成了芜湖作为皖东南商品集散地的形成。

唐宋以后，随着经济重心的南移，芜湖的农业经济进入了一个快速发展的轨道。在广泛兴建圩田、兴修水利的同时，积极引进优良品种，改进农业生产工具及耕作技术。芜湖地区本就是优良稻米的产地，宋人黄鹤在《补注杜诗》一书中夸赞道："太平州稻禾，名品是也。"北宋真宗时，适应性强、生长期短、而且耐旱的占城稻，也从福建推广到江淮地区，为芜湖古代圩田水稻实行一年两熟制提供了有利条件。

南宋后期，芜湖的稻麦复种制度已较为普遍，曾经寓居芜湖的杨万里称江南地区"却破麦田种晚稻"，即收割冬小麦之后立刻抢种水稻，也就可以实现一年两熟了。无论是种植一年两熟的占城稻，还是实行稻麦复种制度，都提高了土地的利用率，增加了粮食产量。

据当时的资料，芜湖的稻谷亩产一般可达3石，好的可收6、7石。修复后的万春圩，稻谷平均亩产6斛2斗，每年可收80万斛（相当于40万石），官府每年收取的租税多达36000斛（18000石），另收菰、蒲、桑、枲麻之利50余万钱。

芜湖稻米的丰产，不仅满足了本地百姓的消费，也为国家提供了大量的赋税征收。据弘治《徽州府志》记载，南宋时芜湖每年秋税米定额为6万石，再加上增收十分之六的折耗，共计上缴9.6万石，而当时较为富庶的浙江严州[①]也不过年税米2万余石。为了便于运输和贮存，江东路转运司在产粮大县芜湖设立了寄纳仓，收纳芜湖及其周边地区的稻米，如北宋时皖南旌德县每年的税米就运至芜湖仓贮存。南宋时，宋、金双方军队沿淮河——大散关一线对峙，芜湖成为宋军重要的军粮供应基地。不仅皖南及沿江地区的稻米在此集中，甚至江西等地的稻米也从这里转运至淮河前线。

芜湖仓所存之稻米，还时常被用作赈灾的常平米，如宋孝宗乾道元年（1165年）浙西水灾，就曾动用芜湖16万石常平米前去赈济。朱熹知南康军时，也曾调太平州、芜湖、繁昌等地的常平米5万余石前去赈济灾民。由此可见，芜湖圩田经济对当时国家经济的贡献之大。

随着芜湖圩田经济的发展，农业与工商业之间的关系也愈加密切。芜湖丰富的稻米产量和寄纳仓的设立，使得从事商业贩运和稻谷加工的商人聚集于此。进而各地手工业者、纷至沓来的商贾和大批量的物资输送，使芜湖这座江南小城声名鹤起，芜湖人口也在大幅增加。至此，“万家之邑，百贾所趋”[②]的芜湖，已然成为皖东南商品集散地，为明清时期芜湖商埠重镇的形成奠定了

① 今浙江省桐庐、淳安、建德等县市。

② 张孝祥：《芜湖修浮桥疏》，《于湖居士文集》，上海古籍出版社1980年版，第258页。

基础。

三、芜湖古代圩田的管理

早在春秋时期，咸保圩就具备了排水灌溉的水沟陡门和圩民居住的合理分布。到了三国、唐初，由于当时圩口少，不影响水流，又不断修筑，得以完整保存，成为民众长期居住的大圩。

清光绪二十九年（1903年），万春圩周围60余里，圩内出入水道除各公私筑陡门外，东有女刘沟及潘家村大闸两座，西有二龙港及王石拐大闸两座，沟9条，陡门一座，南有清水河陡门一座。铁路通过圩田处修有铁路涵洞，如光绪三十三年（1907）芜广铁路由芜湖县陶辛圩穿过，陶辛圩内除旧有陡门六座之外，还设有铁路涵洞五道[①]。

芜湖修筑圩堤工程，在不同时期就采用灵活多样的方式，即官修、官款借修，以工代赈，官督民修，民修等，民修中又分一圩独修和众圩协修。凡堤内受益的“铺户”，手工业户和小商户均承担费用。

圩田的修筑一般采取按亩征费，按田计甲的方式。如光绪年间，陶辛圩各圩民采取按亩起费的方式，在清凉渡共建大陡门。在修圩费用和圩夫的征集上，采用“费不足，则三人者解囊以助之；力不能，即输者又假货以先之”的方式，从而“其壮者既受

① 余谊密主修、鲍实总纂：《（民国）芜湖县志》卷三十三，黄山书社2008年版。

夫之值，足以赡其家；而老弱者又分班任易，足以糊其口。”[①]

到了清光绪年间，民力不足，由官员捐廉修筑成为一种必不可少的方式之一。“芜湖麻浦圩居临芜湖南岸，襟江带郭，阡陌云鳞。其西岸长堤十余里，尤当江流要冲。每当西北风起，涛崩浪激，堤岸年啮日刷。每逢修筑，非密钉桩木不可。圩民竭于经费，致令膏腴，尽变为鱼鳖之窟。田价每亩只两三元，无人问鼎。且该堤为芜之南岸居民衙署之保障，每一溃决，南岸即尽变为汪洋。”[②]光绪二十三年（1897）初夏，潮汛上泛，沿江的江边郑盛等埠险象百出，危若垒卵。通宪袁观察不忍坐视圩民于洪水之中，于是“捐廉二百余金，扎委陈筱泉少尉购办桩木，择要兴修。”不料秋初江流漫涨，堤岸再次被冲决，致使圩内禾稼大半在水中央。袁观察饬令芜湖县衙召集圩董，强令按亩起夫。袁再捐廉数千金，交前代理芜湖县朱蕙乡大令，购买大木数万根，排泊堤下，并“于腊月破土兴工，挨次密钉桩木，挑土紧筑，全堤尽修”[③]。

四、沈括与《万春圩图记》

沈括于北宋仁宗嘉祐六年（1061年）重修万春圩，由其兄宁

① 余谊密主修、鲍实总纂：《（民国）芜湖县志》卷三十三，黄山书社2008年版。

② 余谊密主修、鲍实总纂：《（民国）芜湖县志》卷三十三，黄山书社2008年版。

③《捐廉修堤》，《申报》光绪二十三年十二月十一日。

国县令沈披主持，踏勘记录，绘制地形图，规划工程，策划施工，以及驳斥修圩反对派意见。沈括记述的《圩田五说》，专业性极强。其后他还根据《万春圩图》写了《万春圩图记》。

沈括的《万春圩图记》是后人研究万春圩早期历史最为可靠的依据，这篇文章最早被收辑在南宋初年高布于括苍（今浙江丽水）刊刻的《吴兴三沈集》中的沈括《长兴集》卷二十一。

沈括撰写复修万春圩“圩田五说”辩论要点：

第一，有反对者说，夏秋汛期来临，丞需有广大的湖泽来客纳洪水，如果排除二十里的水面筑圩，就会使二十里面积的水没有归宿，一旦上流水涨，洪水泛滥，便会造成更大水灾，得不偿失。

沈括辩说，圩成之后，附近还有丹阳，石臼诸湖绵浸三、四百里，每当汛期来临，圩的周围都漫衍成湖。而圩西紧临大江，复修旧圩没有影响。

第二，又有反对者说，“圩迎荆江为防，水壅则灌山东”。

沈括认为，荆山之西，水流宽度不足百步，如果将圩堤冲着荆山折筑，可让出两百步宽度，扩大江面容量，减少流水的压力，万一发生壅塞，则障碍产生在荆山之西，并非来自圩田。

第三，有人荒诞地反对说，圩水流出的地方，底下必有蛟龙潜伏，圩堤容易崩溃。

沈括反驳道，凡圩内之水流于堤外，下水的地方往往成为深渊，深渊两岸必溃，并非蛟龙所为。他根据治水经验提出，凡圩堤出水地方，筑复堤以控水，把下水地点排于数十步之外，流之江中，可以消除此隐患。

第四，有反对者认为，自万春圩荒废以后，纳租从事茭牧为业的有100多户，一旦恢复圩田，要他们停止和改业，势必迫使他们反抗。

沈括认为这个理由不能成立，说："圩成固且与人，夺之人而与人"，原来从业茭牧的人，以后可种田，可茭牧，怎么会反抗呢?

第五，也有反对者说，"圩之东南滨于大泽，风水之所排，堤不能久竖也。"

沈括分析认为，这里地势并非陡峭，尚有宽约一百多步的缓坡，如果环圩种植柳树，堤下栽芦苇，水浪所能在百步之外，不能与堤相遇，而且圩堤的基脚数丈，埂头仅数尺，其势不会与水阻。所以风高浪大，也不足担忧的。

沈括在"圩田五说"中，主论正确，切合实际。最后他的修复万春圩的建议，被朝野所采纳，一个荒废80年之久的万春圩得以复原。

沈括的"圩田五说"，至今仍有理论价值和实际指导意义。故此，万春圩修复工程克服了"是时岁饥，百姓流冗"的劳力困难，采取"以工代赈"方式，按工发粮，布告一出，仅10天时间就召集宣城、宁国、南陵、当涂、芜湖、繁昌、广德、建平（今郎溪）等8县1万4千饥民。仅用85天时间修成堤围6丈，高1丈

3尺，长达84里的长堤，得田1270顷。“总为粟三万六千斛，菰蒲桑枲之利为钱五十余万”[①]。

从此以后，“以工代赈”的方式为历代筹劳所运用。

①沈括著，胡道静校证：《梦溪笔谈校证卷三》，上海古籍出版社1987年版，第167—168页。

周瑜与芜湖

南陵县委宣传部

摘要：本文通过大量文献资料考证，阐述了周瑜的主要业绩，论证了周瑜与芜湖的关系——曾为春谷长，为了东吴政权的巩固发展，在芜湖（古春谷）一带筹集粮食、招募新兵、训练水师以及冶炼铜铁、铸造钱币、打造武器，甚至把家也安在芜湖，与妻子小乔寓居于此，死后亦归葬芜湖。这反映了芜湖的地理位置重要，物产丰饶，人居环境优越，文化底蕴深厚。

关键词：周瑜　春谷长　芜湖

一、《三国志》正史文献记载的周瑜

据《三国志》记载，周瑜字公瑾，生于东汉灵帝熹平四年（175年），庐江舒人。堂祖父周景、堂叔父周忠，皆为汉太尉，父亲周异是洛阳令。周瑜文武兼备，忠诚敢于担当，沙场征杀，屡建战功，“长壮有姿貌”，领一代风流。

东汉献帝初平元年（190年），长沙太守孙坚参与各路诸侯，兴兵讨伐董卓，把家搬到舒城，孙坚长子孙策与周瑜同龄，二人一见如故。周瑜引孙策登堂拜母、结为兄弟，并把家里最好的房子让给孙策居住。

孙坚在攻打江夏途中，误中江夏太守黄祖之计，不幸被乱箭射死。

孙策继承父亲遗志，接替了父亲的“将军”职务，先将家眷安置在丹阳（今宣城），小作调整一番后，跟随袁术南北征战。

献帝兴平元年（194年），孙策在扬州名士张纮的劝说下，决定以江东为基地，干出一番事业。于是他以报父仇为名，向袁术借兵，前往江东，拼打天下。

此时，周瑜也去投奔在丹阳当太守的叔父周尚，在这里，周瑜认识了具有一定政治眼光的鲁肃，极为赞赏。

孙策到达江东，派人送信给周瑜。周瑜招募一些将士，前往迎接孙策。孙策大喜，认为得到周瑜的帮助，一定能取得事业的成功。二人合力攻下横江、当利，后又渡江击秣陵，破笮融、薛礼，接着挥师向湖孰、江乘，一路凯歌，最后回师占领曲阿。

此时，孙策的人马已经壮大到了好几万，孙策认为，自己的兵力已经足以攻取吴会、山越，便派周瑜镇守丹阳，以巩固后方。

周瑜回到丹阳，不久袁术派堂弟袁胤取代周尚为太守，周瑜与叔父不得不回老家寿春。

袁术想任用周瑜为将，但周瑜觉得袁术虽然现在势力强大，然终究不是有出息之人，便请求担任居巢长。周瑜这样做的用意是：居巢离江东近，在这里可以随时去江东。袁术同意了周瑜的请求。

周瑜到任不久，就来到了东吴之地的庐江。孙策亲自带人迎接周瑜，任命周瑜为建威中郎将，并给他配置了二千精兵、五十骑队。这一年是建安三年（198年），周瑜“时年二十四”，人们称呼周瑜为“周郎”。

周瑜在吴地讲信用、布恩泽，声名远播。孙策很高兴，让周瑜领兵守卫战略要地牛渚（今马鞍山市采石）。同时，兼任春谷长。

不久，孙策欲取荆州，便以周瑜为中护军，兼江夏太守。征战途中，攻取了皖地。皖地名士乔公，有两个女儿，大乔与小乔，都长得非常漂亮。孙策娶了大乔，周瑜娶了小乔。孙策对周瑜说，在如此乱世中，乔公能得到我们两个人做他的女婿，也是够幸运的了。

二人又马不停蹄一路西进，依次攻取了寻阳、江夏。继又南下，取豫章、庐陵。后周瑜留镇巴丘，孙策继续攻城略地。

建安五年（200年），孙策病逝。19岁的孙权弟承兄业，升为统帅。周瑜带兵前往吊唁，并以君臣之礼相待，推荐鲁肃做孙权的辅助，从根本上巩固了孙权在江东的统帅地位。周瑜也被孙权留在江东，担任中护军，与长史张昭，一武一文，共同管理江东军政要务。

建安十一年（206年），周瑜率兵攻取麻、保二屯，擒杀其首领，俘虏了上万人，从此便驻兵在外。这一年，江夏太守黄祖派大将邓龙领数千兵马到柴桑，周瑜前往追击，活捉了邓龙。

建安十三年（208年）春，孙权感到羽翼已丰，为报父仇，决定亲征江夏，任命周瑜为前部大都督。大军消灭了杀父仇人黄祖，攻下鄂城，并将鄂城改名“武昌”。

建安十三年（208年）九月，曹操挟官渡之战余威，率兵攻入荆州，荆州之主刘琮率众投降。曹操收编了荆州水军，准备水陆并举，直取江东，一统天下。

洋洋自得的曹操，派人给孙权送去信函，大言不惭地声称，他已扫平了马腾、吕布、袁术，在官渡打败了拥有百万之众的袁绍，现又占领了荆州，整个中原、北方、西方都已统一。曹操“挟天子以令诸侯”，要孙权为表示对朝廷的效忠，速将儿子送到他那里做人质。

江东大多将士向孙权进言，曹操拥有百万虎狼之师，又是大汉丞相，能以天子的旨意征讨四方，如果抗拒，肯定不会有好的下场，只能听从曹操安排，向曹操投降。

孙权举棋不定。在鲁肃的劝说下，将周瑜从前线召回。周瑜了解情况后，对孙权分析说，曹操虽托名汉相，其实是汉贼。“将军以神武雄才，兼仗父兄之烈，割据江东，地方数千里，兵精足用，英雄乐业，尚当横行天下，为汉家除残去秽。”[①]力主抗曹。

孙权得到周瑜等人支持，顿时信心充足，派给周瑜三万兵马，誓与曹操决一死战。

①陈寿撰:《三国志》,中华书局2011年版,第1053页。本文以下所引《三国志》皆为此版本。

曹操南下大军多是从北方而来，水土不服，染有疾病。交战不久便败退下去，只得驻扎在江北。周瑜使了个“连环计”，派部下庞统前往曹营，假意向曹操献策，说你们将士之所以生病，是因为不习惯水战造成，船一摇动便心慌呕吐。庞统提出一个办法，要曹操将各条战船用大横木钉住，连为一体，战斗打起来万船齐发，将士们在船上如同陆地。

曹操不知是计，将所有参战的战船连为一体。

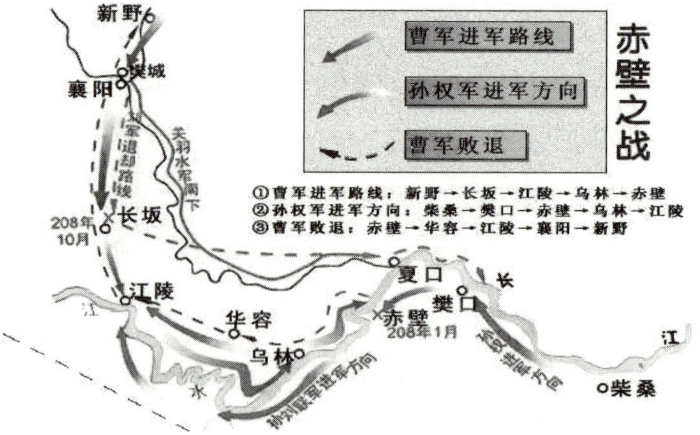

赤壁之战形势图

见此情形，部将黄盖对周瑜说，这下好了，我们可以用火攻将曹军打败。为了接近曹军的战船，二人演了一出“周瑜打黄盖，一个愿打，一个愿挨”的苦肉计。黄盖用“数十艘艨艟斗舰，装满柴草，灌上膏油，裹以帷幕，上建牙旗，先派人送信给曹操，说周瑜待我不公，前来投降。”曹操又中周瑜计，就在曹操伸着脖子等黄盖前来“投降”时，来船突然同时起火，冲入曹军船队。此时正值东南风迅猛，曹军船队因首尾相连，不能散开，一时间，火光冲天，连岸上营房也着了大火，人马烧死、溺死者不计其数。

周瑜与刘备的兵马合为一处，乘胜追击。曹操一直逃到南郡，才喘过气来，命曹仁等驻守江陵城，自己北归。

赤壁之战的胜利，使得“三国鼎立”之势形成。周瑜功不可没。

为了巩固赤壁之战的胜利成果，周瑜又领军进击南郡，与曹仁隔江相对。周瑜用吕蒙计，渡过大江，屯兵北岸，与曹仁大战。他身先士卒，跨马挥剑，指挥战斗。但不幸被流矢射中右肋，退回营帐。

曹仁听说周瑜中箭，以为周瑜必死无疑，便领兵前来攻击。周瑜忍住伤痛，骑马巡视军营，激扬士气。曹仁见状，大惊失色，赶紧退兵。

不久，孙权以朝廷名义，任命周瑜为偏将军，兼任南郡太守，辖下隽、汉昌、刘阳、州陵等地，屯兵江陵。又任命刘备为左将军，兼荆州牧。

周瑜上疏孙权，认为刘备乃一代枭雄，志向远大，又有关羽、张飞这样的熊虎之将，必然不会久屈人下，建议孙权把刘备留在东吴，给他住上好的宫室，配上美女，让其玩物丧志。同时把关羽、张飞分开，各守一方。

孙权考虑，如果让刘备留在东吴，担任部将，恐怕刘备不会同意。莫如让刘备守在荆州，作为阻拦曹操南下的屏障。便没有采纳周瑜的主张。

时刘璋为益州牧，受张鲁寇侵，西部动乱。周瑜感到正是进取西川的好机会，于是晋见孙权，请求并征得孙权同意，带兵攻打取刘璋、张鲁，取蜀地，然后联络西北马超，夹攻曹操，一举占领中原。

可是就在周瑜回江陵备战途中，不幸染病，逝于巴丘，年仅三十六岁。时在汉献帝建安十五年（210年）。

丧书报到孙权那里，孙权大悲，素服举哀，左右无不哀痛。

治丧完毕，孙权又亲自前往芜湖，迎接周瑜灵柩。并令所有安葬、安家等费用，均由东吴府库承担。

二、周瑜与芜湖的关系以及在芜任春谷长等

周瑜与芜湖的关系较为密致，主要表现在以下几个方面：

（1）周瑜二十四岁时，在芜湖（古春谷）任春谷长。

（2）周瑜死后，葬在芜湖。

（3）周瑜妻子小乔，生活并终老在春谷。

（4）周瑜在芜湖操练水军，存有“点将台”等文化遗迹。

关于周瑜在芜湖任春谷长，《三国志》记载得很清楚，已成定论，毋庸置疑。而周瑜死后葬在芜湖的文献史料记载，却是较为

含糊。小乔生活在春谷以及周瑜在芜湖操练水军，为野史和民间传说，没有明确的史书文献记载，只能推断考证。

不过如果把第一个方面的缘由厘清，尤其是孙策为什么要让周瑜来“领春谷长”这个问题弄清楚，其它三个方面的历史疑点，也就不难解译。

春谷县（今芜湖市所辖南陵及繁昌等一带），战国始有建置，秦、汉时期明确设有春谷县，属丹阳郡。

春谷这块地方，有三大特征：

一是盛产铜、铁矿。中国古代，产铜就是产钱，相当于今天的金矿。铜与铁又是铸造兵器最重要的原材料，西汉时期，两代吴王彭越、刘濞不仅利用吴中铜、铁富甲天下，且大造兵器，蓄意谋反。

春谷境内，早在商代就有冶铜基地，春秋至唐代，一直是铜、铁冶炼中心。所以，这一点对东吴政权非常重要。

二是地理位置重要。其所处的江岸线，为东吴首要门户。历史上王朝更迭的重大战役，几次都与此处有关。如后人评价说的“南宋亡，亡于澛港”，就是因为宋、元一次决定性的战役在此发生。另一个重大历史事件的百万雄师过大江，人民解放军渡江第一船登陆地，就在古春谷境内的繁昌荻港。

古春谷境内，湖网纵横，有青弋江等近二十条水系可直通长江。不仅带来水路交通之便，也带来练习水军之利。

三是物产丰富，鱼米之乡。

孙策与周瑜，当时做了一个战略上的分工，孙策负责前方攻战，周瑜经营大后方。大后方中，春谷尤其重要：

其一，春谷是钱币铸造基地，或至少是原料产地。攻略天下，筹款也是极其重要的事。

其二，春谷是制造武器的军工基地。

其三，春谷是粮仓。

其四，春谷是大军驻防基地。

正因为如此，东吴政权对春谷一直非常重视。周瑜之后，东吴很多名将担任春谷长，最有名的，当属黄盖。

据《三国志·黄盖传》记载，黄盖字公覆，生卒年不详，孙坚举义兵时，黄盖就跟随着，可见比孙策、周瑜年长。在孙坚手下时，为“别部司马”职。孙坚死后，黄盖又跟随孙策、孙权，可谓东吴三朝元老级的大将。

黄盖最善于打肉搏战，是“山越”的宿敌，先后担任石城、春谷、寻阳等九个县的县长或县令，所到之处，都能平定山越之乱。曾助周瑜参加赤壁之战，以“诈降”之计立奇功。后官至偏将军，病逝于任上。

黄盖死后，葬在南陵。南陵县今有“黄墓村”、“黄墓镇”(2003年合并到许镇镇)，即由此而来。现存黄盖墓，墓围十余米，碑上刻着“丹阳都尉偏将军黄盖墓。”据县志记载，此墓古已有之，重修于清康熙六十年（1721年）。

黄盖在担任春谷长后，又历任七县长官以及其它军、政之职，转战很多地方，多在湖南、湖北一带。

黄盖死后，为什么会葬在南陵？理由只有一种，即黄盖将家安在南陵。

安家南陵的理由有两个：其一，黄盖第一个安定之处是南陵，也就是说在黄盖担任春谷长之前，他一直戎马生涯，居无定所；其二，南陵地理位置好，既离吴国首都（一开始，孙策在吴郡曲阿，后来孙权迁到南京）较近，又出行方便（吴国军事行动，主要是通过长江，向西发展），更重要的是南陵属于古春谷纵深地带，兵荒马乱时期，相对安全。

正是基于以上这两个理由，可以推断出，周瑜同黄盖一样，在担任春谷长时，将家安置在南陵（春谷）。

依此类推，周瑜去世后，妻子小乔寡居家中，养育儿女，也必然在古春谷的南陵。

有了上述基础性缘由，便可得出这样一个结论，周瑜在芜湖、南陵有“点将台”，亦是顺理成章。

也许有人把“点将台”看得过于严重，以为必须有要像“赤壁大战”那样的场景，才会设“点将台”。殊不知所谓“点将台”，只不过是军事首领聚集部下，分配任务的一个设施而已。它可以叫做“点将台”，也可以叫做“点兵台”，作为训练所用。

这样一理解，周瑜在芜湖招募新兵、训练水师，也就是很正常的事了。

三、周瑜死后葬在芜湖及周瑜墓考

《三国志》里，有这样一段文字："瑜还江陵为行装，而道于马丘病卒，时年三十六。权素服举哀。感动左右。丧当还吴，又迎之芜湖，众事费度，一为供给。"

译成白话文就是，周瑜准备回江陵备战，但在途中病逝于巴陵，终年三十六岁。噩耗传来，孙权悲痛欲绝，立即穿上素服，以示哀悼，感动了身边所有的人，他决定丧事回到东吴来办，于是亲自前往芜湖，迎接周瑜灵柩，一切安葬和善后处理费用，由东吴府库支付。

遗憾的是，除了这样一段文字，目前在正史文献中还找不到关于周瑜葬于何处的文字记载。

其实正史文献不仅没有周瑜死后墓地的记载，古代很多显要人物也都没有记载。也许古人这样做的目的，是为了防止墓葬被盗而采取的一项保护性措施。

如此一来，"周瑜墓"所在地，也就成了众说纷纭、莫衷一是的争议。

关于周瑜墓的所在地，历来就有争议，号称有"周瑜墓"的地方很多，主要集中在九江、岳阳、宿松、庐江、苏州、芜湖六处。

但这六处地方都没有正史文献记载的佐证，只能进行分析考证，以理出一点头绪。

九江：九江在当时又称浔阳（或寻阳）、柴桑。《三国志》多称寻阳，《三国演义》则称柴桑。有意思的是，《三国演义》把许多重大事件都放在柴桑，如诸葛亮舌战群儒、赤壁之战总指挥部（“群英会”、“借东风”等都在此处）、周瑜死后诸葛亮吊孝等。

正因如此，后人附会，便将三国时期东吴很多重要人物的坟墓，都“安设”于此处，如程普、黄盖、吕蒙等，甚至孙坚。

其实赤壁之战时，周瑜的总指挥部肯定不会设在柴桑，因为此处不能与曹操的江北大军隔江对峙。只能说是赤壁之战前的备战地，东吴水师集结于此。

故分析认为，柴桑只是周瑜军事行动中的一个临时驻地，周瑜在此无家、无亲、亦无官职，也没有死在这里，是不可能死后把灵柩运来柴桑安葬的。

岳阳：前面说过，周瑜病逝于巴丘，也有说法认为，巴丘并非岳阳，而是江陵。但细细分析起来，即便是岳阳，也没有理由让周瑜葬在那里。因为其一，岳阳（巴丘）同柴桑一样，只是周瑜军事行动期间的一个临时驻地，无家、无亲、亦无官职。其二，巴丘距前线较近，安全得不到保证。

第三点，也是很重要的一点：《三国志》里明明白白地记载，周瑜死后，对周瑜的灵柩，孙权“迎之芜湖”，如果葬在巴丘，孙权“迎之芜湖”的“迎”，便无法解释得通。

宿松：曾有说法，宿松“惊现周瑜墓”。其说法来自古代诗文和族谱、地志里的某些蛛丝线索。明代解缙《吉州周氏考》："考其陵墓在今之安庆宿松。"但此考证依据没有出处，很不科学，不能作为定论。北宋徐铉《故汝南县太君周氏夫人墓志铭并序》："公瑾葬于舒之宿松，今裔孙奉祀者百余家。"[①]也是没有史料依据。

《南唐书·周本传》："瑜葬宿松，即墓为祠，子孙居其旁者犹数十家。"[②]唐代徐坚《初学记》："江水对雷州之北侧，有周瑜庙，以上舒州。"[③]这倒是提醒了我们，宿松有周瑜后人居住，他们为纪念先祖周瑜，立周瑜庙，建祭祀性质的"周瑜墓"。

与九江和岳阳"周瑜墓"同样道理是，周瑜死后，不可能把灵柩运到宿松去安葬。如果是周瑜后人把周瑜骸骨从别处迁至宿松，这一不算小的历史事件，无论国史、地志、家谱乃至个传，都没有任何文献记载。故此一说法也不能成立。

庐江：庐江不仅有周瑜墓，还有小乔墓。其理由大底是周瑜出生在庐江。

《三国志》中孙权"迎之芜湖"，而庐江在长江以北，又在芜湖的上游，如何"迎之"，返回上游呢？

还有一重要原因就是，庐江的地理位置处在魏吴边界，周瑜

---

①曾枣庄等主编：《全宋文》(第一册)，巴蜀书社1988年版，第554页。

②傅璇琮、徐海荣、徐吉军主编：《五代史书汇编》(9)，杭州出版社2004年版，第5506页。

③徐坚撰：《初学记》，京华出版社2000年版，第294页。

逝世前后相当长一段时间内，军事攻守频繁。《三国志》载："初，曹公恐江滨郡县为权所略，征令内移，民转相惊，自庐江、九江、蕲春、广陵户十余万，皆东渡江，江西遂虚，合肥以南惟有皖城。"由此可见，江北庐江当时极不安定。

建安十六年（211年），即周瑜逝世后的一年，东吴迁治秣陵（今南京），"闻曹来侵，吴建濡须坞（即今之裕溪口）以拒，派朱桓驻守濡须水(今裕溪河)东岸。"这就是现属含山县的三国遗址——东关。曹魏在西岸七宝山立棚拒吴，称为西关，现属无为县。

建安十八年（213年）正月，"曹军攻濡须，激战一个多月，死伤千余人，河水为之变色。"在如此险恶的军事局势面前，孙权是不会把曹操最为痛恨、东吴君臣最是尊崇的功臣周瑜安葬在这样一个极不安全的危险地带。就算敌人不来扒坟，搞破坏，也无法上坟祭祀。

苏州：理由是苏州当时是东吴的"首都"，《三国志》里有"丧当还吴"的字样。在这里，考证者错把"还吴"理解为回到吴郡治所苏州。这就好比"回到安徽"，并不是回到省会合肥，这是一样的道理。

事实上在《三国志》中，并没有发现周瑜去过"吴郡"治所的文字记载。至于苏州城里有一"周家巷"，估计很有可能是周家后人居住的地方。

关于周瑜死后葬在芜湖及芜湖的"周瑜墓"，按照"大胆假设，小心求证"的理念，不妨作一番推理和考证：

周瑜十九岁离家去丹阳，投奔叔父周尚，把家也迁徙到丹阳，后来当上了春谷长，娶了小乔，便定居在丹阳郡治内的古春谷（南陵）。因为这里物产丰饶，人居环境优越，又比较安全，出入有江河水道，交通便捷，更有利于周瑜在这一带筹集粮草、打造兵器、铸钱币、招募新兵以及训练水师。

周瑜后来戎马一生，征战南北，很少回家，古春谷（南陵）便是他梦萦魂牵的第二故乡。

周瑜逝世后，回葬第二故乡，也在情理之中。更何况还有“丧当还吴”，“迎之芜湖”的《三国志》正史文献记载。

位于南陵春谷广场的周瑜雕像

芜湖盛传的“周瑜墓”，不在南陵，而是在芜湖现在的城区，

《图书集成·职方典》有记载，周瑜墓在“芜湖城北周村铺”，且东吴时并置守冢户。

魏文帝黄初四年（223年），吴王孙权为了加强防御，将治所从水阳江边（今芜湖县黄池）迁到芜湖城区鸡毛山一带（即今芜湖古城所在地）。为了让周瑜家人生活方便，周瑜的家也一道迁往，包括周瑜的坟墓。“置守冢户”，即是官府派专人在周瑜墓旁建房守护；“守冢户”，亦即守墓人家。

总之，因周瑜有着很高的历史地位，其人其事，使人敬仰，故很多与其生平有关的地方，都说建有“周瑜墓”，这也是很正常的事。

但从上述分析来看，各地的“周瑜墓”，基本上都没有确切文献记载，显得牵强，只能说周瑜死后葬在芜湖，“周瑜墓”在芜湖更为合理一点。

四、研究周瑜与芜湖关系的意义

从上述论述中我们可以看出，周瑜与芜湖，有着很多关系，认识这些关系的存在及其内涵价值，主要有四个方面的意义。

第一，芜湖属长三角地区，地理位置重要。

周瑜之所以“领春谷长”，又之所以安家在芜湖（古春谷的南陵），乃至最后葬在芜湖，首先是因为芜湖地理位置重要。

芜湖，古代为兵家必争之地，而古之兵家必争之地，说明交通必然发达，因此也就成为今之商家必居之地。其次，芜湖是东吴的门户、军事重镇，说明芜湖自古就与“长三角”融为一体，属于“长三角”地区不可分割的区域。

第二，芜湖物产富饶，产业发达。

一是鱼米之乡，二是矿产丰富。芜湖自古就是农、工、商全面发达的地区，今天我们没有理由不把它建成先进制造业基地、经济文化中心、物流中心和现代农业基地。

第三，芜湖文化底蕴深厚。

芜湖境内，有许多关于周瑜、小乔的传说与遗址，很多地名也与这对“英雄美人”有关。不管这些传说是否真实，都说明芜湖人敬慕英雄、崇尚美好、追求卓越，这也正是芜湖的文化底蕴之所在。

第四，芜湖人居环境优越。

战乱时代，周瑜能将家眷安居芜湖（古春谷的南陵），带领一方百姓种庄稼、制服装、做食品。周瑜及其部下众多将领，如黄盖等人，在此招新兵、建战船、练水军。说明芜湖的人居环境及创业环境都是一流的，能干出一番事业，实现人生核心价值。

小乔与小乔墓考

南陵县委宣传部课题组

摘要：三国时期，周瑜曾为春谷长。小乔随周瑜一起，在群雄奋起、烽火逐鹿的历史舞台上，饰演了一出英雄美人、情深意切的爱情史话。小乔也由此而成为温柔、美丽、智慧、善良的象征，在中华文化历史的长河里，凝升为中国妇女唯美的文化形象。本文试通过大量史实，进行深入考证，并解析南陵小乔墓遗址的历史真相。

关键词：小乔　芜湖　南陵　小乔墓

一、春谷长周瑜

南陵为什么会有小乔墓？

研究考证小乔和南陵小乔墓，不得不提到小乔的夫君，曾任春谷长的周瑜。

据《三国志·周瑜传》记载：周瑜（175—210年），字公瑾，庐江郡舒县人。周瑜堂祖父周景和周景的儿子周忠，都曾担任过汉朝太尉。周瑜的父亲周异，曾任洛阳令。周瑜身材高大健壮，容貌俊美。起初，孙坚组织义军讨伐董卓，把家迁到舒县。

孙坚的儿子孙策和周瑜同庚，两人十分投缘。周瑜的叔父周尚担任丹杨太守，于是周瑜前去探望。这时孙策正准备东渡，到达历阳，写信通知了周瑜。周瑜带兵迎接孙策。孙策很高兴，说："策既得瑜，所向无虑矣。"

周瑜跟随孙策进攻横江，渡江攻打秣陵，打败笮融、薛礼，转而攻下湖孰、江乘，进入曲阿县。这时孙策的人马已有好几万。孙策对周瑜说："我用这些人马攻取吴会，平定山越已足够了，你回去镇守丹杨吧。"于是周瑜返回。袁术派堂弟袁胤接替周尚，任太守。周瑜和周尚一起返回寿春。袁术想任用周瑜做将领，周瑜看出袁术终究不是成就一番大业的人，就自请任居巢长，想借路东归。袁术不知就里，就答应了他。

这样，周瑜就任的第一个官职就是袁术任命的居巢长。《汉书·百官公卿表》："县令、长，皆秦官，掌治其县。万户以上为令，秩千石至六百石。减万户为长，秩五百石至三百石。"[①]居巢长就是居巢县令，属地方官。当时的居巢县，人口不足万户，规模不大，所以称居巢长。周瑜提出任居巢长，主要是想东归孙策，居巢离长江很近，从居巢顺流而下可直达江东。

建安三年（199年），周瑜从居巢回到了吴郡，孙策亲自迎接周瑜，授任他做建威中郎将，拨给军队2000人，战马50匹。周瑜时年24岁，吴郡的人都叫他周郎。因周瑜的恩威德信在庐江一带

①（汉）班固撰：《汉书》（上），岳麓书社2009年版，第130—131页。

很有名气，便去防卫牛渚（今马鞍山市采石矶）。后担任春谷长。

牛渚、春谷与庐江郡一水之隔，皆为扼守江东的咽喉要地，为吴重镇。

春谷县治在今芜湖市繁昌县芦南一带，县域包括今天的南陵、繁昌、铜陵及青阳、贵池、泾县部分地区，属丹杨郡。南陵在当时，除盛产稻谷外，尤以“丹阳铜”为主产地。地理位置十分显要。铜可以铸钱币、造兵甲、制器物，攸关军政国计。而擅长采矿冶铜的土著居民山越人，为古代百越族遗民，民风剽悍，不时群起争铜夺利。故自商周以后，历代战乱更替之际，南陵为兵家征战杀伐必争之地。

继周瑜任春谷长后，孙策感念周泰南陵一战力救孙权于危难之中，便以周泰补任春谷长。后来黄盖也担任过春谷长。前后三位春谷长都是武将，足以见得春谷民风之彪悍，地理位置之显要。

二、历史深处的二乔

东汉建安四年（200年），孙策“欲取荆州，以瑜为中护军，领江夏太守，从攻皖，拔之。时得桥（乔）公两女，皆国色也。策自纳大桥，瑜纳小桥。”①

《江表传》曰：策从容戏瑜曰：“桥（乔）公二女虽流离，得

①陈寿撰：《三国志》，中华书局2011年版，第1052页。本文以下所引《三国志》皆为此版本。

吾二人作婿，亦足为欢。”《三国志》记载为“纳”，非娶。大乔、小乔是被孙策、周瑜攻克皖城所虏得。见二女貌美，孙、周二位各占一位，“纳”为妾。这是古代常有的事，故才有孙策的戏言：你乔公二女虽然被我们虏走流离，但是得到我们二人做你的女婿，你应该满足高兴才是。

苏东坡《赤壁怀古》词中说：“遥想公瑾当年，小乔初嫁了。”

小乔，正史作小桥，原名乔倩。乔、桥二字汉代通用。大乔则原名乔玮。桥公（《三国演义》中称为乔公或乔国老）之幼女，是大乔之妹，周瑜之妾。此二乔正是乱世佳人遇江湖豪杰。

《三国志·吴书九》中记载，大乔、小乔为“桥公”之女。《后汉书·桥玄传》载，桥玄是后汉梁国睢阳(今河南商丘)人，官至太尉，颇为曹操尊敬，卒后，曹操曾撰文祭奠，中有“斗酒只鸡，过相沃酹”语。后人遂以为二乔即桥玄之女。清代人沈钦韩在《两汉书疏证》“补注训诂二”中说：“桥公者，太尉桥玄也。汉制，为三公者方称公。”[①]沈钦韩的说法被多方引用，几成定论，但实际是没有历史依据的。赵翼以精博见称，其《桥公墓》诗也有“生有只鸡留戏笑，死犹两女嫁英雄”语，实皆附会之词。

所谓“桥公”，原是尊称，并非仅限三公（太尉为三公之

①见梁章钜：《三国志旁证》，福建人民出版社2000年版，第749页。

一）。清代末年的卢弼就在其所著的《三国志集解》，举孙权呼张昭为张公、程普为程公之例以驳之，张、程就不是三公。又云：二乔之父为皖县人，桥玄为睢阳人，两不相涉，“果为玄女，则阿瞒方受知于玄，铜雀春深，早已如愿相偿，伯符、公瑾不得专此国色矣”。[①]说得很风趣，驳得很中肯。二乔若为桥太尉之女，何至流离于江东？桥玄有子桥羽，官至任城（今山东济宁）相，则桥羽姊妹更不会流离南方。其次，桥玄生于永初三年（109年），卒于光和六年（183年），享年75岁。他死时，孙、周只有9岁。桥玄即使在60岁时，其侧室生下两女，年龄也要大孙、周好几岁。

孙、周同庚，又都是少年英雄，二乔为江东国色，故后人传为佳话，历代吟咏其事者颇多。杜牧《赤壁》的“东风不与周郎便，铜雀春深锁二乔”，即为著名之篇作。

小乔与周瑜故事的流传，与罗贯中在《三国演义》里，围绕铜雀台故事对他俩的精心编排与渲染有关。《三国演义》第三十四回叙说，曹操平定辽东后，心情大畅，欲建铜雀台以娱晚年，少子曹植进言：“若建层台，必立三座。”中间名铜雀，左为玉龙，右为金凤。“更作两条飞桥，横空而上，乃为壮观。”操喜，留曹植、曹丕在邺郡建台。

曹操得荆州后，领兵百万南下，攻打刘备和东吴。一时孙吴

---

①转引自郑逸梅：《郑逸梅选集》（第三卷），黑龙江人民出版社1990年版，第255页。

主战主和，沸沸扬扬，难以主张。《三国演义》第四十三回叙说，经鲁肃与刘备、诸葛亮的合谋，孔明愿随鲁肃赴柴桑（故城在江西九江县西南二十里）亲见孙权，以陈利害，坚定孙权联合抗曹。在鄱阳湖训练水师的周瑜听到消息，星夜赶回柴桑，当晚约见孔明。此时的周瑜和先前的孙权一样，虽是决心抗曹，但对联合刘备却存戒心。周瑜起初想尽量不露抗曹的本意，以试孔明；而孔明却趁机言曹势众，难以抵挡，使用激将之法假意劝瑜降曹，言道："愚有一计：并不劳牵羊担酒，纳土献印；亦不须亲自渡江，只须遣一介之使，扁舟送两个人到江上。操一得此两人，百万之众，皆卸甲卷旗而退矣。"孔明佯装不知大乔、小乔为孙策、周瑜之妻，接着说道："亮居隆中时，即闻操于漳河新造一台，名曰铜雀，极其壮丽；广选天下美女，以实其中。操本好色之徒，久闻江东乔公有二女，长曰大乔，次曰小乔，有沉鱼落雁之容，闭月羞花之貌。操曾发誓曰：吾一愿扫平四海，以成帝业；一愿得江东二乔，置之铜雀台，以乐晚年，虽死无恨矣。今虽引百万之众，虎视江南，其实为此二女也。"周瑜岂信孔明之言，问："操欲得二乔，有何证验？"孔明又言，操曾命子曹植作《铜雀台赋》，"赋中之意，单道他家合为天子，誓取二乔。"为了证明孔明所言是实，周瑜又问："此赋公能记否？"孔明越发大展才智，当着周瑜、鲁肃之面背诵该赋时，巧妙地添油加醋，着意激怒周瑜。其中有句为："立双台于左右兮，有玉龙与金凤。揽二乔于东南兮，乐朝夕之与共。"

实则曹操建铜雀台时，在赤壁之战以后。建台之缘起，与周瑜、小乔无关。

《三国志集解》(引）云：“舒州怀宁县有桥公亭，在县北，隔皖水一里，今亭溪为双溪寺。”

清代王士祯《渔洋诗话》：“二乔宅在潜山县，近三祖山，故山谷诗云：‘松竹二乔宅，雪云三祖山。’今遗址为彰法寺。余甲子过之，有诗云：‘修眉细细写春山，疏竹泠泠响佩环。霸气江东久销歇，空留初地在人间。’”[①]虽地以人传，然蛾眉故宅已废为头陀寺院，或亦可作色空之别解。

当年皖城东郊，溪流环绕，松竹掩映着一个村庄——乔公寓所，后人称之为乔公故宅（民国《潜山县志》载“潜阳十景”之一)。乔公故宅后院有一口古井，水清且深，相传二乔姐妹常在此梳妆打扮，可谓“修眉细细写春山，松竹萧箫佩玉环。”（清·王士祯《二乔宅》诗）每次妆罢，她俩便将残脂剩粉丢弃井中，长年累月，井水泛起胭脂色，水味也有了胭脂香。

康熙《安庆府志》载：“汉末乔公有二女居此，皆国色，孙策克皖娶大乔，周瑜娶小乔。二女以残脂粉投井中后，井水带脂粉色，故名胭脂井。”于是，这井便有了胭脂井的雅称。有诗曰：“乔公二女秀色钟，秋水并蒂开芙蓉。”（明·罗庄《潜山古风》）

梁章钜《楹联丛话》卷四载一联：“大帝君臣同骨肉，小乔夫

①《带经堂诗话》(上)，人民文学出版社1963年版，第335页

婿是英雄。”[①]十四字雍容豪健，落落大方。

《资治通鉴》卷六十六记载，孙策有一子三女，周瑜有二子一女，瑜女配太子孙登，子周循尚公主，早卒，周循弟周胤，封都乡侯，恐皆非二乔所生，故史中于二乔称为“纳”。

孙、周之正妻皆不见于正史，反不如二乔之名传千古。而小乔以周郎之故，尤著称于诗词，流芳于历史。

三、小乔扶周瑜棺柩至芜湖（南陵）

建安十五年（210年），周瑜病逝巴丘（湖南岳阳），孙权令将周瑜遗体运还吴郡。小乔陪伴夫君亡灵，扶棺柩到芜湖。

《三国志·吴志·周瑜传》记载：建安十三年（208年），孙刘联合大败曹操后，建安十四年（209年），“权拜瑜偏将军，领南郡太守。以下隽、汉昌、刘阳、州陵为奉邑，屯据江陵。刘备以左将军领荆州牧，治公安。备诣京见权，瑜上疏曰：‘刘备以枭雄之姿，而有关羽、张飞熊虎之将，必非久屈为人用者。愚谓大计宜徙备置吴，盛为筑宫室，多其美女玩好，以娱其耳目，分此二人，各置一方，使如瑜者得挟与攻战，大事可定也。今猥割土地以资业之，聚此三人，俱在疆埸，恐蛟龙得云雨，终非池中物也。’权以曹公在北方，当广揽英雄，又恐备难卒制，故不纳。是时刘璋为益州牧。外有张鲁寇侵，瑜乃诣京见权曰：‘今曹操新折

①梁章钜等撰：《楹联丛话》，中华书局1987年版，第45页。

衄，方忧在腹心，未能与将军连兵相事也。乞与奋威俱进取蜀，得蜀而并张鲁，因留奋威固守其地，好与马超结援。瑜还与将军据襄阳以蹙操，北方可图也。’权许之。瑜还江陵为行装，而道于巴丘病卒，时年三十六。权素服举哀。感动左右。丧当还吴，又迎之芜湖，众事费度，一为供给。”

由此可知，周瑜是在得到孙权许可，在实施新的战略意图之际，病逝于巴丘（今湖北岳阳）的。周瑜在巴丘病死后，孙权指示将周瑜遗体运回吴郡，穿丧服为他发丧，并到芜湖迎接。可以推测，作为英雄美人、情深意切、相伴不离的小乔，此时一定是相伴周瑜左右，并陪伴夫君亡灵，扶棺柩而至芜湖。

周瑜的灵柩护送到芜湖，孙权率领江东群臣到芜湖凭吊，当然也会受到芜湖百姓们的祭拜。芜湖百姓对周瑜的敬爱，小乔也一定有切身的感受。

周瑜灵柩在芜湖祭拜完以后，孙权迎接至吴郡都进行吊唁发丧。

周瑜去世以后，小乔是留守吴郡或是住守周瑜老家庐江，还是回到自己的老家潜山，都没有史料记载，只能推测。

四、小乔墓址探寻

小乔死后葬于何处，存有多种说法。现今流传的小乔墓遗址，共有三处，即：庐江、岳阳、南陵。

岳阳小乔墓。又名二乔墓，在湖南岳阳的岳阳楼北面。据《巴陵县志》载："嘉庆二年（1797年），知府沈廷瑛重修。"传闻光绪七年（1881年），督学陆保宗重新修建。又据光绪《巴陵县志》引明《一统志》："三国吴二乔墓，在府治北。吴孙策攻皖，得乔公二女，自纳大乔，而以小乔归周瑜，后卒葬于此。"引《戊申志》载"墓在今广丰仓内。或小乔从周瑜镇巴丘，死葬焉。大乔不应此。"《巴陵县志》又载"瑜所镇巴陵在庐陵郡，非今巴丘。"裴松之注解《三国志》称："瑜留镇之巴丘，为庐陵郡巴丘县（今江西省境内），瑜病卒之巴陵，为晋荆州长沙郡巴陵县（即今岳阳市）。"

庐江小乔墓。《职方典·庐江府部汇考九·庐江·周瑜墓》称："小乔冢。在真武观西百步，周瑜之妻乔氏也。俗称瑜婆墩。冢上多古砖，人不敢窃，动辄有咎。"《光绪庐江县志》录之。传其墓有封无表，平地起坟，汉砖结构，墓前有拜台、供桌等石器。墓门朝东，与城东周瑜墓遥遥相望。史志载：建安三年（198年），小乔嫁三国名将、吴军大都督周瑜为妻。小乔和周瑜美女嫁英雄，情深意切，恩爱无比，婚后13年，小乔一直是跟随军中相伴夫君左右，育有二男一女。建安十五年（210年），周瑜"道于巴丘（今湖南岳阳）病卒"，"孙权素服举哀，自迎其丧于芜湖，命厚葬于本土"。周瑜病逝后，小乔扶柩东归，抚养遗孤，其墓葬和夫君周瑜墓同在庐江。

南陵小乔墓。民国《南陵县志》记载，建于乾隆四十四年

（1779年）。起因是当时的知县高怡梦见小乔，诉说她的墓在香由寺侧，遂令典史江鲲，在香由寺西苑重建小乔墓。周瑜曾经做过春谷（南陵）长，小乔死后葬在南陵，也就有了依据，为世人所公认。南陵小乔墓前有一巨碑，阳刻“东吴大都督周公德配乔夫人之墓。”两侧阴刻着一副对联。上联（清·道光松滋副贡生许文权撰）：“千年来本贵贱同归，玉容花貌，飘零几处？昭君冢、杨妃茔、真娘墓、苏小坟，更遗此江作名姝，并向天涯留胜迹。”下联（清·于湖教谕陶宝森作）：“三国时何夫妻异葬，纸钱酒杯，浇典谁人？笋篁露、芭蕉雨、菡萏风，梧桐月，只借他寺前野景，常为地主作清供。”

三处小乔墓遗址的存在，都有史料依据和一定的道理，但何处是小乔的真墓？何处是小乔的衣冠冢、纪念冢？要考证小乔墓遗址，首先就必须要讲到其夫君周瑜墓。

据王象之《舆地纪胜》、《古今图书集成》等文献记载，周瑜死后，近千年间，周瑜墓在湖南岳阳，江西新淦，江苏吴县，安徽的庐江、居巢、芜湖、繁昌、宿松、舒城等有九处之多。上世纪70年代末和80年代初，曾出现一场长达10年之久的周瑜墓真伪之争。1978年，国家文物保护局授权安徽省文物保护局组织专家组，先后多次奔赴各地，对上述各周瑜墓的真伪情况进行实地探测、考察，并查阅大量史志资料及相关连的古遗迹遗存。最后专家认定：湖南岳阳、江西新淦，以及安徽的居巢、芜湖、宿松等地的周瑜墓，均为衣冠冢、纪念冢。至于舒城县，志书记载周瑜随孙策举兵讨董卓时，在龙舒县（今舒城县）西南9公里处筑一土城屯兵养马，至今城垣尚存，四门可见，后人称为周瑜城。也有人把此视为周瑜墓而祭祀，实乃无墓。唯有庐江县周瑜墓才是真正的周瑜墓[①]，主要依据有三：

一是实物。庐江县周瑜墓地方圆约五亩，兆域高约八米，有封无表，平地起坟。历史上有三次盗墓记载，其墓冢一直留存至今。在周边土地上，仍埋有大量3×6×12寸车纹汉代大砖。这些都是其他地方所没有的。

二是遗址遗存佐证。周瑜夫人小乔墓，在庐江县西门绣溪河畔真武观400步，坟头朝东，与城东周瑜墓遥遥向望。明人王永年诗《周公瑾墓》："墓木如今劫火烧，今时潜水（庐江县城又名潜川）旧吴朝。凄凄两家依城廓，一是周郎一小乔。" 史实相符。

三是古籍文献。我国旧地方志分《县志》、《通志》（即省志）、《一统志》（国家志）。大凡《一统志》和《通志》分别依据《通志》和《县志》资料，"钩稽考证，误者正之"后选辑复载，其存史价值应是一级高于一级。从现存古籍文献资料中来看，唯有庐江县周瑜墓在《大明一统志》、清《江南通志》（时安徽尚未建省）中有记载。尤其是《江南通志》，对庐江周瑜墓碑的高、阔、厚和碑文的排列形式都记载得十分详细。而其他地方均只是本地县志记载而已。所以，庐江周瑜墓得到国家文物保护局的确

---

①《小乔墓葬在庐江》，载《历史文化研究》2005年第2期。

认，安徽省人民政府于1989年公布庐江周瑜墓为“安徽省重点文物保护单位”。

小乔和周瑜婚期十三载，情深意切，恩爱无比。小乔一直是跟随军中相伴夫君左右。周瑜征战途中，箭伤复发于巴丘，小乔始终在他身边照料护理。周瑜病逝后，小乔痛不欲生，扶柩东归，寂守墓庐，抚养遗孤。小乔何时辞世，史志均无具体记述。但根据中国封建社会妇女“嫁鸡随鸡，嫁犬随犬”的传统道德和叶落归根的丧葬习俗，小乔死后，葬于夫君“本土”，其墓葬和夫君周瑜墓同在庐江，是符合情理的。

《庐江县志》记载：小乔为周瑜的配偶，墓在县城大西门，真武观400步。周瑜病逝后厚葬于庐江东门横街朝墓巷，小乔住守庐江，扶养遗孤。小乔病卒，享年47岁，葬于县城西郊，旧称乔夫人墓，俗名瑜婆墩，平地起坟，墓有封无表，汉砖结构，墓前有碑，拜台、列台屏石供，墓门向东，明崇祯时毁于兵乱，仅存一座土冢，与城东周瑜墓遥遥相望。2001年小乔墓被庐江县人民政府公布为县级重点文物保护单位。但也有学者质疑，为什么小乔墓和周瑜墓不在一起，周瑜墓在城东，而小乔墓位在城西，这又不符合情理，疑点很多，所以小乔真墓遗址在庐江，未必是真，有待于进一步考证。

既然小乔墓葬在庐江不一定是真，那么岳阳小乔墓呢？

小乔墓何以在岳阳，有文字称今岳阳乃当年巴丘，是周瑜“病卒”之地。小乔护送周瑜灵柩回本土安葬后，为了晚年生活计，便选择留居于有奉邑享受的巴丘。且就居住在当年周瑜的都督府，所以小乔死后就埋葬在巴丘了。

此一说不可成立。周瑜生前官至大都督，与吴主公孙策是连襟。三国鼎立之后，孙权乃吴国大帝，他让太子孙登娶了周瑜的女儿周珊，又把自己的女儿和侄女分别嫁给了周瑜的长子周循和次子周胤。不论是周瑜生前还是死后，其夫人小乔都享有“皇亲国戚”的待遇。且不说能享有何等富贵荣华，但绝对是衣食无忧。怎么可能在周瑜死后，要靠“有奉邑享受的巴丘”来解决其“晚年生活计”？

尤为重要一点的是，根据史志记载：岳阳（即巴丘）在东汉末乃荆州属地，一直是刘备（西蜀）和孙权（东吴）长期相互争夺的军事要地，战乱频繁。周瑜就是在征战途中“病卒”于此。时小乔已携带尚未成年的子女扶夫君灵柩回归“本土”（庐江），不可能孤儿寡母再逆江而上，客居他乡。因此，岳阳“小乔墓”亦如岳阳“周瑜墓”，按当时江汉盛行的“一墓多葬”之风，为纪念英雄与美人在巴丘的岁月，巴丘人继建“周瑜墓”（衣冠冢）后再修“小乔墓”（纪念冢）以资纪念，当在情理之中，可信无疑。

五、南陵小乔墓解析

南陵小乔墓的由来，民国本《南陵县志》记载：“相传香由寺前，向或以二乔墓载岳志为疑。乾隆已亥年，知县高怡梦小乔语其墓所在，翼即遣典史沈江鲲督修其墓于寺西苑，立碑曰‘东吴都督周公瑾之夫人乔氏墓’。按，周瑜建安二年为春谷长，小乔墓在南陵不为无据。”[1]后来就传说，南陵有小乔墓是知县高怡因梦而修。

由此可知，小乔墓在清乾隆高怡之前就有，只是年久荒废，无人知晓而已。民国《南陵县志》已清楚记载在高怡修小乔墓前，就有小乔墓在香由寺前的传说。这一传说现在已找到史料依据。

近年来，南陵本土历史文化学者魏青平研究认为，在高怡之前，南陵就有小乔墓。他在《小乔墓探原》一文中论证：在清初著名诗人施闰章的《施遇山集》中有两首小乔墓的诗，一首名为《二乔墓》，是写岳阳小乔墓的；一首题为《小乔墓》，是写南陵小乔墓的。施闰章是宣城人，同南陵县的文学家何一化、官员刘楷过从甚密，曾多次来南陵。可能他在南陵听到小乔墓的传说后，探访过小乔墓，写下了《小乔墓》诗。诗曰：“白雉台东古寺前，小乔墓在土人传。春心不死余杨柳，舞尽春风起墓烟。”诗的第一句点明小乔墓的方位，第二句是说小乔墓今日犹在，附近居民千百年来口口相传，流传至今。三、四两句运用了想象手法和比拟修辞，由墓旁河边婆娑的杨柳，联想到小乔婀娜多姿的身腰，似在春风暮色中翩翩起舞。

①余谊密主修、徐乃昌总纂：《（民国）南陵县志》卷七，黄山书社2007年版，第140页。

南陵小乔墓旧照

施闰章生活在清初顺治、康熙年间，距离后来高怡建小乔墓尚有百年时间。证明在高怡修小乔墓之前民间早就有传说了。

高怡是一个有文化、有情怀的知县，为了沿续实现民间传说，他可能是假借小乔托梦的理由，来修建小乔墓的。

南陵小乔墓的传说，早已成为南陵悠久的小乔历史文化。清代各个时期的文人来南陵后，都曾到过小乔墓凭吊赋诗。

清嘉庆年间著名学者、诗人李兆洛来南陵寻访小乔墓，写下了《小乔墓》诗：“寻常草木借余香，故垒东边墓未荒。多少才人嫁厮养，古来能得几周郎。”

清道光年间进士、南陵知县王成璐《南陵杂咏》诗：“小邑屯龙虎，周郎旧领军。泉淘仙客酒（太白酒坊），香透美人坟（小乔墓）。”

清代诗人宋九勋《甲子九日同友游春谷寻小乔墓》诗：“东吴往迹久萧条，犹向秋风吊小乔。老树斜阳余影乱，美人香草总魂销。钟情过客争浇酒，好事贤候禁采樵。林畔乍闻清磬响，携尊一笑虎溪招。”

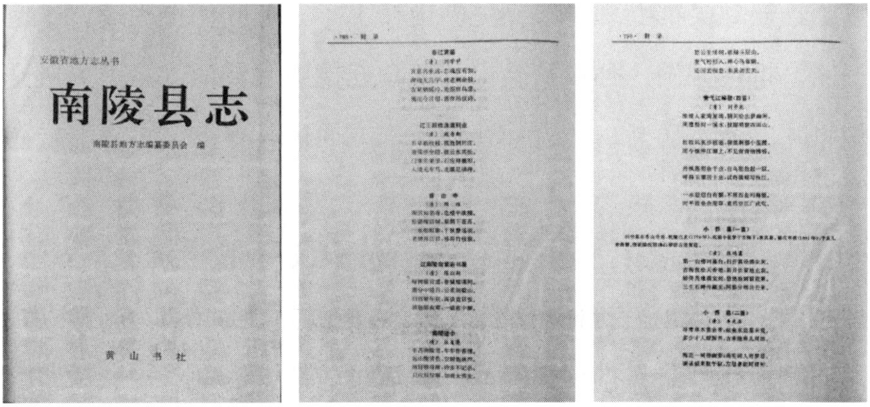

《南陵县志》中“小乔墓”诗歌

清池阳人张鸿翥的《小乔墓》诗序言：“旧传墓在香由寺。乾隆已亥，高前令征梦于古梅下，表其墓，嘉庆辛酉，余从儿来营署，偕武陵沈君拂山访古迹留题。”诗曰：“第一山傍问墓台，扫开蒿径拂尘埃。古梅犹绘天香艳，新月长留地主哀。娇倚英雄横宝剑，愁浇浊酒翦荒莱。三生石畔传藏玉，阿姊分明共去来。”

此外，民国时期，一代文学大师张恨水1920年秋自芜湖慕名来南陵拜谒小乔墓，他是小乔的同乡，在小乔墓前，他思绪万千，百感交集，挥笔写下了一副佳联："葬向锦绣河山，芳灵永在，尽有那苏小坟，贞娘墓，莫愁湖，西施村。随此沿江左留名，余子岂能并文举？嫁得英雄夫婿，雌伏何方？试比她褒姒笑，息妫泪，玉环浴，飞燕舞。是谁令中原多事？妇人亦勿学桓温!"

据此推断，周瑜在巴丘病卒，孙权着素服举哀。指令周瑜丧事当迁还到吴郡办理，又到芜湖迎接。小乔随同相伴周瑜，扶棺一路，抵达芜湖。孙权从吴郡到芜湖迎接周瑜灵柩，是因为对这位将才的突然病逝，一方面悲痛，一方面极其尊重，特意安排到芜湖迎接。

从岳阳到芜湖，是走水路还走陆路官道？按说走水路方便，但我们认为应该是走的陆路官道。这是因为周瑜在前方病死后，返回路上要一路安排到曾经战斗生活过的地方告别，接受沿路官府和百姓的吊唁，这是中国的丧事风俗。走陆路必然要经过南陵，加上周瑜在南陵当过春谷长，曾经管理、战斗过的地方，意义非比寻常。小乔一路辛苦劳顿，扶灵柩到南陵，南陵父老乡亲周密接待安排歇息和祭典，因此，小乔对南陵父老的深情厚谊，深怀浓浓感恩之情。南陵父老乡亲目睹了小乔的美丽与聪慧，依依难舍。

离开了南陵和芜湖，小乔又护送周瑜灵柩，到周瑜的老家庐江进行安葬。此后小乔或住守庐江，或住守吴郡周瑜都府内，扶养遗孤，过着孤独寂寞的生活，直至病故。

小乔死后，南陵人百姓为了怀念她，纪念她，同时也是为了怀念和纪念周瑜，特为小乔在南陵建了座纪念冢，进行祭祀，当是合乎情理。

因而关于南陵的小乔墓，课题组研究考证认为，应该是一座纪念冢，并在三国时期就存在，一直延续流传至今。

王敦与“王敦城”

芜湖市文联课题组

摘要：东晋时期，大将王敦屯兵芜湖，筑建“王敦城”，在“晋人南渡”的经济文化大潮推动下，芜湖实现了城市功能的重大转换，确立了区域中心的战略地位。

关键词：屯兵建城　功能转换　区域中心

一、王敦其人

（一）“王与马，共天下”——王敦与堂弟王导扶助晋元帝创建东晋

王敦（266—324年），字处仲，琅邪临沂（今山东临沂北）人。士族出身，娶晋武帝司马炎女襄城公主为妻。早年先后担任过给事黄门侍郎、青州刺史。后被封为镇东大将军，都督江、扬、荆、湘、交、广六州诸军事兼江州刺史（几乎包括当时东晋全境），掌握了江东军事大权，成为东晋王朝最高军事统帅。

王敦与堂弟王导在东晋王朝的建立过程中，发挥了决定性的作用，从某种意义上讲，如果没有王氏兄弟，就不可能有司马氏

家族的东晋王朝。

东晋王朝的开国之君司马睿（275—322年），是司马懿的曾孙、琅邪王司马觐的儿子。“八王之乱”时为安东将军，都督扬州、江南诸军事，治所在今南京。

司马睿为皇室大宗远支，父辈也没什么建树。北齐史官魏收对司马睿的评价是：“司马睿之窜江表，窃魁帅之名，无君长之实，跼天蹐地，畏首畏尾。”①

司马睿在洛阳时，就与王敦堂弟王导“素相亲善”，“契同友执”。王导随司马睿到建邺（建康），建议司马睿从南来的士族中“收其贤人、君子，与之图事。”②争取“侨姓士族”的拥护，收到很好实效。鉴于王导的才干和影响以及对皇室的忠诚，司马睿称帝后，任命王导为丞相。王敦与堂弟王导，一个主外任镇东大将军，一个主内任丞相，掌握了东晋王朝大权。故时有“王与马，共天下”之说。

《晋书》：“帝初镇江东，威名未著，敦与从弟导等同心翼戴，以隆中兴，时人为之语曰：‘王与马，共天下’……”

此处的“王”，指的便是王敦与堂弟王导的王氏家族；“马”，主要指的是晋元帝司马睿。

①（北齐）魏收：《魏书》，吉林人民出版社1995年版，第1298页。

②房玄龄等编撰：《晋书》，中华书局1974年版，以下所引《晋书》皆为此版本。

（二）“清君侧”——王敦同佞臣刘隗等惊心动魄的政治斗争

王敦发动的“清君侧”之“君侧”，主要是指以刘隗为代表的东晋王朝一帮佞臣。他们打着晋元帝司马睿的旗号，竭尽祸害忠良之能事。特别是里通外国的刘隗，最后走上可耻的叛国出逃道路。

刘隗出于挑拨“王与马”之间关系的目的，向司马睿提出，王敦的威权过于强盛，必将成为祸乱之源，劝说司马睿任用其心腹为外藩方镇长官，以收回兵权。刘隗此议刚一提出，恰好湘州刺史出现空缺，王敦表请宣城内史沈充担任湘州刺史。司马睿不予理会，于太兴三年（320年）任命自己的堂叔司马承为湘州刺史，这无疑是在王敦势力范围内打进一个楔子。

太兴四年（321年）五月，司马睿下诏发奴客（家奴）为兵，七月，任命刘隗为镇北将军、都督青徐幽平四州诸军事、青州刺史，镇淮阴，领以奴客为兵者万余人。刘隗镇戍淮阴，名义上是为防御北方入侵，实际上是为对付王敦。刘隗出任外藩后，仍遥控朝政，凡朝廷重要事务，司马睿都要与刘隗密谋后才作出决定，丞相王导被架空。王敦对此极为不满，给刘隗写去一封信，劝刘隗不要这样做，表示愿与刘隗齐心协力，“辅佐王室，以便安定天下。”（《晋书》）刘隗回信，拒绝了王敦的好意，并含沙射影指斥王敦怀有不臣之心。

王敦见信，对刘隗十分怨恨，立即在荆州聚集军队，加强战备，筹划东征京师建康。并利用朝廷发奴客为兵在扬州士族中存在的不满情绪，指派沈充回到扬州，联合反对朝廷的势力，以配合即将发动的东征。举兵之前，王敦曾向自己的幕府长史、名士谢鲲征询意见。王敦说，刘隗这个奸佞小人将要危及朝廷，我要“清君侧之恶，匡辅皇帝，以拯救国家。”（《晋书》）

永昌元年（322年）春，王敦以讨刘隗、清君侧为名，在武昌起兵。眼见得大兵将至，形势危急，司马睿不得不将刘隗紧急调到建康，守卫京城。“帝征刘隗入卫建康。”（《资治通鉴》）[①] 刘隗对王敦恨之入骨，提出要把王敦的家族斩尽杀绝，“尽诛王氏”。（《资治通鉴》）

王敦大军先破石头城，石头城既陷，建康危在旦夕。司马睿命令刘隗等人率众反扑，企图夺回石头城，挽救败局。刘隗攻城不下，反而被王敦所败。王敦乘胜杀进建康城内。

王敦攻下建康，赶走刘隗，肃清刘隗余党。对曾经遭受迫害的忠臣良将予以平反昭雪，拨乱反正。司马睿赐王敦以高官厚禄，王敦执意不受，率领部队毅然离京，还屯武昌。“以敦为丞相、江州牧，进爵武昌郡公，邑万户，使太常荀崧就拜，又加羽葆鼓吹，……还屯武昌……。”（《晋书》）

①沈志华、张宏儒主编:《资治通鉴文白对照》，中华书局2009年版，以下所引《资治通鉴》皆为此版本。

（三）“下策上行”——王敦部属发动兵变导致其留下“叛臣”骂名

永昌元年（322年），晋元帝司马睿去世，晋明帝司马绍于次年即位，改年号为太宁。

王敦因年事已高，体弱多病，上书晋明帝，离开经营多年的大本营武昌，将驻地迁徙至比武昌小得多的姑孰。只带少部分兵马，屯兵于湖。“元帝病死，明帝即位，手诏征敦入朝辅政。敦自武昌移镇姑孰，屯兵于湖。”（《资治通鉴》）

此处的“姑孰”，即今芜湖毗邻的马鞍山市当涂。“于湖”即今芜湖。

晋明帝司马绍，“性至孝，有文武才略，钦贤爱客，雅好文辞，又习武艺，善抚将士。”（《资治通鉴》）他对王敦当年搞的“清君侧”使父皇蒙受奇耻大辱，一直怀恨在心。在风闻王敦谋反的传说后，决定潜往王敦驻军营垒，微服私访，察看详情。“帝乘巴滇骏马微行，至于湖，阴察敦营垒而出。有军士疑帝非常人，又敦正书寝，梦日环其城，惊起曰：‘此必黄须鲜卑奴来也’。帝母荀氏，燕代人，帝状类外氏，须黄，敦故谓帝云。于是，使五骑物色追帝……”（《晋书》）

通过以上这段文字透出来的信息可以看出，如果王敦确有谋反之意，肯定会亲自带上兵马，或是委派一名大将前往追杀。送到手边的猎物，岂能轻易放过？是决不会只派“五骑物色追帝”。

当然，如果王敦确有谋反之意，司马绍也不敢单枪匹马潜入王敦军营，起码也要带上几个大内高手，同往护驾。因晋明帝司马绍料定王敦不会杀他，不敢轻举妄动，故才有此“阴察敦营”之行。

回到京师建康后，司马绍伪称王敦已死，起拟诏书，部署大军于太宁二年（324年）讨伐王敦。“帝欲讨之，知其为物情所畏服，乃伪言敦死。”（《晋书》）诏书中列举了大量王敦企图谋反的事实，“将以威胁朝廷，倾危宗社。朕愍其狂戾，冀其觉悟，故且含隐以观其后。而敦矜其不义之强，有侮弱朝廷之志，弃亲用羁，背贤任恶……社稷之危，匪夕则旦。”称“天下长奸，敦以陨毙。凤承凶宄，弥复煽逆。是可忍也，孰不可忍也!”（《晋书》）

王敦身患重病，眼看就要不久人世。亲信智囊钱凤、沈充前来询问身后之事。王敦回答，非常之事要有非常之人担当。世子年少无法承担。自己死后，将军士解散，王氏子孙入朝为官，这是保全家门的上策；全军退保武昌，对朝廷表示恭顺，进贡不断，这是中策；集中大军顺流直下，攻破建康，也许还有一线希望，但这只是下策。钱凤与沈充听后，竟然不顾王敦本意，下策上行，发兵与晋明帝司马绍派出的征讨大军决一死战。

《晋书》：“钱凤谓敦曰：‘脱其不讳，便当以后事付应。’敦曰：‘非常之事，岂常人所能！且应年少，安可当大事。我死之后，莫若解众放兵，归身朝廷，保全门户，此计之上也；退还武昌，收兵自守，贡献不废，亦中计也；及吾尚存，悉众而下，万一侥幸，计之下也。’凤谓其党曰：‘公之下计，乃上策也。’遂与沈充定谋，须敦死后作难。”

时隔不久，王敦病逝。钱凤、沈充等人唆使和怂恿王敦兄长王含与王敦养子王应，让其发兵向晋王朝进攻。结果在东晋各地军阀合围下，全军覆没。

如果说永昌元年（322年）王敦发起的“清君侧”多少带有“谋反”嫌疑，而太宁二年（324年）兵变却是在王敦死后，其部属“下策上行”，利令智昏，遭到全军覆没的惨败，导致王敦留下“叛臣”骂名。

二、屯兵建城

（一）“晋人南渡”——中国历史上最大的迁徙运动给南方带来经济繁荣

晋人南渡最有名的便是永嘉年间的“永嘉南渡”。

永嘉（307—313年），是晋怀帝司马炽的年号。永嘉之前，中原地区曾发生过长达十六年的“八王之乱”，这次变乱直接招致了永嘉时期的民族斗争。匈奴和羯族的首领刘曜、石勒等率领部众，残酷地屠杀汉人。在这样的情况下，晋朝官民无法忍受，大量南逃，史称“永嘉南渡”，是有史以来中原汉人第一次大规模南迁。

是时，琅琊王司马睿为镇东大将军，都督扬、江、湘、交、广五州诸军事，驻建邺。建兴元年（313年），因避愍帝司马邺讳，改称建康。在王敦和堂弟王导鼎力扶助下，江南比较稳定，当权的官僚们便极力设法把自己的子弟、亲属安插到江南，担任地方官吏，以为将来自保。

永嘉南渡时，许多北方士族、大地主携眷南逃，随同南逃的还有他们的宗族、部曲（武装）、宾客等。他们带来了先进的生产工具和技术，很大程度上促进了长江中下游经济发展，为之后江南一带乃至整个中国南方的大开发奠定了基础，经济迅速发展。

北方大量劳动人民为避战乱而南迁，也充实了南方的劳动力。从西晋末年到南朝开始，北方南迁的农民达90万之多，占北方总人数的八分之一，这些人为南方的经济发展，提供了充足的劳动力。

经济发展首先表现在农业上。垦田面积日益增多，耕作技术有了很大改进，牛耕普遍推行，粪肥得到推广，单位面积产量增加，麦、菽等北方作物开始在江南种植。

其次表现在手工业上。冶铁作坊如梅根冶（今芜湖市所属南陵），除兵器外，多锻制生产工具和生活用具。技艺也有显著进步，创杂炼生鍒法，即把生、熟铁混杂冶炼，反复锤打，成为质量较纯的钢铁。

养蚕缫丝技术大见提高。国家设立了专门的锦署，丝织业逐步发展起来。

由于江南河流纵横，为适应经济、军事的需要，造船业特别兴旺，既能制造载重2万斛（约2千吨）的大船，又能制造速度非常快的舰只。

纺织业用麻织成布，改良了纺织机，品种及品质都得到提升。

造纸业除麻纸外，利用藤做出“藤角纸”，纸张可作出雪白纸及五色花笺，到了南朝完全替代竹简和绢锦。

制瓷业在制成技术上也有长足进步，广泛在南方地区扩散。

制茶业方面，由于晋代士人习惯饮茶并提倡以茶代酒，使需求提高，种植区域进展到东南沿海……

晋室南渡后，中原财富大多转移到江南地区，商业兴盛，最大商业中心为建康，次为江陵。都城建康（今南京）是当时世界上最大的城市，南朝萧梁时拥有常住人口140余万，成为各地农产品和手工业品的集散地。城内外贸易市场10多个，来往船只成千上万。

作为京畿之地的芜湖也不例外，特别是大将王敦在芜湖屯兵建城后，实现了芜湖城市功能的重大转换，有效促进了经济文化的发展繁荣。

（二）“王敦城”——芜湖历史上实现城市功能转换的一个重要节点

中国历史上，偏安江南的政权一直面临着北方政权的强大军事压力，惟有凭借长江天险，不断加强江防一线的军事存在，才能巩固其政权。

东晋独特的立国过程，使得内部士族门阀的势力在立国之初就已十分强大，在江防政策的刺激下，逐渐发展成以上游的荆州和下游的扬州为“双头”的内部政治格局。芜湖从原本的普通江防军镇，开始了城市功能慢慢转变的过程。

早在孙吴政权确立“限江自保”政策后，便依托长江，进行沿江部署，实施要点防御。刘备曾说：“江东形势，先有建邺，次有芜湖。”（《南齐书·州郡上》）逍遥津之战，孙吴政权在长江两岸设置大量军镇都督，其中就有芜湖督。这种军镇都督并非地方官员，而是代表国家意志在地方军镇行使权力的中央官员。此时的芜湖虽在行政区划上属扬州丹阳郡所辖，但实际上是一独立的军事行政单位，为孙吴政权长江防线重要一环，与历阳、牛渚、濡须、建邺等构成长江下游防御体系。

在芜湖设置军镇都督的同时，孙吴政权为满足军事需要进行了开发。首先是县治的迁移。为适应军事需要，吴黄武二年（223年），孙权将芜湖县治西迁至离青弋江口不远、两江相汇的“形势之地”，即今市区鸡毛山一带高地（芜湖市最老的城区）。之后，孙吴政权又在芜湖力行屯田，以供江防军事需求。

从孙吴政权割据江南到西晋王朝统一，在这超过半个世纪的时间里，南北对峙的政治军事现实，使得此时芜湖的唯一职能便是作为江防重要军事堡垒，以防备北方。正是这种单一的军事功能，芜湖获得了大量人口等资源的倾斜，为后来城市功能的扩大奠定了良好的基础。

东晋偏安江南，直接继承了孙吴政权的军事战略，并逐步建立起以建康为中心，扬州为根本，荆州为阃外的长江防线。这种江防政策是在北方民族政权的巨大军事压力下形成的。直接造就了荆州、扬州两个军事政治中心，并形成了互相之间既合作又竞争的政治态势。随着相互关系的不断变化，处于两者之间的芜湖，城市功能不可避免的发生变化。

太宁元年（323年），王敦屯兵芜湖，在鸡毛山高地建城，史称“王敦城”，有效扩大了芜湖的城市规模。

由于东晋时期权臣叛乱的军事动作小于南北对峙的军事压力，而芜湖从南北对峙的前线变为“荆、扬之争”的中间地带，使得城市功能由军事缓慢转向其他方面。在王敦屯驻芜湖的时候，这种转变渐有所显现。

东晋统治者在削弱荆州地区势力的同时，逐步充实以都城建康为中心的核心实力区域，在这种思路的指导下，“王敦城”建后的芜湖开始从单纯的军事城市功能，向区域政治经济中心发展。

太宁二年（324年），王敦死后，晋明帝深知荆州地位的重要性，实行了一系列新的政策，这些新政策使得荆、扬之间的竞争趋于缓和，促进了东晋的发展，也促使芜湖的城市功能进一步摆脱单一的军事职能。

东晋内部的政治格局，永恒的主题是上下游之间的“荆、扬之争”。处于荆州、扬州之间的芜湖等地，一度成为这种竞争态势的缓冲地带。这种“双头”政治格局源于对外防御北方重大军事威胁的需要。当外部压力比较大时，上下游强藩往往能同心戮力，共御外辱，但是绝大多数时期是荆、扬之间在保持大体和平前提下的竞争关系。

东晋早期“荆、扬之争”的激化状态，同样也是这种竞争的开启。在此之后，处于缓冲地带的芜湖淡去原先防备北方的色彩，开始蜕变为防范荆州政治威胁基础上的区域政治经济中心。

无可否认，在后来芜湖的城市发展中，这一转变至关重要。

“王敦城”建造之前，芜湖的城垣只是一座简陋的土城。王敦率军驻此后，在鸡毛山的南麓依势建起一座规模空前、结构坚固的全新城池。此后一直到清末，芜湖历代所筑城垣，均以“王敦城”为基础。

“王敦城”建造成功以后，也就是王敦死后，东晋政治趋于稳定，但“荆、扬之争”的根源依然存在。东晋王朝出于防控荆州强藩的目的，不断提升以建康为中心的核心实力区域。在这一态势下，芜湖城市功能慢慢由单纯的军事防备转为对所在地的开发。虽然此后仍有战事发生在芜湖，但军事功能已悄然退居芜湖城市发展的幕后，经济功能逐渐成为芜湖城市的主要功能。

直到唐宋时期，“王敦城”依然是芜湖的发展中心。

“王敦城”遗址

唐代许浑《丁卯诗集》：“谢朓宅荒山翠里，王敦城古月明中。”成为诗人歌咏的对象。[①]

北宋沈括《梦溪笔谈》：“予昔年在姑孰王敦城下土中得一铜钲（乐器）。”[②]

南宋陆游《入蜀记》：“予遂游东寺，登王敦城以归，城并大江，气象宏敞。邑出绿毛龟，就船卖者不可胜数……”[③]表明当时

①《全唐诗》(六)，岳麓书社1998年版，第115页。

②沈括：《梦溪笔谈》，中华书局2009年版，第205页。

③《陆游集》，中华书局1976年版，第2426页。

已有许多活动围绕“王敦城”展开，且在南宋时商业活动十分繁盛。

经过这种开发，以芜湖为代表的皖南沿江平原，已接近江东开发最早和最富庶的三吴地区，最早融入了“长三角”。为后来芜湖的发展，夯实了一定底气。

（三）“侨立豫州”——芜湖历史上第一次确立了区域中心发展地位

豫州是中国古地名，为中国古籍所记载的九州之一。而作为实际的行政区划，始于汉武帝时期。

西晋时期，豫州治所在陈县（今河南淮阳），下辖10个郡国。

所谓侨立，也称“侨置”。六朝时南北分裂，战乱频仍，诸朝遇有州郡沦陷敌手，则往往暂借别地重置，仍用其旧名，称为“侨置”。当时北方人民与士族大量南迁，多相聚而居。东晋、南朝政府为了安抚流民和招徕北方士族，设侨置州、郡、县，保持北人原籍贯。

最早实行侨立制度的是晋元帝司马睿。建武元年（317年），司马睿在王敦与从弟王导扶助下，建立起东晋政权，北方汉人大批渡长江南迁。这些南迁的北方士族和民众“并谓之侨人”。（《晋书》）东晋王朝为维护北方南逃士族的政治、经济利益，以巩固政权。同时也为缓和南北士族矛盾，便采纳王导的意见，在南方士族势力较弱之地安置侨人，“皆取旧壤之名，侨立郡县。”（《晋书》）这就是后人所谓的“侨寄法”。

西晋末年的永嘉之乱，北方氏族大举南下，最后一举灭掉西晋，中原震动，豪门大族受到前所未有的冲击。在这场大变动中受冲击最为严重的是京畿豫州一带的士族豪门。随着东晋政权在南方的建立，士族豪门纷纷迁移南下。而东晋政权为了延揽和照顾这些士族，开始在南方设立这些外来移民的居住侨郡，并以北方地名来命名这些侨郡，以顾及他们的乡土意识和心理。据《晋书》记载，所设侨郡中，规模最大的是“豫州”。

《晋书》:“永嘉之际，豫州沦于石氏。元帝渡江，于春谷县侨立襄阳郡及繁昌县。成帝又侨立豫州于江淮之间，居芜湖。时淮南入北，乃分丹阳，侨立淮南郡，居于湖口。又以当阳县流人渡江，侨立为县，并淮南、庐江、安丰，并属豫州。”

太宁三年至永和五年（325—349年），产生了规模甚大的北方移民潮。与此同时，东晋朝廷更为重视北方移民，将其置于中央政权的掌控之下，希望成为其管控南方的又一政治势力。大量人口被安置在长江及其支流两岸，东晋政权专门设置侨置郡县，对其进行管理，侨置州郡数多达330个，是原本州郡数的一倍以上。

在此期间，为了管理大量涌入芜湖的北方移民，东晋政权先在芜湖侨置了襄阳郡及繁昌县，后又侨置了豫州。不久豫州治所迁移，东晋政权又在芜湖侨置上党郡，管理新来的移民。“孝武宁

康二年，又分永嘉郡之永宁县置乐成县。是时，上党百姓南渡，侨立上党郡为四县，寄居芜湖。”（《晋书》）

当时情况下，只有当侨流人口多的时候，政府才会成立州一级侨置机构。在大量外来人口的不断刺激下，芜湖成为当时都城建康附近重要的区域中心。

晋明帝平定王敦部属兵变后，国家经济受到严重打击。尤其是建康附近因受军事冲击，经济更是陷于困顿。在此背景下，东晋名将温峤重拾“屯田”之议，以期缓解天下凋敝之势。同时北方大量移民的南下，又为实施屯田，发展农业提供了大量的劳动力。再加上东晋政权对待侨流的政策，建立侨郡县，承认流人为侨人，给予侨民免除税役的特权，一定程度上刺激了北方移民对于移居地的开发。

据有关史料统计，东晋南朝时期，侨寓安徽的移民约有17万，其中绝大部分侨居在丹阳湖地区。从侨置郡县的情况来看，侨居丹阳湖附近的移民又大部分居住在芜湖。这些脱离了土地的北方流民，在本区重新与土地相结合，大大促进了第二故乡水土资源的进一步开发利用，拉开了芜湖圩田水利长足发展的历史帷幕。“咸康三年（337年）取万春、荆山、黄池三务田租入后宫。”[①]万春及荆山圩田在今芜湖市境内，黄池圩田在今当涂与宣城两县交界处，都是地势低洼的湖荡区。咸康年间取其田租，反

①《当涂县志》卷六《圩埠》，清乾隆本。

映该地区早在东晋时期便已围垦成圩，取得了好的收成。

当时姑孰地区（今当涂县一带）“良畴美柘，畦亩相望，连宇高甍，阡陌如绣。”[①]芜湖与姑孰相毗邻，情况当与此相近似。

迅猛的农业发展，刺激了城市手工业和商业的发展。芜湖在手工业上，除继续出产汉代著名的“丹阳铜”外，还产生了砖瓦烧造等新兴行业。“七矶官窑，在（芜湖）县北十五里。六朝都石头，于此烧造城砖。有窑基五，土人时掘地得砖。”（《太平府志》）而手工业的发展，又进一步促进了城市商业的繁荣。是时郡县所在地为商业贸易的集中点，集市多设在县及县以上的城池或城郊，并设有邸店或店肆，成为城乡商品交换的重要场所。

芜湖作为当时侨置郡县的主要治所，更是促进了自“王敦城”建城以来的更大繁荣。

“侨立豫州”，不仅是芜湖古代版图最大的一次区划调整，也是第一次确立了芜湖区域中心发展地位，对后世芜湖的发展具有非常大的影响。

三、王敦墓考

王敦死后，既没有葬在出生地山东临沂，也没有葬在驻军大本营武昌，而是葬在屯兵建城病逝于此的芜湖。

《晋书》：“敦屯芜湖，属疾。明帝下诏讨之，敦病转笃不能御

①《太平府志》卷三十五，清康熙本，以下所引《太平府志》皆为此版本。

众，困乏复卧，俄而敦死……众败，于是发瘗出尸，焚其衣冠，跽而刑之。敦、充首同日悬于南桁。敦首既悬，莫敢收葬者。尚书令郗鉴言于帝曰：'昔王莽漆头以輗车，董卓然腹以照市，王凌儭土，徐馥焚首。前朝诛杨骏等，皆先极官刑，后听私殡。臣以为可听私葬，于义为弘。'帝许之，于是敦家收葬焉"。

《资治通鉴》："太宁二年（324年），王敦镇姑孰，屯于湖……其养子王应秘不发丧，裹尸以席，蜡涂其外，埋于厅事中。"

陆游《入蜀记》："邑人云，数年前，邑境有盗，发大墓，棺椁已坏，得镜及刀剑之属甚众，甃砖有'大将军墓'四字，或疑为敦墓云。"①

清康熙《太平府志》："王敦墓，（芜湖）县东北周村，有大塚，父老相传云。"

清嘉庆版、民国版《芜湖县志》："王敦墓，《图书集成·职方典云》，在县东北周村有大冢，父老传为敦墓，盖敦尝屯兵芜湖，病梦天降白犬啮之，俄卒葬于此。"

清乾隆年间进士、诗人王又曾《芜湖》诗："白雁黄云落照横，江山无恙慰经行。潮头暗啮王敦墓，岚气晴飞谢尚城。画鹢宫袍虚古月，宝鞭骏马只残营。酒酣不尽兴亡感，忍听当年咏史声。"

清末袁昶五言排律诗："虎踞前朝戍，猪涔大冢窿"句，下注

①《陆游集》，中华书局1976年版，第2425页。

"县东北周村有王处仲大墓"。[①]

《世说新语》："桓温行经王敦墓边过，望之云：'可儿！可儿！'"[②]

通过上述史料可以看出：

一是王敦死于芜湖，养子王应为稳定军心，对外暂不公布消息，而是将尸体裹起来，涂上一层蜡，悄悄埋在府宅堂屋（厅事）地下。

二是晋明帝取得征讨胜利后，为解心头之恨，同时也是给他人以警示，把王敦的尸体挖出来，衣冠烧掉，用刀剁成碎片，又把王敦的头颅割下来，带回京城建康，挂在南桁示众。在尚书令郗鉴劝说下，晋明帝同意王敦家属将其头颅带回去，进行安葬，其地点或已不再在原来的府宅堂屋（厅事）地下。

三是王敦被安葬在屯兵之处，也就是他最后病故的地方，时属宣城郡的芜湖县，地点在芜湖县域东北部周村。

四是史料记载的（芜湖）"县东北部"，其"县"当然不是指县治所在地芜湖县城，而指的是芜湖县行政区域。

五是王敦墓所在地周村，距青弋江古河道较近，故有"潮头暗啮王敦墓"之说，此处的"潮头"，当是指青弋江古河道泛起的浪潮。

六是王敦墓所在地周村距宣城较近，故东晋大将桓温屯兵姑

---

①转引自：樊增祥《樊樊山诗集》（上），上海古籍出版社2004年版，第434页。

②刘义庆著：《世说新语》，时代文艺出版社2005年版，第135页。

孰期间，回出生地宣城探望母亲及其家人，往返都能经过此地，发出“可儿！可儿!”的感叹。

古民居墙上的栓马石

考今芜湖县红杨镇周村，非常契合上述要素：位于东晋时期芜湖县域东北部，濒临青弋江古河道。周村曾名“周家大村”又名“周村铺”，是古代芜湖县通往宣城的重要驿站。

红杨镇周村历史悠久，民风淳朴，文化遗迹甚丰。课题组在两赴周村考察时，发现一清代建筑祠堂的格栅门窗上，分别刻有“食德报民”四个字，寓意深刻，底蕴深厚。

周村多位上了年纪的老人，有的年近九旬，回忆指认村头一岗丘坡地，曾有一墓，掩映在古树丛中，俗称“将军墓”，年代久远，高大雄伟，每当夜间，发出瘆人的呼唤。但墓穴已不存在，在上世纪50年代大办钢铁砍伐树木时被毁。

芜湖县红杨镇周村与宣城寒亭接壤，位于即将建成通车的铜南宣高速公路旁，距正在建设中的芜申大运河和即将开工建设的芜宣民航机场非常近，是芜湖县规划发展中的“红杨历史文化及生态休闲旅游区”重要景点，县镇两级党委政府都有开发“王敦墓”文化资源意向。

李白诗缘芜湖

南陵县委宣传部课题组

摘要：李白一生中的几个重要时期，如出道、出名与临终，都与芜湖及其周边地区有牵系。芜湖既是李白寄寓与出山之地，也是李白谋生与栖息场所。本文试对李白在芜湖的诗咏踪迹做一个较为系统的梳理。

关键词：寻踪　李白　诗缘

一、李白在芜湖的行踪与诗作

李白塑像

李白自开元十三年（725年）25岁离开巴蜀，“仗剑去国，辞亲远游”，开始了漫游天下、求仙访道、诗文济世的人生远征。游踪所及，几乎遍及大半个中国。李白进入安徽并以此为目的地的次数，大约有十三四次，但有文字可考的只有六次，其中五次都是与芜湖有牵系，留下诸多精美绝妙的诗作。

(一) 李白行踪

据史料记载，李白游历安徽第一次是开元十二年（726年），出蜀远赴江东途中，行经芜湖江面，望天门山而咏诗赞叹；

第二次是天宝元年（742年）前后，寓居芜湖（南陵），后在此奉诏入京；

第三次是天宝六年（747年），由金陵来安徽，至天宝九年（750年），游历了皖东当涂、历阳和县，其间到过芜湖天门山（见《自金陵泝流过白璧山玩月达天门寄句容王主簿》、《天门山铭》、《横江词六首》）以及皖西潜山、霍山、寿春、庐江郡合肥等地，历时约四年；

第四次是天宝十二年（753年），由梁园来宣城，至天宝十五年（756年），游历了皖南宣城、当涂、泾县、芜湖（南陵）、秋浦（贵池，包括石台西部、东至北部）、青阳（包括九华山），历时约四年；

第五次是至德二年（757年），安史之乱后卧病皖西的宿松、太湖（包括岳西），历时较短；

第六次是上元二年（761年）赦归，游历了宣城、南陵、泾县、太平、黄山等地（《太平县志》曰："唐李白，字太白。天宝末由翰林供奉流放夜郎，释归来宁、南、泾、太之间，杖履所历遍于川原，尤雅爱黄山。"）[①]，最后定居当涂，时间为两年。

（二）李白在芜湖的诗作

安徽大学汤华泉依据詹锳《李白诗文系年》编辑的《李白安徽诗文写作时地新编》一文[②]，收录李白在芜湖诗作计21首，具体如下：

开元十二年（726年），李白25岁，芜湖，写有《望天门山》；

天宝元年（742年），李白42岁，芜湖（南陵），写有《南陵别儿童入京》、《别内赴征三首》、《答友人赠乌纱帽》；

天宝六年（747年），李白47岁，当涂，写有《自金陵泝流过白璧山玩月达天门寄句容王主簿》；

天宝七年（748年），李白48岁，当涂，写有《天门山铭》、《横江词六首》（其中二首与天门山有关）；

天宝十二年（753年），李白53岁，宣城，写有《送通禅师还南陵隐静寺》；

---

①《太平县志·侨寓列传》，明万历本。

②汤华泉：《李白安徽诗文写作时地新编》，载《池州学院学报》2011年第2期。

天宝十四年（755），李白55岁，芜湖（南陵），写有《答杜秀才五松见赠》、《书怀赠南陵常赞府》、《于五松山赠南陵常赞府》、《与南陵常赞府游五松山》、《五松山送殷淑》、《纪南陵题五松山》、《铜官山醉后绝句》、《宿五松山荀媪家》、《南陵五松山别荀七》。

上述18首，皆为李白在安徽所写，均与芜湖有关。

李白另有途经安徽或人在他乡留下相关诗作若干，有《酬张卿夜宿南陵见赠》、《江夏赠韦南陵冰》、《寄韦南陵冰余江上乘兴访之遇寻颜尚书笑有此赠》3首。

李白与芜湖有关诗作共21首，此数据基本代表了当前学术界研究李白的主流观点。

李白诗中多次提到芜湖周边的地名，但却没有一次提到“芜湖”，究竟是什么原因，这要从芜湖的历史沿革来分析。

芜湖地名命运多舛，东晋咸和四年（329）侨置豫州于芜湖，是时芜湖名“豫州”；宁康二年（374）又侨立上党四县于芜湖，并于义熙九年（413）改芜湖为“襄垣”；隋文帝开皇九年（589），并襄垣、于湖、繁昌等入当涂县，原芜湖县降为当涂属镇；一直到南唐昇元元年（937），才恢复芜湖县建制，还其本来名称“芜湖”。因此在李白的人生经历中，并无“芜湖”地名，故而李白诗中也就没有“芜湖”的文字记载了。

但很显然，李白在安徽的踪迹，绝大部分集中在包括芜湖在内的皖南地区，亦即芜湖周边，这是毋庸置疑的。

二、李白芜湖诗作欣赏

(一)《望天门山》

天门山

李白诗作结缘芜湖，首先从《望天门山》开始：

> 天门中断楚江开，碧水东流至此回。
> 两岸青山相对出，孤帆一片日边来。

天门山又叫娥眉山，是一个象形的说法。芜湖江东有一山，名东梁山，又名博望山，原属当涂，现在芜湖市经济技术开发区辖区内。芜湖江西又有一山，名叫西梁山，又名梁山，在今马鞍山市和县境内。

《江南通志》："两山石状巉岩，东西相向，横夹大江，对峙如门，俗呼梁山曰西梁山，呼博望山曰东梁山，总谓之天门山。”①

唐开元十四年（726年），李白沿长江而下，初过天门山，这是他第一次来安徽，也是第一次与滨江城市芜湖的美丽邂逅。诗人被眼前的壮丽景色和雄伟气势激动得热血奔涌，诗兴大发，《望天门山》遂脱口诵出。

诗文前两句描写了天门山的雄奇壮观与江水浩浩荡荡的气势，表现了诗人对大自然强烈的感受力，形象地描绘了天门山矗立江岸、对峙如门的风姿，写出了长江碧水幽深、奔腾回旋的势头；后两句则是融己入画，切身感受舟行江上，顺流而下，夹江两岸青山扑面而来的体验。而青山则是张开怀抱，欢迎日边归来的“孤帆”，即诗人自己。

诗作篇幅虽很短，但超凡的自然意象和傲岸的英雄性格，浑然一体。李白不仅善于描摹自然，写得栩栩如生，而且善于将自己的个性融入到自然景物中去，使诗中的山水丘壑具有理想化的浓烈色彩。一方面在气势磅礴的高山大川中突出力量之美、运动之美，在壮美的意境中抒发豪情壮志；另一方面又积极追求光明之美、澄澈之美，在壮丽的意境中表现纤尘不染的天真情怀。由此，奠定了李白在中国文学史上最浪漫的诗人地位。

李白一生遍游祖国大好河山、名山大川，留下了无数不朽之作。但这首《望天门山》，显然是李白早期作品。短短四句诗，不

①《江南通志》，清代康熙本。

仅是对神奇自然山水的讴歌，也是对个人理想的礼赞。短短四句诗，极尽描写之能事，凸显李白年少气盛的英雄气概，也体现了李白诗作的风格：豪放、飘逸、洒脱，想象突兀丰富，语言流转自然，音律和谐多变。

天门山是历代文人雅士游览、题咏的胜地，而李白尤对天门山情有独钟，多次游览、题咏。在被“赐金还山”后的第三年，李白由金陵溯江而上，再次泊舟天门山下，写了《自金陵溯流过白璧山玩月达天门寄句容王主簿》。

李白在《横江词六首》、《献从叔当涂宰阳冰》、《书赠南陵常赞府》等诗中，也写有天门山的俊逸句子：“海神来过恶风回，浪打天门石壁开。”“月衔天门晓，霜落牛渚清。”“歌动白纻山，舞回天门月”等。

天门山，给予浪漫主义诗人李白以永不磨灭的印象。

（二）《南陵别儿童入京》

作为中国历史上最浪漫的诗人，李白一生不以功名显露，不畏权力，藐视权贵甚至反对权贵。史书上多有“力士脱靴”、“国忠磨墨”、“贵妃捧砚”、“龙巾拭吐”等故事传说，李白肆无忌惮地嘲笑以政治权力为中心的等级秩序，批判当时腐败的政治现象。

“安能摧眉折腰事权贵，使我不得开心颜”（李白《梦游天姥吟留别》），就是艺术地概括了李白诗作中“反权贵”的思想。但是深入到李白骨子里的，还是中国传统的儒家思想，“达则兼济天下，穷则独善其身”。李白的这首《南陵别儿童入京》就是这一矛盾心理的典型表现。

据考证，这首诗作于天宝元年（742）秋。在此之前，李白曾数次西游长安，意图取得朝廷青睐。但事与愿违，李白的愿望始终没有得到实现。然而，就在他再次失望地离开长安，逗留越地（今浙江）剡中的时候，忽然接到唐玄宗召他入京的诏书。这使得李白喜出望外，于是他立即带着诏书，火速赶到南陵城西寨山，看望安顿在那里的家人，并在此时写下《南陵别儿童入京》：

白酒新熟山中归，黄鸡啄黍秋正肥。
呼童烹鸡酌白酒，儿女嬉笑牵人衣。
高歌取醉欲自慰，起舞落日争光辉。
游说万乘苦不早，著鞭跨马涉远道。
会稽愚妇轻买臣，余亦辞家西入秦。
仰天大笑出门去，我辈岂是蓬篙人。

这首诗记载的是李白生平中一件大事，其前后过程在《旧唐书·李白传》、《新唐书·李白传》中均有记载。

《旧唐书·李白传》载：“天宝初，客游会稽，与道士吴筠隐于剡中。既而玄宗召筠赴京师。筠荐之于朝，遣使召之，与筠俱待诏翰林。”[①]

①(后晋)刘昫等:《旧唐书》,中华书局1999年版,第3439页。

《新唐书·李白传》载："天宝初，南入会稽，与吴筠善，筠被召，故白亦至长安。"[①]

尽管《旧唐书》、《新唐书》中的李白生平并无一致，但这件事确实非常清楚地介绍了该诗的写作背景，这一点毋庸置疑。

再从艺术角度来看，这首诗也是李白诗作中很有特色的一首叙事诗，对于研究李白的生平和思想具有重要的作用。

诗的开始两句描写的是秋收季节，而且是个丰收的季节，这与南陵县"鱼米之乡"、"江南粮仓"的称谓相一致。一家人欢天喜地，"烹鸡"、"酌酒"、"儿女嬉笑"，进一步渲染欢愉之情。李白本人更是"酒不醉人人自醉"，酒酣兴浓，起身舞剑，借以抒怀。在描写了"烈火烹油，鲜花著锦"般的喜悦之后，李白低头自思坎坷经历，壮年之人恨不得立即飞往皇宫，表达自己的政治理想并帮助皇帝实现"治国平天下"的梦想。经过跌宕起伏的演绎，豪情进一步提升，感情波澜再一次推向高潮，"仰天大笑出门去，我辈岂是蓬蒿人。"快意恩仇，无比自豪，将李白回家之始的喜悦快慰，淋漓尽致地表现出来。

李白曾经立志"申管晏之谈，谋帝王之术，奋其智能，愿为辅弼，使寰区大定，海县清一"（《代寿山答孟少府移文书》）。但在很长的时间里，他都郁郁而不得志。得到入京面圣的诏书后，满以为机会来了，"游说万乘苦不早"，表露出他对此次长安

①（宋）欧阳修等：《新唐书》，中华书局1999年版，第4411页。

之行充满希望。

该诗的史料价值自不待言，而文学价值也有独到之处。李白描写了从归家到出门，有头有尾，既有全景式的描写，也有细节的描摹；既有外在场景的叙述，也有内心世界的独白；既有欢乐心情的抒发，也有背景人物的烘托。全篇在叙事中抒情，直陈其事，但又不是一条大道直通到底，而是由表及里，由此及彼，有曲折，有起伏，犹如波澜涟漪，一波不平又生一波，一层层把感情推向高潮，至今仍使人感觉到当时的气氛。

据民国《南陵县志》记载，五代宣州长史骆知祥曾将此诗刻于寨山一壁，以资纪念。

三、李白的“南陵情结”

（一）古代南陵县域

盛唐时期的南陵，史称“剧邑”，除了它如今的辖区外，还包括邻近的池州、铜陵以及繁昌、泾县等一部分。

据史料记载：晋置南陵戍，南朝梁设县。南朝梁普通六年（525年）设置南陵县，辖地包括今南陵、繁昌、铜陵等县境域。

《南陵县志》：“南朝，梁武帝普通六年（525年），以赭圻城置南陵县，兼置南陵郡。”[①]隋开皇九年（589年）并石城（今贵

①南陵县地方志编纂委员会编：《南陵县志》，黄山书社1994年版，第40页。

池县境)、临城(今青阳县南)、定陵(青阳县东北)、故治(贵池梅根冶以东至今铜陵县境)诸县入南陵县。开皇十九年(599年)分南陵地置秋浦县。唐天宝元年(742年)析泾、南陵、秋浦三县地置青阳县。南陵县再下一次“分疆裂土”是在文德元年(888年),这与李白没有任何关系。

所以,李白诗中“南陵”的提法比较多,这与南陵“地大”有关。诗中经常出现的“隐静寺”(今繁昌县)、五松山(今铜陵县)、“秋浦”(今青阳县),所以说李白诗中出现的“南陵”,还应包括泾县、南陵、繁昌、贵池、青阳、铜陵等较为广阔的境域。

如果将李白在芜湖的诗作做一个简单的罗列分析,就会发现,李白在南陵的诗歌多,而在古矿冶基地群的诗更多。当时古矿冶基地群规模大、分布广,包括今天池州秋浦、铜陵铜官山、南陵大工山一带,甚至还包括繁昌很多地方,实际上都是古南陵县的辖境。

在《答杜秀才五松见赠》诗中,李白写道:

千峰夹水向秋浦,五松名山当夏寒。
铜井炎炉歊九天,赫如铸鼎荆山前。
陶公矍铄呵赤电,回禄睢盱扬紫烟。

峰峦耸翠、溪水潺湲、五松蔽日的酷暑盛夏,远处铜井的炉火直冲云霄,缭绕的紫烟犹如远古时候的黄帝铸鼎于荆山之前,该是何等壮观、广阔。

李白作于皖南的《秋浦歌》中，还有一首对冶炼工人形象生动的描绘：

炉火照天地，红星乱紫烟。
赧郎明月夜，歌曲动寒川。

从盛夏到隆冬，冶炼场面宏大而又热烈。可以想象得出，当年芜湖（南陵）一带的古铜矿冶炼业，又该是何等兴旺、发达。

（二）李白一生多次游历皖南的原因

首先是皖南风景绝美。“一生好入名山游”的诗人李白，当然乐此不疲。皖南的黄山、九华山，都曾留下李白足迹。

《太平县志》：“唐李白，字太白。天宝末由翰林供奉流放夜郎，释归来宁、南、泾、太之间，杖履所历遍于川原，尤雅爱黄山。”[①]

李白一句“灵山开九华”的诗句，便将原“九子山”更名为九华山。据说黄山莲花峰的命名也与李白的诗句有关，唯有南陵的五松山得到了李白的特别青睐。

位于南陵辖区的五松山，并非天下名山，只因诗人李白对其喜爱而名扬当时，传于后世。山原本无名，如同九华山一样，为

①《太平县志·侨寓列传》，明万历本。

李白所命名。

历史上五松山的存在不是虚妄传说，而是确有其山，山上有一株古老的五枝巨松。

其次是皖南与越地毗邻。据史料记载，李白有数次入越的记录。越地特别是会稽，成为李白生平活动中比较重要的一个驿站。从《南陵别儿童入京》诗意来看，李白在越地似有感情生活。

再次与越地名人贺知章有关。唐开元二十三年（735年），李白在西游长安的时候，遇到了贺知章。两人神交已久，互相欣赏。见面之后，李白出示了《蜀道难》等作品，激动的贺知章竟然摘下腰带的金挂件换酒喝。李白在“赐金还山”之后，又一次前往会稽，凭吊故去的贺知章。

皖南这块热土之所以叫李白牵挂，也是因为与这里的人们有着不能割舍的情谊。天宝十二年（753年），李白自幽州南下，经和县横江浦渡江，秋至宣城。此后三年，李白游遍了宣州（那时的南陵属宣州管辖）。他从宣州到秋浦、南陵、当涂，一路山山水水，亦诗亦酒，所交亦官亦隐，无论僧俗，或者老幼，如宣城善酿的纪叟、桃花潭的汪伦、南陵的常赞府等，都给诗人留下深刻而又温馨的美好记忆。

李白对南陵的山川风物寄寓了深情，他在宣城与隐静寺的通禅师一见如故，相交甚欢，通禅师要回南陵了，他写《送通禅师还南陵隐静寺》为之饯行：

我闻隐静寺，山水多奇踪。
岩种朗公橘，门深杯渡松。
道人制猛虎，振锡还孤峰。
他日南陵下，相期谷口逢。

从诗中可以看出，李白写诗的时候人没在南陵，当然也就更不会在繁昌，因为当时繁昌的很多地块属南陵管辖。可是，通禅师要回隐静寺，李白就想象出隐静寺的如画美景和昨日辉煌。

隐静寺地界也是属于古铜冶基地，因此李白有可能来过，或者以后也曾驻足过，因为李白在诗的末尾说，他与通禅师有个约会，地点就在南陵，不见不散。在李白眼里，南陵是个修道的好地方。只是诗人一会儿禅师，一会儿道人的，好像有些乱，估计那时候佛道还是能合流。要不然这个“道人”，就是一个很含糊的说法，泛指所谓修道之人。

李白来南陵还不忘五松山，他最后一次游五松山宿于山下田家，写下《宿五松山荀媪家》，表达对社会底层老妇人至诚至敬的感激之情：

我宿五松下，寂寥无所欢。
田家秋作苦，邻女夜舂寒。
跪进雕胡饭，月光明素盘。
令人惭漂母，三谢不能餐。

据《本草》记载，“雕胡，野生植物，米可食，岁饥时，采以为粮。”安史之乱后，即便富庶的皖南，这一块古铜都之地，老百姓也因此受苦。这样的雕胡饭，李白也是“三谢不能餐”，因为它是农民秋作之苦、夜舂之寒的供奉。

全诗反映了李白对劳动人民的质朴情感，也表达了他平民化思想。无论是酿酒的纪叟，冶炼青铜的工人，还是田家的荀媪，都是广大劳苦群众的代表。李白生活在其中，对他们动了真情实感，所以才能写出此等看似平常朴素，实则饱含深情的诗来。

李白多次游历五松山，写下过许多很著名的诗篇。

在李白笔下，五松山的景致是山水交融，松竹相映，有龙堂精舍，可俯瞰长江。李白在诗题后曾自注：“五松山，在南陵铜井西五里，有古精舍。”

王琦《李太白全集》注：“《江南通志》：龙堂精舍在南陵五松山，李白与南陵常赞府游此有诗。”①

李白《与南陵常赞府游五松山》诗有：“龙堂若可憩，吾欲归精修”之句。旧注云：“铜井西五里有古精舍，即今隐静寺。隐静山，在邑东南三十里铜官乡，高二百八十丈。旧传杯渡禅师栖隐地。”李白在诗中赞美五松山：

五松何清幽，胜境美沃洲。
肃飒鸣洞壑，终年风雨秋。

①李白著、王琦辑注：《李太白全集》，中华书局1957年版。

诗人一度隐居五松山，意欲“要须回舞袖，拂尽五松山”。在《五松山送殷淑》诗中写道：

秀色发江左，风流奈若何。
仲文了不还，独立扬清波。
载酒五松山，颓然白云歌。
中天度落月，万里遥相过。

俊朗洒落，高拔而不同凡响。他还在《于五松山赠南陵常赞府》一诗中，以五松山的兰松铭志，并比喻自己与友人之间的君子友谊：

为草当作兰，为木当为松。
兰秋香风远，松寒不改容。
松兰相因依，萧艾徒丰茸。

自从李白“我来五松下，置酒穷跻攀。征古绝遗老，因名五松山”开始，直到清乾隆年间铜陵文人王先成《过五松山谒太白祠》，其间漫长的1000多年间，历代文坛和政坛上一些著名人物均先后到过五松山，留下许多诗句。如苏东坡：“要使谪仙回舞袖，千年翠拂五松山。”黄庭坚也借李白诗句说话：“我来五松下，白发三千丈。”廉吏包拯则高咏：“奉敕江东历五松，义安高节仰陈公。”名臣李纲放唱：“薄游五松山，获见谪仙像。”王十朋深情吟哦：“五松人忆白，双竹句思黄。”戴禺也疾呼：“舣舟来访宝云寺，快上山头寻五松。”

代宗宝应元年（762年），安史之乱已经过去，62岁的李白再次来到南陵，居住在县城北面的龙汇桥附近，这是他最后一次寓居南陵。

四、李白与芜湖的情结

对李白而言，芜湖，尤其是南陵，诗词界说为第二故乡者居多，试从以下几个方面说明：

第一，李白为何寓居芜湖南陵，最主要原因还是南陵为千年古铜都。南陵是西周以来的古矿冶遗址所在，铜的开采、冶炼，曾经延续了2000多年。在李白那个时代，南陵是炉火朗照，耿耿长明。

李白少年时期便爱求仙访道，追慕道家的养身之术，对于炼丹术有长期的研究，所以他在古铜冶炼基地盘桓日久。这也是李白之所以被尊称为“诗仙”的重要原因之一。

第二，李白寓居芜湖南陵，并将一双子女安置于此，足见李白对于南陵的放心。这里不仅是古铜矿的开采、冶炼基地，也是李白谋生和开展人生事业的基地。李白从这里“仰天大笑出门去”，是他的“出道”之地；后来李白被“赐金还山”，又回到这里，在这里疗治心灵的“伤痛”，直至最后去当涂李阳冰处，采石矶醉中捞月，完成了李白艺术人生的最后一个浪漫篇章。

第三，盛唐时期的南陵，除了与芜湖紧密相连，还包括了如今的繁昌县、芜湖市三山区的一部分。李白写南陵的一些诗歌，事实上应该归属到如今的芜湖市所辖繁昌县以及三山区名下。

当然，由于朝代更替，行政区划调整，原先属于芜湖、南陵的一些地方，如今已经不再属于芜湖，分属于池州、铜陵等地。

综上所述，芜湖与诗人李白有极深的渊源，既是李白栖息、出山之地，也是李白疗伤之所和出山之地。李白从少年时期辞亲远游，沿江而下《望天门山》中“孤帆一片日边来”的“来”，到奉诏入京《南陵别儿童入京》中“仰天大笑出门去”的“去”，这一来一去，从青春到白发，始于斯，终于斯，构成了李白的宿命。

芜湖小九华与地藏文化

芜湖市民委(市宗教局)课题组

摘要:芜湖小九华体现的是以佛教文化特别是地藏文化为主题的宗教文化,在芜湖乃至皖、浙、苏、沪一带有着很大影响。发掘和弘扬芜湖小九华文化中佛教伦理的积极因素,对于进一步凝心聚智,团结广大信教群众积极参与社会公益活动,宣扬社会公德、家庭美德和职业道德,提高公民素质,使改革的力度、发展的速度与社会的可承受度相统一,对促进社会稳定和谐发展有着十分重要的作用。

关键词:小九华　地藏文化　承载

在芜湖市车水马龙、语笑喧阗的九华中路西侧，茂林修竹、静谧幽深之赭山南麓有一千年古刹——广济寺。民国版《芜湖县志》云：“（赭）山寺自昔香烟最盛，故俗又称为小九华云。”[①]“凡朝九华者必先于此进香，以俗又称‘小九华’故也。”[②]因世人均称之为“小九华”，且在国内外有较大影响，1983年4月，广济

①余谊密主修、鲍实总纂:《(民国)芜湖县志》卷三,黄山书社2008年版,第9页。

②余谊密主修、鲍实总纂:《(民国)芜湖县志》卷四十一,黄山书社2008年版,第291页。

寺被国务院确定为“全国汉族地区佛教重点寺庙”。[①]2009年、2010年相继被授予安徽省和谐寺庙、芜湖市和谐寺庙，日前又被命名为“全国宗教界爱国主义教育基地”。

一、小九华广济寺

（一）广济寺兴建、修葺、改建始末

芜湖广济寺正门

1. 新中国成立以前情况

相传唐开元七年（719年），新罗王族金乔觉渡海东来，在九华山开辟丛林道场，创九华佛寺。在其“振锡观方”的途中，曾

①国务院(83)60号文件。

一度驻锡芜湖赭山，结茅修持。

芜湖广济寺之前身，已无可考。据相关史料介绍，广济寺始建于唐乾宁年间（894—897年），光化年间（898—900年）署名为永清寺。因其设在广济门外，宋大中祥符年间更名为广济寺且延用至今。相传寺庙内曾设有经幢两座，今已毁。有袁昶诗为证：“书丹宋幢在，滴翠古轩笼。”应为宋朝时所建。广济寺自建寺之日起，迄今已有1100多年历史。

千年历史中，广济寺屡损屡修，屡毁屡建。明景泰年间（1450—1456年），吉祥寺僧宏德主持重修。清乾隆二十一年（1756年），由徽州士绅戴天溥、汪昭和等人募款维修。嘉庆三年（1798年），僧越江募款再次维修。咸丰年间，因太平天国起义战乱毁损。此后，同治、光绪年间多次修建。其间广济寺仿九华山制，修建了地藏殿。因是依山构势，故在大雄宝殿和地藏殿之间修建了“八十八踏”高耸台阶，籍以调整上下高差。为安全起见，台阶两边护以铁链。由于台阶既陡又急，游客或香客到此，无不抬头仰望。举头之际，就能看到地藏殿前月台、栏杆和缕缕飘绕的青烟，另有梵天之状，佛教氛围陡然猛增。

这种设计手法与九华山肉身宝殿的设计构思同源，如出一辙[①]。相传芜湖小九华是地藏菩萨行宫，此说得到了体现和印证。至此，广济寺格局基本形成。

---

①芜湖市档案馆藏档案0206-02-0138。

2.新中国成立以来基本情况

1949年4月，芜湖城市解放，广济寺一度被国立安徽大学（今安徽师范大学前身）租借使用。据有关资料介绍，自1949年12月份开始，安徽大学一共租用广济寺养心园二十四间半房屋（其中大殿为公用），后又有一些青年教师住进了滴翠轩，直至1955年才开始陆续归还。由于芜湖广济寺名闻遐迩，港澳及东南亚前来进香的善男信女络绎不绝。1952年10月，亚洲及太平洋区域和平会议的宗教界代表要来参观，芜湖市政府拨专款进行了粉刷修葺。

1955年，安徽大学人员搬迁之后，有关部门多次向芜湖市人民委员会及安徽省有关部门提出修葺广济寺的请求。在省有关部门和市人民委员会关心、支持下，广济寺进行全面维修。

1966年8月，芜湖市造反组织以破“四旧”为名，冲击广济寺。菩萨被推倒，雕梁画栋被破坏，千年古刹几乎毁于一旦。紧接着芜湖市电表厂、芜湖市人民防空办公室等单位陆续搬进广济寺。芜湖市人防办将滴翠轩、地藏殿、雷祖殿、三官殿作为办公场所，而电表厂则先是将被造反组织破坏的一、二、三殿作为生产车间，又陆续增建了生产车间、生活设施3529平方米。

党的十一届三中全会以后，宗教政策逐步得到落实。芜湖市委作出“落实宗教政策，修复小九华”的决策，市政府及有关部门多次协调，督促解决“文革”遗留问题。芜湖市电表厂自1980年底开始筹建新厂，并与新厂建设同步分期搬迁。芜湖市人民防空办公室也于1984年4月正式搬离，广济寺恢复了往日的宁静，寺内建筑得到恢复重建，佛教活动日趋正常[①]。

芜湖广济寺

1993年3月，芜湖市人民政府专门协调开始了“广济寺大门至九华中路通道拓宽工程”，本着“以社会效益和环境效益为主，以规划法和有关宗教政策为依据，服从城市规划，进一步提高广济寺的知名度，使其适应我市对外开放的需要”的原则，拓宽拉直了原有广济寺与九华中路之间的通道。继而又修建了小九华广场，为广济寺的进一步对外开放，广迎八方香客，开展宗教活动提供方便[②]。

①芜湖市档案馆藏档案0206-01-0097。

②芜湖市档案馆藏档案0201-01-1323。

2013年，广济寺历史上最大的一次修葺完工。新修建的广济寺，调整了内部格局，庄严隆重，更加符合佛教法理仪轨。

（二）广济寺主要建筑介绍

1. 山门

广济寺山门为单檐歇山、大殿式建筑，黄色琉璃瓦，飞檐翘角，整个庙宇建筑为典型徽式建筑，体现了九华山寺庙风格，突出了芜湖小九华主题。

今“广济寺”寺名手迹为中国佛学院原院长、中国佛教协会副会长正果法师所题。山门处楹联为：“净土清幽壹尘不到菩提地，禅关寂静万善同归般若门”。

2. 天王殿

进得山门，过了放生池，迎面就是天王殿。殿门两侧有楹联一副为：“菩萨心金刚像三洲感应，将军身童子貌万国威灵。”大殿正中为弥勒佛像，龛后一尊护法韦陀立像，两壁有四大金刚塑像。

3.大雄宝殿

在佛教寺院中，大雄宝殿就是正殿，也有称为大殿。大雄宝殿是整座寺院的核心建筑，也是僧众朝暮集中修持的地方。宝殿之外有巨鼎香炉，常年香烟缭绕。大门两侧，古树参天，浓荫蔽日。大雄宝殿殿名为已故中国佛教协会会长赵朴初所书。大雄宝殿顶上三块匾额分别为："佛光普照"、"妙相庄严"、"万德圆融"。两幅楹联分别是："中天调御越十地以居独遵，慧日法王超九界而证妙果"；"光明晃耀如星月智慧境界等虚空，开示甚深彻妙法发起广大菩提心"。

殿中三尊大佛，俗称"三宝佛"，又名"三世佛"，即过去、现在、未来佛。正中为释迦摩尼佛像，端坐千叶莲花宝座。左边是东方净琉璃世界药师琉璃光佛，右边是西方极乐世界阿弥陀佛。殿后左右两侧供奉文殊菩萨、普贤菩萨，殿后中央供奉南海观世音菩萨。两壁厢十八罗汉排列，一派森严气象。

俗话说，"无事不登三宝殿"。所谓三宝，是指佛、法、僧三宝，而三宝殿是指寺庙中三个主要活动场所：佛，指的是大众登场蒇事的地方，如大雄宝殿；法，指的是佛家珍藏经典的地方，如藏经楼；僧，指的是僧侣休息的禅房，如僧寮。广济寺拥有佛、法、僧三宝。

4.地藏殿

出大雄宝殿后门，为"一线天"，经"八十八踏"石梯拾阶而上，就是地藏殿，又称"九华行宫"。殿前门额有安徽省委原副书记、书法家张恺帆手书的"九华行宫"竖匾。红底金字，周围镶有云边。红漆侧门之上，有黄底黑字对联："受汉封四郡承箕子遗风千载怀仁崇上同，慕唐兴三教遣亲王来学百年成佛拜行宫。"殿中石台上有四面一式的佛龛，内供四尊一式金漆地藏菩萨像，各配道明侍者和闵公长老像。琉璃灯悬挂四面，两壁厢十殿阎罗王像，躬身侍立，前右侧有判官、药叉立像。后壁接赭塔，供地藏菩萨立像。

芜湖广济寺地藏殿供奉的地藏菩萨，慈眉善目，神态安详。地藏菩萨右手持锡杖，表示爱护众生和持修精严；左手捧“万方摩尼宝珠”，表示能够满足众生愿望。大殿立柱之上，芜湖文化名人王莹的丈夫谢和赓手书楹联：“明珠照彻阎魔罗界，金锡振开地狱门墙。”

5.药师殿（延寿殿）

药师殿位于地藏殿东侧，楹联为“消灾延寿满愿随心药师如来施德慧，利药有情汇严利土琉璃世界放光明。”殿内供奉东方三圣，又称药师三尊，相对于西方三圣而言，是东方净土琉璃世界的三位佛菩萨。即东方净琉璃世界药师琉璃光佛（又称医王）、南无日光遍照菩萨、南无月光遍照菩萨。药师三尊化导救济有情众生，尤其拯救伤病痛苦众生，使之得到安乐利益。

6.玉佛楼（观音殿）

玉佛楼位于地藏殿西侧，又称观音殿，楹联为：“千处祈求千处应，苦海常作度人舟。”殿中供奉观音大士入定坐像，传说系尚未成佛之法相。

玉佛楼（观音殿）又名滴翠轩，因庭前原有一颗桧树，又名桧轩。据称，该桧树松身柏叶，苍翠干云。北宋绍圣年间（1094—1097年），著名诗人、词人、书法家黄庭坚曾寓居于此读书。同一时期的诗人郭祥正有诗云：“青幢碧盖俨天成，湿翠蒙蒙滴画轩。”黄庭坚取其诗义，将原名“桧轩”更名为滴翠轩，传流至今，亦称“黄庭坚读书处”。

黄庭坚酷爱读书，尤其是在僧院，能够接触到不少佛教典籍，加上黄庭坚自幼聪慧，读书一点就通，对佛教的微言大义有着自己的感悟，经常与寺僧交谈，深受寺院僧人爱戴。

黄钺《于湖竹枝词》藉郭祥正诗云：“平轩遥瞰一湖开，闻说涪翁守郡来。当日到官才九日，未应便起读书台。蒙蒙湿翠滴檐楹，北寺轩因老桧名。自摘青山诗句好，山光树色欠分明。”

滴翠轩久废，然废于何时，不得而知。但因此处曾为黄庭坚读书绝佳之处，千古传诵，历久弥新，而成为文人寄托之所，历代文人墨客题咏甚多。

现滴翠轩为观音殿，又称玉佛楼，供奉观世音菩萨。楼内壁有多处碑刻，为四幅人像石刻，两幅古人诗词石刻，毁损严重。经辨认，唯其中宋代黄庭坚刻像保存较为完好，署名为翁方纲的“似僧有发，似俗无尘；作梦中梦，见身外身”的石刻题词，给人印象深刻。两幅石刻有诗文三篇，其中东侧为两篇，一为谢崧作《移祀张于湖于桧轩》，另一篇待考；一为同治七年（1868年），黄钺后人黄安谨移供黄钺、王泽、许竹三石像于滴翠轩，并作《移黄勤敏公及王许三石像碑记》。

7.赭塔

赭塔，位于地藏殿后。为宋人孙日汇于英宗治平二年（1065年）捐砖修建。元朝欧阳玄曾有诗云《赭山》：“山分一股到江皋，寺占山腰压翠鳌。四壁白云僧不扫，一竿红日塔争高。龛灯未灭林雅起，花雨初收野鹿嗥。千古玩鞭亭下道，相传曾挂赭黄袍。”诗中有寺有塔，寺即广济，塔则赭塔。该塔是江南地区唯一保留的北方式样古塔，后经专家考证，应该属于佛塔之列。时近千年，未见有维修记载，一直到1993年，才被修葺一新。

赭塔

赭塔为平面六角楼阁式，通体五层，底层单面阔3.5米。塔身直出地面，自地面到覆钵残高26.75米。各层设腰檐，平座并圆形倚柱及阑额、普柏枋，上承斗拱。斗拱为重杪华拱偷心造，横拱呈鸳鸯交手状。拱眼木制，与砌体内的“拱枋”成整体。手法源于宋朝早期“建筑砖砌体”。特别是三层塔体处的阑额与普柏枋，分出大小两层，中间垫板，上设普柏枋。此种手法在宋“法式”中不见记载，实为建筑史中之珍品。各层用圆形券门，配以盲窗。盲窗纹饰有“破子植棂”、“方格”、“菱形”与“球纹”等造型，生动丰富。

塔内各层均为“穿心直上回廊式”结构，廊上用“平拱”、“天花”，并在凹入砌体内的佛龛顶上用藻井式天花。砖砌踏级梯道，上设防滑木，转角砌体内设“永定柱”，手法异常古朴[①]。

1993年5月，芜湖市人民政府组织重修广济寺塔。成立了领导小组，确定专门机构，配合佛教协会和广济寺做好这项工作。1996年正式动工，1997年6月26日告竣，并在现场举行了“庆香港回归宋塔重修竣工典礼”。

《重修广济寺塔记》记载：

> 广济寺塔俗称赭塔，唐绍宗乾宁年间（894—897年）于赭山南麓始建永清院。宋大中祥符年间（1008—1016年）更名广济寺。大殿四重，自南而北，依山而筑，贯穿层叠。宋英宗治平二年（1065年）商人孙日汇捐砖始建赭塔于寺平面中轴线地藏殿后，为楼阁式砖石结构，塔身为檐椽斗拱五层六角型，边长6.5米，高28.75米，穿心式阶梯，直达塔顶。清咸丰年间塔顶毁于战火，而塔身依旧，每当雨后天晴，云烟缥

①芜湖市档案馆藏档案0206-01-0159。

缈，塔影耸秀，树木葱茏，画情诗意，令人流连忘返，《志书》称“赭塔晴岚”为芜湖八景之首，良有以也。历代骚人墨客，题咏不绝。

计自赭塔初建，迄已九百余年，天灾人祸，几经修葺，勉复旧观，喜为乡人游憩之所。“文革”期间，广济寺毁于一旦，此塔亦岌岌可危。“文革”后，芜湖市人民政府拨款重修广济寺。1996年，复经市政府决定重修赭塔，并拨专款十万元，社会各界贤达暨佛教信徒捐资三十余万元。延请同济大学古建专家路秉杰教授亲临指导，循“修旧如旧”之旨，坚固基壁，宛复原貌，既增景观，亦宜临眺，引领凝眸，殿宇崇焕，古塔岿然，万象统摄，登顶俯瞰，江城如画，琼楼翠轩，尽收眼底。悟昔贤建塔之用心，感今彦修塔之有力，树碑刻石，以示来者。①

二、地藏文化

（一）地藏名称的含义

“地”即土地，具有“能生”、“能摄”、“能载”、“能藏”、“能持”、“能依”、“坚牢不动”七义；而“藏”，则是“胎藏”、“含藏”之意，具有秘密包容、含育等义。合起来“地藏”一词，就是“含藏于地”或“地中之藏”的意思。

---

①芜湖市档案馆藏档案0206-01-0158。

《地藏十轮经》谓其：“安忍不动，犹如大地，静虑深密，犹如秘藏。”故尊号为“大愿地藏王菩萨”。中国佛教视九华山为地藏菩萨应化之地，并开辟道场。

据《地藏菩萨本愿经》介绍：释迦牟尼佛曾经殷切嘱咐地藏菩萨，在释迦牟尼佛入灭后，弥勒佛未生之前，这段无佛往世期间，必须住化世间，要尽度六道众生，离恶向善，拯救解脱诸苦。释迦牟尼佛赞叹地藏菩萨：“地藏地藏。汝之神力，不可思议。汝之慈悲，不可思议。汝之智慧，不可思议。汝之辩才，不可思议。正使十方诸佛，赞叹宣说，汝之不思议事，千万劫中，不能得尽。”

地藏菩萨从内心发愿：“众生度尽，方证菩提；地狱未空，誓不成佛。”地藏菩萨不居佛位，以菩萨身，显大威力，往返六道（天道、阿修罗道、人道、畜生道、饿鬼道、地狱道），帮助众生。众生无尽，其愿无尽；时空无尽，其愿无尽。地藏菩萨的誓愿宏大无比，因此人称“大愿菩萨”。

（二）地藏菩萨大愿内容

地藏菩萨“众生度尽，方证菩提；地狱未空，誓不成佛”的大愿，被历代教内人士称颂，有许多高僧大德指出，“孝慈和奉献”是地藏精髓的重要内容。而“大愿、孝慈、度冥、奉献”，则构成了地藏信仰的核心，亦被称之为“人间佛教”。

“大愿”有其深层含义，一是指地藏本愿经，也就是地藏菩萨“众生度尽，方证菩提；地狱未空，誓不成佛”的誓言；二是指修习地藏法门须同菩萨一样许愿、发愿、立愿；三是指许愿还要还愿；四是指如愿以偿之后，还要继续还愿、许愿，不断地如愿。

“孝慈”，就是孝顺，大慈大悲。地藏菩萨所倡导推行的孝道，不是世俗间孝一己之父母，孝一己之尊长，而是以六道众生为父母尊长，孝七世父母尊长，是“广孝”、“大孝”，是“大慈大悲”的“孝”。

“度冥”，这是地藏菩萨主要职能之一，也是体现地藏精神的一个侧重点。地藏菩萨深切关注、关怀那些受苦受难的众生。为防止众生堕入“三恶道”（即地狱道、饿鬼道、畜生道），他化身无数，广施教化。对于已堕入“三恶道”的众生，更是关爱倍加，诚心救济，视度他们出离“三恶道”为己任，实践着自己的大愿誓言。

“奉献”，这是地藏菩萨的伟大之处。虽然地藏菩萨早已具备成佛的条件，可以跳出“三界”（即欲界、色界、无色界）之外，但他不愿升入涅槃，仍然身居阎浮提世界，陪伴众生，教化众生。作为“无佛时代”的继承者，他既是佛教承前启后的引路人，又是救赎众生的责任人。“众生度尽，方证菩提；地狱未空，誓不成佛”，就是地藏菩萨奉献精神的真实写照。

地藏菩萨慈悲祓苦的大愿，体现出一种至善至纯的精神。地藏精神的核心就是大爱无私，彻底奉献。

三、芜湖小九华承载着博大精深的地藏文化

（一）一脉相承

1.九龙背纽金印

在金乔觉“振锡观方”的途中，曾留下“江南处处小九华”的传说，但何以芜湖小九华广济寺被称为“九华行宫”，这是与广济寺保存的金印，即九龙背纽金印有关。

这颗金印的工艺制造之精美，令人叹为观止。金印黄里透红，熠熠生辉，华贵庄严。印柄背纽，铸有九龙环绕、盘旋飞舞的立体浮雕，似昂首苍穹，发出怒吼；如腾云驾雾，显示神威。九条金龙形象逼真，栩栩如生，玲珑剔透，凛凛威风溢于言表。印边“唐至德二年”（757年）清晰可见，迄今已有千年历史，它本身的历史价值就不可限量。民国版《芜湖县志》称其为：“世传金印，宝若连城”。[①]

九龙背纽金印印文为九阳铁线篆字，为“地藏利生宝印”六字。据民国版《九华山志》卷一“圣迹门第一”介绍：所谓“利生”者，当为“菩萨悲愍之心无穷，而利生之事无尽。所以释尊殷勤付嘱，菩萨一肩荷担，实为娑婆众生解脱诸苦之依怙。”

《芜湖市志》记载：“历来凡江浙香客朝九华者，必来芜湖

①余谊密主修、鲍实总纂：《（民国）芜湖县志》卷四十一，黄山书社2008年版。

‘九华行宫’敬头香，拜佛请印。”[①]一方面说明了广济寺金印在宗教活动中的重要作用，另一方面也说明了芜湖小九华广济寺与九华山地藏菩萨道场的关系。

2006年，中央电视台来芜拍摄电视专题片《走进芜湖》，其中《金印之谜》就作为一个专题，专门考证、研究该印。

中央电视台播出的结论是：“如今这颗金印，不仅是芜湖的镇市之宝，更是中国乃至世界的佛教至宝。也许这颗金印的含金量和雕工至今已经不再重要。重要的是，它所承载的精神力量以及由它带给我们的所有扑朔迷离的故事、它所经历的磨难，还有那些仍然无法也许永远也无法解开的谜题。”

2007年7月1日，香港回归十周年之际，香港凤凰卫视又向全球华人再次突出介绍了这枚颇具神秘色彩的金印。

2.庙会

金乔觉在九华山驻锡弘法75年间，度众无数，且留下许多感人的弘化故事。唐贞元十年（794年）七月三十，金乔觉圆寂，三年后开缸“肢体柔软，骨节有声，颜貌如生，诵称金身。”山上僧众将金乔觉看作是地藏菩萨灵迹示现，因其俗姓“金”，法号地藏，故称为“金地藏”。从此，九华山作为地藏菩萨道场，香火绵延，千载不绝，而农历七月三十日则被公认为地藏菩萨圣诞纪念。

芜湖小九华广济寺与九华山一样，在每年的农历七月三十

①芜湖市地方志编纂委员会编：《芜湖市志》（上册），社会科学文献出版社1993年版，第753页。

日，都要举行盛大的佛事活动（即庙会），招引四方香客，绕香布施。

芜湖小九华广济寺庙会，始于唐，兴于宋，盛于明清，历久不衰，已有一千多年历史，成为芜湖市民间传统习俗[①]。庙会期间，倾城士女巡寺随喜，四方香客云集，尤其是“凡朝九华者，必先予此进香”。

庙会一般于农历七月二十五日开始到三十日子夜结束，为期七天。七天之内，小九华广济寺各殿佛墙张挂诸天画像，佛案设供果香烛纸马，香烟缭绕，灯火昼夜通明。山门外树立高大旗伞罗盖、经幡经幢。纸扎高大凶神恶煞雄踞在上山道路两旁。寺内，住持僧率众僧尼穿袈裟、敲木鱼、鸣钟鼓、绕佛诵经、插烛焚香，供信徒拜佛。浴佛法会、盂兰盆会，献佛、斋僧、施鬼、念经打谶、放荷灯、焚法船、放焰口等样样具备。各堂口设置有司，负责接洽处理盖金印、求签、发丹药、上缘、施主度亡名牌事宜。寺外，自一天门至山门，放置功德箱，供香客随时布施。

庙会期间进香的善男信女，除本埠外，多为沿江一带香客。通常会先斋戒一日，来到小九华广济寺。老年拜佛者一般手提蒲团，自一天门开始，三步一拜，一直拜到进殿拜佛为止。青壮年者则手举佛旗，披红挂彩，身背黄色“朝山进香”佛挎包，口宣佛号，整队进山。

---

①芜湖市地方志编纂委员会编：《芜湖市志》（上册），社会科学文献出版社 1993 年版，第 757 页。

香客进殿烧香之后，有的还要绕塔、守殿、浴定、放荷灯、焚法船和放焰口。这些活动，一般都要在七月三十日夜间举行。有和尚带队，施主捧灯或捧船，吹吹打打，前任随行到江边，将荷灯或法船送入江中。

放焰口则在大雄宝殿外平台上举行，大火盆点燃檀香，浇上酒精，使得火焰碧绿，照映人面，显得青面獠牙，阴森可怕。和尚绕盆念经，然后举剑砍盆，火花四溅，就这样将焰口放了。据说，焰口乃是鬼王，劝人施舍饿鬼。这些仪式神奇热闹，是庙会的高潮。

小九华广济寺庙会同时也是民间商业集市，沿进山道路两侧，商贩纷纷搭起布篷，摆设摊点，供应茶水、素食点心、香烛纸马以及带有佛教色彩的小件纪念品①。

庙会期间，虽然善男信女云集，前往游玩闲逛的人也有不少，鱼龙混杂，乞丐流氓都有。虽然路旁雄踞的恶鬼凶神，能起到威慑作用，但各个时期的政府（官府）都非常关注安全问题，出告示，派专人，防火防盗防斗殴。

据芜湖广济寺地藏殿石碑记载：光绪十八年（1892），芜湖知县王万甡发布公告，要求僧众香客遵守庙会秩序。公告称："广济寺为十方香火，每逢七月地藏菩萨诞期，城乡人民到寺敬香，往来络绎，拥挤喧闹，良莠难分，游民混杂其间。滋闹轻薄，籍故

①芜湖市地方志编纂委员会编：《芜湖市志》（上册），社会科学文献出版社1993年版，第758页。

争殴，僧排难解。其间，几令无暇照料香灯，历受其害，无可如何。因思僧寺，每逢传戒，亦是僧俗集聚，其历来得以安然无事者，皆因宪示，游民所警惧。为此禀求赏示严禁等情到县。”据此，县衙要求“诸色人等知悉，尔等须知，到寺敬香，原宜肃静无譁，方足以照诚敬。自示之后，如有不法混徒，仍敢在寺滋闹轻薄，籍故争闹，许该住持僧随时指名禀县，以凭严提究惩，决不姑宽。其各凛遵毋违。”县衙禁令公布之后，小九华广济寺的秩序果然好了很多。

党的十一届三中全会以后，宗教政策逐步落实。自1982年起，小九华广济寺恢复开展庙会活动，盛况不减当年。每年庙会期间，约有五六万人次前往参与。活动内容除参佛进香外，多是游山观景，领略别样风光。

由于各方通力配合，香客文明素质大大提高，尤其是小九华广场、小九华商业街的建设，为庙会活动提供了良好的活动场所，安全隐患大大减少。随着社会的发展，佛教社会化、世俗化以及组织化的趋势日渐明显，一方面是佛教通过庙会等形式积极对外宣传，另一方面也是各界为佛教提供了一个较为良好的外围环境。

作为小九华佛教文化和地藏文化的重要载体，芜湖居士林和素斋馆在宣扬佛教精神，尤其是在佛教融入社会方面，起到了积极的推动作用。芜湖居士林是信教群众的活动场所，信教群众在这里受佛教理念的熏陶，一心向善，慈悲为怀，积极投身社会公益事业。素斋是中华传统饮食文化的组成部分，是佛教特色文化的重要体现。既是佛教慈悲戒杀、众生平等的具体表现，也是佛教重视因果、注重来生的思想根源。吃素斋是出家人的重要标志之一，客观上对于环境保护尤其是动物保护，倡导人与自然和谐共生发展起到了促进作用。

近年来，小九华广济寺素斋馆的素斋与时俱进，步伐有所加快，在坚持基本理念、使用基本原料的基础上，进行了大量的改革。尤其是食物的外形，有了很大改观，更多地满足世俗群众的好奇心，吸引更多的人品尝素食。

（二）芜湖小九华地藏文化的核心

佛教传入中国已有一千多年的历史，佛教文化与中华文化融会贯通，早已成为中华文化的重要组成部分，是中华传统礼仪道德的重要内容。从某种意义上说，佛教文化中的一些积极的因素与中华民族的基本精神、中华文化的主流方向是一致的。

中国佛教文化的核心精神是“慈悲济世，护国护民；智慧圆通，和谐吉祥”。芜湖小九华宣扬以地藏菩萨所代表的悲悯世人、关心社会的主题文化，就是中国佛教文化最集中的体现。慈善行为是佛教界最为推崇的美德良行，积极开展慈善活动，鼓励世人尤其是信教群众，投身社会公益事业，为政府分忧，为社会解压，是佛教主动与社会主义社会相适应的重要体现。

近年来，芜湖市道德讲堂推出的《劝善词》，其要义很大程度来源于地藏文化佛教理念：

欲广福田，须凭心地。行时时之方便，作时时之功德。利物利人，修善修福。忠国孝亲，敬兄信友。矜孤恤寡，敬老怜贫。家富提携亲戚，岁饥赈济邻朋。舍药材以拯疾苦，施茶水以解渴烦。斗称须要公平，不可轻出重入。举步常看虫蚁，禁火莫烧山林。勿登山而网禽鸟，勿临水而毒鱼虾。勿倚权势而辱善良，勿恃富豪而欺穷困。善人则亲近之，助德行于身心。恶人则远避之，杜灾殃于眉睫。常说隐恶扬善，不可口是心非。积善之家有余庆，积不善之家有余殃。此千古垂训，岂不应牢记勤行者也。

在中华民族实现伟大复兴和社会主义文化大发展大繁荣的新的历史时期，佛教文化尤其是地藏文化作为文化百花园中的一个重要组成部分，更要继承传统，立足现实，紧扣时代脉搏，努力挖掘、宣传契理契机（与当代社会相适应、与现代文明相协调）的地藏文化理念。进一步加强对外文化交流，吸取各国优秀文明，增强中国佛教文化中的地藏文化乃至中华文化的国际影响力，促进社会和谐进步。

从"一华"到"九华"金地藏落迹寻踪

芜湖市旅游局课题组

摘要:金乔觉卓锡九华之前,曾在江东、吴越一带游历,芜湖及所辖县区多处留下其足迹,示寂后被信徒认定为地藏菩萨应身。地藏菩萨"度尽众生,方证菩提"和"地狱未空,誓不成佛"的理念,在沪苏浙皖一带广为流传。探寻金乔觉从一华到九华落迹寻踪,不仅有助于从中提炼佛教文化精髓,还可以为促进旅游事业发展增添文化品味。

关键词:金乔觉　金地藏　九华　落迹寻踪

韩国僧人金乔觉卓锡九华前,曾振锡观方,在江东、吴越一带游历数年,最后上了九华山,开始了他禅栖九华75年的生涯。示寂后,被视为地藏菩萨应身,信众们尊称为"金地藏"或"地藏王菩萨"。其在江东吴越一带游历的经历被广为传诵,留下"江南处处小九华"的传说。人们在金乔觉登上九华山的途中,发现了一道特殊的印迹,而这道特殊的印迹恰巧坐落在芜湖这块广袤的土地上。若干年以后,将其归纳为"从一华到九华"。在这道印迹上,位于芜湖广济寺地藏殿的"九华行宫",与青阳九华山形成了一个"门户"与"道场"的关系。旧志记载"凡朝九华者,必先于此（芜湖广济寺）进香”，由此开启朝山祈福之旅。本文试从“一华到九华”的金地藏落迹寻踪，进行研究考证。

一、金地藏的来历

（一）韩国僧人金乔觉

金乔觉（695—794年），韩国（古新罗国）僧人，曾是王室成员。《全唐文》收录有专门文章介绍他，且《全唐诗》收录有金乔觉撰写的诗文。《九华山志》中收录的《唐高僧传》、《明神僧传》等文献，均有金乔觉的身份介绍[①]。

唐代费冠卿，元和丁亥（807年）登第，家住在青阳九华山，与金乔觉有过交集。费冠卿在《九华山创建化城寺记》中介绍：“时有僧地藏，则新罗王子金氏近属，项耸奇骨，躯长七尺，而力倍百夫。尝曰：六籍寰中，三清术内，唯第一义，与方寸合。”此系费冠卿“幼所见闻”，并于元和癸巳（813年）“谨而录之”。

金乔觉卓锡九华，法名叫做“地藏”，又称“释地藏”。费冠卿所言“僧地藏”即为金乔觉。费冠卿的撰文介绍，既说明了金乔觉的法名以及他与地藏菩萨的渊源，同时也说明了金乔觉佛学修养的博大精深。

①《九华山志·卷一·圣迹门第一·六·应化》。

韩国新罗佛教诸派，均师承或发源于中国，但被移植到新罗这块土地以后，受本国历史文化和风土习俗的影响，在内容和形式上得到了显著的变化、丰富和发展。金乔觉不满足于“舶来品”式的佛教理念，而是追本溯源，到中国来探寻佛教的真谛。于是，他毅然脱离王室生活，削发为僧，来华修行。

金乔觉在九华山的修行生活非常艰苦，“岩居涧汲，以示高洁”，有数十年之久。金乔觉的奋志苦行赢得了僧俗众人的赞赏，使更多的人加入了对九华山僧众的捐纳。本地官家、西江估客、旁邑豪右、富商大族多有前来上香敬献。青阳本地乡耆诸葛节等慕名上山探视，看见他生活相当艰苦，为他买地。有上首僧胜瑜等，同建台殿。金乔觉等人又开凿濵涧，尽成稻田，以求自养。

九华山当地人闵让和不仅施舍了土地，而且在每次斋僧时，都要给金乔觉留下一个座位，虚席以待，后来金乔觉收其父子为徒。如今供奉在各地地藏殿的地藏王菩萨像前两名侍者，即是闵让和父子，闵公与道明。

金乔觉的事迹传到新罗国，受到他的影响，新罗国内也有很多人来到九华山。由于僧侣日众，衣食出现严重匮乏，尽管有乡人资助，但金乔觉还是坚持自力更生，一方面继续采用苦行办法，带领众僧人“发石得土”，“夏则食兼土，冬则衣半火”，“畬田采薪自给”；另一方面，金乔觉自己克勤克俭，“无少长”，与大家一样劳作。金乔觉生前就受到僧俗各界的尊重和爱戴，禅栖九华75年，唐贞元十年（794年）示寂。

（二）金地藏与地藏殿

金乔觉示寂三年后，人们启函开视，发现其“仍颜色如生，兜罗手软，罗节有声，如撼金锁”。佛教徒根据《大乘大集地藏十轮经》：“安忍如大地，静虑可秘藏”语，认定金乔觉是地藏菩萨示现。正巧金乔觉的法名也叫“地藏”，所以便称金乔觉为“地藏菩萨”。还其本姓，又名“金地藏”。

地藏菩萨本是佛教传说中人物，《大愿地藏本愿经》中有专门记载。唐朝时期，全国设置供奉地藏菩萨的地点不止九华山一处。《唐临川府崇仁县地藏普安禅院碑铭》曰：“地藏普安禅院者……地居爽垲，境占幽奇。法宇禅堂，洞然虚白。金容宝像，焕若庄严。清溪经其前，崇林映其后。入座而风传爽籁，开轩而云吐凝岚。盖禅那宴寂之场，大士栖真之所也。”①金乔觉示寂后，各地的地藏殿供奉的就是被认定为地藏菩萨示现的金地藏。

明代以后，由于朝廷的推动，地藏殿如雨后春笋，到处都有。芜湖的地藏殿于明成化年间（1436—1465年）设在吉祥寺，康熙三十三年（1694年）毁，后于广济寺仿九华制度复建。对此，清嘉庆版、民国版《芜湖县志》均有记载：“明正统、成化间，僧海应建毗卢阁、钟楼、藏经殿两廊，僧宏能建地藏殿于阁

---

①周绍良主编：《全唐文新编》（第4部第4册），吉林文史出版社2000年版，第10982页。

后，嗣废，其徒寿庵募化重修。清康熙三十三年复毁。”民国版《芜湖县志》载：“（广济寺）上为地藏殿，仿照九华制度，石阶高耸，两旁护以铁链。”[①]

南陵县的地藏殿于明万历年间（1573—1619年）设在南陵县城，民国版《南陵县志》对此有载。

繁昌县于明代仿九华山制建化城寺，道光版《繁昌县志》对此有专门记载。

二、从“一华”到“九华”

国务院在《批转国务院宗教事务局关于确定汉族地区佛道教全国重点寺观的报告》时指出：“九华山是我国佛教四大名山之一，佛教传为地藏菩萨道场。”

据《安徽文化史》介绍，金乔觉来到中国后，“舍舟而徒”，“振锡观方”，四处参访游化，寻找道场，主要是在江东、吴越一带辗转往返[②]。留下“江南处处小九华”的传说，浙江普陀山、湖州，江苏苏州、常州、南京，安徽芜湖、马鞍山、池州、宣城，都有供奉金地藏而名为“小九华”的寺庙，都有关于金乔觉落迹的传说。

后人为追寻金乔觉“振锡观方”的行踪，尤其是为了探寻金

①余谊密主修、鲍实总纂：《（民国）芜湖县志》卷四十一，黄山书社2008年版。

②安徽文化史编纂工作委员会编著：《安徽文化史》，南京大学出版社2000年版，第595页。

乔觉“卓锡九华”之前最后的行踪，演绎了关于“一华山”、“三华山”、“五华山”、“七华山”，以致“从一华到九华”的传说，并形成为一个系列。

“从一华到九华”之所以成为系列，主要基于两个方面因素：一是山脉形势，二是行政区划。

（一）山脉形势

南陵诸山——据民国版《南陵县志》介绍：“南邑县境诸山，发迹九华，巑岏侵汉而来，自纪家岭落脉至赵冲铺，分支北行，度程家陇旋转而东，过禄岭卓起马鞍山，随复跌断，再起高峰，度落牛岭，结朗陵山，崇隆耸峙，起大工山，为陵、繁诸山之祖，盖南邑镇山也。”①

繁昌诸山——据清道光版《繁昌县志》介绍：“繁邑之山，起自池之九华，其入繁境者，惟黄（湖）［浒］河南一角，由铜陵界入。其他荻港以下五镇，并石硊沿河上下，皆由南陵入也。盖南陵之禄岭，实为总根”。“盖铜山左脉分出尽于金峨，而南行转东，由紫岚岭顺下，重重顶帐，至官楼山，而渐次落坪，一路蜿蜒磅礴，过石硊而入芜。”“繁昌诸山，祖青阳之九华，而宗南陵

①余谊密主修、徐乃昌总纂：《（民国）南陵县志》卷五，黄山书社2007年版，第91页。

之大工”[①]。

芜湖诸山——据民国版《芜湖县志》介绍，长河以北，“赭山为最大，直赭山之南相望几三十里为白马山”，长河以南，“白马山最大，盖繁昌山皆自南而北，尽于丹阳之阳。当涂山皆自北而南，尽于丹阳之阴。惟芜湖濒丹阳而县，故山南接繁昌，北接当涂，纡徐萦回，钩连蝉贯，然后衍平为壤，而县治建焉。”[②]

金乔觉“睹九子于云端，千里而劲进”途中，“披榛援藟，跨峰越壑”，这样的描写，符合芜湖的地形地貌及生物植被特征。

（二）行政区划

清顺治年间（1644—1661年），安徽地区设有滁和凤泗道、庐州马政屯田水利道、颍州道、凤宿道、安庐道、徽宁道、池太道、江安十府粮储道等，南陵、青阳、芜湖、繁昌分属徽宁道、池太道。

康熙元年（1662年），以滁、和二州及安庆府归池太道管辖，改池太道为安池太道。领池州、太平二府，治芜湖县，青阳、芜湖、繁昌隶属之。康熙元年底，安池太道迁道治于池州府。康熙六年（1667年），复迁治于芜湖县。南陵县属徽宁道，

①（清）曹德赞等原纂、（清）张星焕增订《（道光）繁昌县志》卷之一，黄山书社2010年版，第37页，第38页。

②余谊密主修、鲍实总纂：《（民国）芜湖县志》卷三，黄山书社2008年版，第8页。

其间道治有迁徙，管辖有裁撤，南陵县一直隶属徽宁道。

康熙二十一年（1682年），裁安池太、徽宁二道原领各府州一并属江安十府粮储道。青阳、芜湖、繁昌、南陵共隶属之。雍正十一年（1734年），置安徽宁池太广道，析安庆、徽州、宁国、池州、太平五府，广德一直隶州往属之。其领县为安庆、芜湖、当涂、繁昌、南陵、宣城、铜陵、泾县、郎溪、宁国、青阳、广德、旌德、石埭、贵池、太平、祁门、绩溪、休宁、歙县、黟县、东流、秋浦、婺源等县，而此时的道台衙门就驻扎在芜湖。咸丰五年，析出安庆，为徽宁池太广道，道台衙门仍驻扎在芜湖。

追根溯源，早在唐朝期间，南陵县史称“剧邑”，意思是管辖的地域非常广。隋开皇九年（589年），并石城（今贵池）、临城（今青阳县南）、定陵（今青阳县北）、故治（贵池梅根冶以东至今铜陵县境）诸县入南陵县。天宝元年（742年），析泾、南陵、秋浦等地置青阳县。民国版《南陵县志》：“梁置南陵县，治赭圻城。唐长安四年移治青阳域。旧县志：青阳域即今县治。”[①]

由此可见，金乔觉卓锡九华之际，青阳与南陵同属一县。从地理上看，南陵县与九华山相距非常近，康熙年间南陵县知县曲升瀛在他的《登望华楼》中写道：“公余倚官阁，九子入双扉。”

上世纪80年代，安徽省行政区划调整，九华山管理处及青阳

①余谊密主修、徐乃昌总纂：《(民国)南陵县志》(上)，黄山书社2007年版，第5页。

县，一度划归芜湖市管辖，此时，从一华到九华的整个范围都属于一个行政区域。

三、“一华山”之小九华广济寺

（一）一华山与芜湖赭山

“一华山”的一天门

一华山概念的形成，与前所述“山脉形势”有关。南陵诸山源于池州青阳九华山，繁昌诸山“祖九华，宗禄岭”（南陵山），芜湖诸山则是由繁昌蜿蜒入境而来。

源于九华山的山脉到了芜湖，“衍平为壤”。因此从芜湖开始起步，将芜湖赭山命名为“一华山”，符合从芜湖赭山到青阳九华山的山脉形势，也符合关于金乔觉“睹兹山于云端，自千里而劲进，披榛援藟，跨峰越壑”的文献记载。

金乔觉在江东、吴越一带游历，是什么引起他对芜湖赭山的兴趣呢？应该是赭山的特殊之处。

《江南地理志》：“赭山丹赤，故郡名丹阳。”赭山不仅“丹赤”，而且林木葱茏，芳草萋萋，曲径通幽，流水叮咚。每当雨过天晴，阳光照射赭山时，林中薄雾升腾，折射出淡青、灰白、墨蓝、殷红等颜色，变幻无穷，神奇罕见。从山顶远远望去，天晴景清,山岚蒸腾，水气氤氲，缠云绕雾，远景近观，白茫茫水天一色，雾蒙蒙云气腾涌。那蒸腾的云气在斜阳的照射下，闪耀出奇异的光彩。透过这缥缈的岚光，隐约可见远方云天相接处，点点帆影在江面上缓缓移动。

赭山丹赤，山色夺人眼球，金乔觉到此一游，结茅修持，于是便有了一华山的“小九华”之说。

（二）芜湖广济寺

据《安徽文化史》介绍，金乔觉西行，到过沿江的一些寺庙，“如芜湖的广济寺，相传金乔觉到九华山之前，曾在那里食宿过。”①

①安徽文化史编纂工作委员会编著:《安徽文化史》,南京大学出版社2000年版,第595页。

芜湖广济寺被称之为“小九华”由来已久，旧志中多有记载。民国版《芜湖县志》：“（赭）山寺自昔香烟最盛，故俗又称为小九华”，“凡朝九华者，必先于此进香，以俗又称小九华故也。”

国务院国发（1983）60号文件称：“芜湖广济寺，世称小九华，国内外来朝九华山的，一般必在此烧香设供，有较大影响”，并授予“汉族地区佛教全国重点寺庙”称号，凸显芜湖小九华在九华系列中的突出地位。

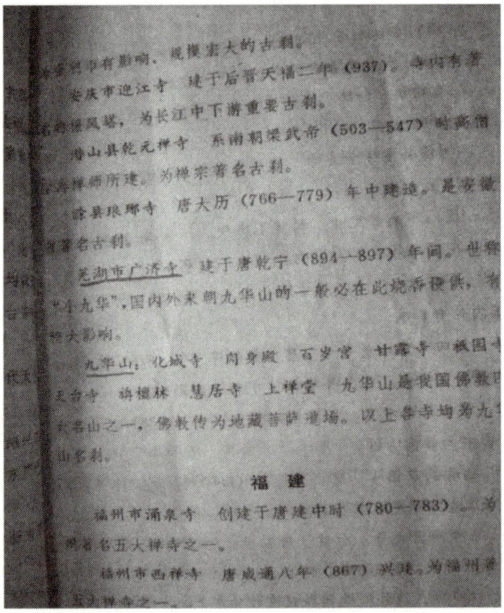
规模宏大的古刹。

有影响、规模宏大的古刹。

安庆市迎江寺　建于后晋天福二年（937）。寺内有著名的振风塔，为长江中下游重要古刹。

潜山县乾元禅寺　系南朝梁武帝（503—547）时高僧……为禅师所建，为禅宗著名古刹。

滁县琅琊寺　唐大历（766—779）年中建造，是安徽……著名古刹。

芜湖市广济寺　建于唐乾宁（894—897）年间。世称“小九华”，国内外来朝九华山的一般必在此烧香设供，有较大影响。

九华山：化城寺　肉身殿　百岁宫　甘露寺　祇园寺……天台寺　旃檀林　慧居寺　上禅堂　九华山是我国佛教四大名山之一，佛教传为地藏菩萨道场。以上各寺均为九华山名刹。

福　建

福州市涌泉寺　创建于唐建中时（780—783）……为……著名五大禅寺之一。

福州市西禅寺　唐咸通八年（867）兴建，为福州著名五大禅寺之一。

国务院国发(1983)60号文件

四、“三华山”之三华禅院

（一）三华禅院

三华山，旧在繁昌县境内，道光年间《繁昌全境图》中就有标注，古诗文中亦多有记载。嘉庆五年（1800年）岁贡、繁昌县人古传诗，《晚游三华禅寺》诗：“鸡犬无声清梵稀，刹门寂寂闭双扉。松花满地落如雨，山月出林僧未归。”

繁昌县郡庠生，诗人古传诲所作《秋日阻风三山夹游三华禅院》：“扬舲十日行，帆转一朝逆。江路阻归人，三山引游屐。何年广招提，山僧指灵石。涛惊松风吹，林披竹翠滴。亭高看澄江，景入射古壁。流连山阿中，延赏攸已夕。心暇动遐思，旷观澹尘役。咏归忘客愁，快酌秋月白。”

上述游玩的三华山寺，又名“三山禅院”，始建于清初顺治年间，传有“灵石”，晚间移其位，清晨能回归旧址。道光年间“其灵石数经劫火不毁，今犹供殿庑中。”[①]该寺依山傍水，空气清新，风景绝佳，自古为芜湖三宝妙地，“晨钟暮鼓醒世间名利客，经声佛号唤苦海迷途人”。历史上香火鼎盛，住僧众多，善男信女络绎不绝，为当地一大丛林。

①（清）曹德赞等原纂、（清）张星焕增订《（道光）繁昌县志》卷之四，黄山书社2010年版，第116页。

(二)三华山佛学渊源

繁昌县境内“山城如斗”,“精气盘郁”,“左据浮邱之胜,右揽狮岭之奇”。三华山周边“层峦叠嶂,崎岖阻隘,竹木翁翳,车不得驾挽,马不得驰骋。”

唐时,繁昌境内佛学渊源,据道光版《繁昌县志》对三华山上九莲洞记载曰:“僧性悟曰:洞有九孔,每昼夜十二时,分燮阴阳之气,虽远公莲漏,不足方此。”[①]远公即东晋名僧慧远(334—416年)的尊称,他与“十八贤”“掘池植白莲”而创建庐山白莲社,以净土为宗,结莲社念佛,求生西方。其后县鸾(476—542年)、道绰(562—645年)等,竭力把净土宗信仰发展为独立的教义体系,并大力向社会普及。至唐初善导(613—681年)时,也就是金乔觉来华之前,净土宗体系已经完成,正式形成了中国的净土宗。

金乔觉卓锡九华期间,曾开凿放生池,栽培莲花,表明金乔觉自认为属于净土宗。

《九华山志》:“旧志相传,化城偃月池,在化城寺前,形如偃月。池中产莲,实甚坚结。初无种,相传金地藏居时始有。放生

①(清)曹德赞等原纂、(清)张星焕增订《(道光)繁昌县志》卷之四,黄山书社2010年版,第119页。

者，蓄鱼其中。”[①]

金乔觉尊净土宗，藉此可溯其渊源。

五、“五华山”之隐静寺

（一）美好人文景观

“五华山，曾名隐静山。”[②]据道光版《繁昌县志》记载：隐静山一名五峰，有碧霄、桂月、鸣磬、紫气、行道五峰，以峰秀、水清、石怪、洞奇而著称。山上有青狮白象、神仙洞、观音岩、金鱼泉、猴子洞、牛龟朝山等自然景观。隐静寺“当五峰之会，巑岏拱合，右瞰西庵，左顾降福殿，钟磬鞺鞳，从松涛竹浪中出……古涧委折，殷雷轰地肺间，胜览无过此者。”[③]

除了丰富的自然山水资源，五华山还拥有丰富的人文资源。李白《隐静寺》诗：“我闻隐静寺，山水多奇踪。岩种朗公橘，门深杯渡松。道人制猛虎，振锡上孤峰。他日南陵下，相期谷口逢。”

唐朝诗人僧释清塞有《入隐静寺途中作》、《宿隐静寺》等诗。其中《入隐静寺途中作》：“乱云迷远寺，入路认青松。鸟道

①《九华山志·卷二·形胜门第二》

②繁昌县地方志编纂委员会编：《繁昌县志》，南京大学出版社1993年版，第52页。

③（清）曹德赞等原纂、（清）张星焕增订《（道光）繁昌县志》卷之一，黄山书社2010年版，第31页。

缘巢影，僧鞋印雪踪。草烟连野烧，溪雾隔霜钟。更遇樵人问，犹言过几峰。”

此外，唐朝以隐静寺为题作诗的还有张祜（约785—约849年），诗作《隐静寺》。张乔，懿宗咸通年间（860—873年）进士，生卒年不详，曾作诗《隐静寺阁》。

如此美好人文景观，足以吸引金乔觉在此驻足。

据此，五华山周边多有金乔觉踏访的传说，马仁寺、五龙寺碑记中亦有勒石记载。

（二）隐静寺杯渡和尚

道光版《繁昌县志》：“隐静寺，在繁昌县南二十里隐静山，相传寺为杯渡禅师所建。”“五华山隐静古寺，江南有名的佛教寺，‘繁昌十景’中的‘隐静禅林’即此。”

隐静寺与杯渡的传说，对于金乔觉落迹五华山至关重要。三韩佛教有“迁乔必出谷，学道务求师”的至理名言。金乔觉入唐之初究竟师事何人，属于何门宗派，这一问题虽没有专门提及，但有专家推测：金乔觉入唐之初，曾在江东、吴越地区寻山问道一段时间。在这一段时间里，很有可能与这一地区的名刹高僧有过某种接触或来往。

杯渡禅师，又称“神僧”，道光版《繁昌县志》以及《明神僧传》、《梁高僧传》等均有文字记载他游历松江、会稽、剡县、金城、吴兴等地的传说。道光版《繁昌县志》言其“至邑南隐静山止。”

唐代诗人僧释清塞诗云：“一宿五松杯渡寺，虚廊中夜磬声分。”其中最值得引起重视的是道光版《繁昌县志》记载的“（隐静）寺前新罗五叶松，犹传杯渡手植。”该树“距寺三里许，双松对峙，势若虬蝮，为杯渡手植。”①

这一史志记载的事实，对于解译金乔觉与杯渡之间的关系，十分重要。新罗五叶松成为二者之间相互联系的纽带，也是传说中金乔觉“先主五华，再主九华”的最好注解。

据《安徽文化史》介绍：“佛教传入九华山于公元五世纪初。据明代嘉靖年间所编的《池州府志》以及清朝的《九华山志》等史料记载，在晋隆安五年（401年），一位天竺僧人杯渡来到九华山创建茅庵，传经布道。天竺僧人杯渡云游四海，八方挂单，是否到过新罗，不得而知。但能够在隐静山手植新罗五叶松，就不能说他与新罗国之间没有关系。所以唐开元年间（713—742年），杯渡所建茅庵正式被朝廷赐额，并有僧檀在那里传经说法，广收信徒。”②

新罗僧人金乔觉在五华山驻足，受到隐静寺和圣僧杯渡的影响，“先主五华，再主九华”，“睹兹山（九子山）于云端，千里而

①（清）曹德赞等原纂、（清）张星焕增订《（道光）繁昌县志》卷之一，黄山书社2010年版，第31页。

②安徽文化史编纂工作委员会编著：《安徽文化史》，南京大学出版社2000年版，第598页。

劲进。”

六、“七华山”之丫山南山寺

民国版《南陵县志》记载：“贞观二年（786年），金地藏建灵岩寺。”寺内曾有“九华初步”金字匾额挂于大佛殿的门楣之上。后来九华山“僧会司”设立于此，专门收留受到惩罚的九华山僧人，并配备僧人管理寺庙及佛事活动。

《九华山志》载费冠卿撰文《九华山创建化城寺记》：“（金乔觉）素愿写四部经，遂下山，至南陵，有俞荡等写献焉。自此归山，迹绝人间。”

金乔觉上山不久，即下山到南陵县，请人抄写四部经，南陵乡贤俞荡帮他抄写好后送给他，金乔觉遂带着这四部经书回到九华山，自此再没有下过山。俞荡也因此被载入《九华山志》：“唐俞荡，南陵人。为金地藏写四部藏经，见费冠卿《化城寺记》。”[①]

民国版《南陵县志》并记载：“（七月）三十日，为地藏诞辰，设斋供佛，灯烛辉煌，士女聚观，通宵不寐。”[②]这也是芜湖地区旧志中唯一有关地藏庙会的记载，表明了南陵与九华山道场的渊源。

从繁昌五华山到青阳九华山，南陵县为一必经之地。民国版

①《九华山志·卷四·高僧门第四（居士附）》。

②余谊密主修、徐乃昌总纂：《（民国）南陵县志》（上册）卷四，黄山书社2007年版，第72页。

《南陵县志》及此前历代旧志中，有多处诗文提到杯渡在南陵的行踪。金乔觉循着杯渡足迹，自南陵县往西。

在金乔觉南陵之行中，还有一个重要人物，那就是南陵历史上有名的孝子何琦。

据《南陵县志》介绍，“琦年十四丧父，哀毁过礼。……事母孜孜，朝夕色养。常患甘鲜不赡，乃为郡主簿，察孝廉，除郎中，以选补宣城泾县令。司徒王导引为参军，不就。及丁母忧，泣血，杖而后起，停柩在殡，为邻火所逼，烟焰已交，家乏僮使，计无从出，乃匍匐抚棺号哭。俄而风止火息，堂屋一间免烧，其精神所感如此。”①

孝子何琦的事迹与《大愿地藏菩萨本愿经》中婆罗门女泣血救母的事迹一脉相承。而介绍金乔觉生平事迹的唐代费冠卿，“未及拜官，闻母病。泣奔抵家而母已葬，遂庐墓侧，哀恸不辍。”由此可见，晋孝子何琦、唐孝子费冠卿都是秉持地藏理念，言行如此一致。

循着金乔觉的步伐，继续西行，就是丫山。

《南陵县志》记载：“丫山，在城西八十里，与青阳接壤。”据此可知，金乔觉从这里上九华继而“卓锡九华”，后人称其为“九华初步”。而南陵丫山（包括灵岩山），即为“从一华到九华”寻寻觅觅中的“七华山”。

①余谊密主修、徐乃昌总纂：《（民国）南陵县志》（上册）卷三十一，黄山书社2007年版，第548页。

七、小九华与大九华

(一) 芜湖小九华是九华山道场门户

地藏殿"八十八级"台阶

相对于青阳大九华而言，芜湖广济寺之所以被称之为“小九华”、广济寺地藏殿被称为“九华行宫”，除了其香火鼎盛，以及到九华山朝山“必先于此进香”的佛教仪轨之外，在“江南处处小九华”的江东、吴越一带，芜湖广济寺有其独到之处。

其一，芜湖广济寺地藏殿殿前楹联：“受汉封四郡承箕子遗风千载怀仁崇上同，慕唐兴三教遣亲王来学百年成佛拜行宫”。殿内楹联："明珠照彻焰魔罗界，金锡振开地狱门墙"。言简意赅，表明了金乔觉行藏事迹、金地藏佛教理念以及中韩（新罗）历史交往的渊源、文化传承的关系，内涵非常丰富。在整个"从一华到九华"朝山礼佛行程中，起到一个提纲挈领的作用。

其二，广济寺地藏殿的建筑风格仿照九华山肉身宝殿格局，依山构势，地藏殿与大雄宝殿之间修建"八十八级"台阶，籍以调整落差。由于台阶又高又陡，香客到此，无不抬头仰望。地藏殿前月台、栏杆，笼罩在缕缕青烟之中，再加上佛音木鱼之声，更有梵天之状。

芜湖广济寺地藏殿供奉的地藏菩萨塑像，与九华山大愿文化园金地藏铜像形制完全一样。地藏殿中央佛台上有四面一式的佛龛，内供四尊金漆一式的地藏菩萨像，各配闵公长老和道明侍者像。凡此种种，说明芜湖广济寺与九华山寺庙一脉相承。

（二）"地藏利生宝印"

芜湖广济寺地藏殿供奉的"地藏利生宝印"，是中国乃至世界佛教至宝。印文中包含三重内容：

一是印主。地藏菩萨本是佛教传说中人物，但由于金乔觉法名即为"地藏"，则表明该印为九华道场之所有，印主为金地藏，即金乔觉。

二是核心。"利生"是地藏理念中的重要组成部分，《大愿地

“地藏利生金印”及印文

藏菩萨本愿经》中有专门记载，其基本理念是：“菩萨以古佛现声闻身，佐释迦佛济度众生。而于释迦已去，弥勒未来，中间久远无佛时，受释迦付嘱，荷担救度之责，为娑婆众生唯一之怙恃。”“地藏菩萨，于无量劫前，久证法身，已成佛道，而不居佛位。以众生度尽方证菩提，地狱未空誓不成佛为愿，其悲愍众生受生死苦之心，莫名深切。”《九华山志》“圣迹门”中有“利生门”，言其要旨为“菩萨悲愍之心无穷，而利生之事无尽”，“其利生功德，无与伦比。”

三是材制。由于其制作材料为赤沙金，重八点八斤（旧制），颁赐于唐至德二年（757）年，民国版《芜湖县志》称之为“世传金印，宝若连城”。由于“地藏利生宝印”供奉在芜湖广济寺，因此沿江一带香客凡朝九华者，必先于此进香，并且在衣帽香袋上盖印祈福、祈慈佑。

九华山化城寺中所藏多枚佛印，均仿制芜湖广济寺供奉的“地藏利生宝印”。

（三）地藏庙会

据1993年版《芜湖市志》介绍：芜湖本地的地藏庙会，始于唐，兴于宋，盛于明清，历久不衰，已有一千多年历史，1983年行政区划调整以来，芜湖小九华的地藏庙会规模、声势和影响逐步扩大，成为芜湖市民间传统习俗，被列为芜湖市非物质文化遗产项目。

1993年版《芜湖县志》比较详细地记载了芜湖市、县及周边信众朝山进香的场景。每年七月三十举行的地藏庙会，朝山进香者在家斋戒沐浴，换上清净衣鞋，挂上书有“朝山进香”的黄布香袋，手执棒香，口念阿弥陀佛，前往芜湖赭山广济寺地藏殿进香朝拜。

芜湖小九华广济寺地藏殿内设四面金地藏神像，僧侣们会在地藏庙会前一晚，组织信众给地藏菩萨“暖寿”（又称“坐塔”）。名义上是围绕供奉金地藏四面神像的神龛坐着守夜，实际上是彻夜不停地环绕神龛走路念佛①。

金乔觉振锡观方，途经芜湖，从一华到九华，与芜湖民众结下深厚的不解之缘，芜湖民众亦对金乔觉弘扬佛法的事业，给予极大支持。伴随着金地藏禅栖九华75载的不平凡生涯，金乔觉的虔诚信仰和高尚品德巨大的感染力，为净化九华山以及周边包括芜湖地区在内的社会环境，做出了卓越贡献。

人们在“一华山”的小九华广济寺盖上“地藏利生宝印”，追寻金乔觉当年矢志弘扬佛法的脚步，“从一华到九华”，领略青山绿水，执着无悔，一路礼佛前行。

---

①芜湖县地方志编纂委员会编：《芜湖县志》，社会科学文献出版社1993年版，第744页。

繁昌窑及其历史文化影响①

繁昌县委宣传部课题组

摘要：繁昌窑是五代——北宋时期，我国南方专烧青白瓷的著名窑场。本文通过对繁昌窑分布状况，装烧工艺，繁昌窑与宣州窑，繁昌窑与中国青白瓷起源，繁昌窑的内外销等梳理，研究探讨繁昌窑的历史文化影响，进一步阐述繁昌窑在中国陶瓷史上的重要历史地位。

关键词：繁昌窑 青白瓷 历史文化影响

一、地理位置与分布

繁昌，位于皖南北部、长江之滨，自古便是南北文化交流的重要通道。县域北临长江，峨溪河为长江二级支流，自西南向东

①本文主要参考文献：

汪发志：《安徽繁昌窑窑址分布状况调查与初步分析》，中国科学技术大学文物与博物馆硕士学位论文，2014年。

杨玉璋等：《安徽繁昌窑遗址发掘与研究》，中国社会科学出版社，2010年版。

何剑明：《繁昌窑与南唐国的社会发展》（“繁昌窑发掘10周年暨首届繁昌窑遗址保护与研究论坛”会议论文），2012年第12期（特刊）。

秦大树：《繁昌窑公元十世纪的繁荣与历史地位》（“繁昌窑发掘10周年暨首届繁昌窑遗址保护与研究论坛”会议论文），2012年第12期（特刊）。

北从县境中心穿过，繁昌县城即座落于峨溪河上游较为宽阔的河谷盆地中。县城西南郊铁门村一带，瓷石资源丰富，丘陵低山植被茂盛，为窑业生产提供了丰富的原料和燃料，加上峨溪河便利的水运交通条件，孕育造就了五代——北宋时期著名的繁昌窑。

繁昌窑主要分布于繁昌县城西、南郊，是以繁阳镇铁门村高潮、柯冲一带为中心，包括峨山镇凤形村姚冲窑、半边街窑和繁阳镇阳冲村骆冲窑在内的大型青白瓷窑址群。繁昌古代曾有“东、南、西、北”窑之说，现今的县城西郊柳墩村、北郊闸口村还保留有“西窑”村民组和“北窑”村民组名称。

繁昌窑遗址远眺

据专家考证，繁昌窑可以确认的窑业遗存分布面积约40万平方米，其中柯冲窑占95%以上。繁昌窑以龙窑形式存在的窑炉30余座，在当时属于规模较大的地方窑场。

二、发掘与研究

繁昌窑发现于1954年。上世纪后半叶，各级文物部门、科研机构曾对窑址做过大量调查和研究工作，但多局限于浅层次调查和小规模发掘。2002年，安徽省文物考古研究所、中国科学技术大学、繁昌县文物管理所联合对柯冲窑开展一次较大规模考古发掘活动，发掘取得丰富成果，研究工作同样成果显著。

2013—2014年，为配合繁昌窑遗址文化公园建设，经国家文物局批准，安徽省文物考古研究所和繁昌县文物局联合，再次对柯冲窑和骆冲窑进行大规模考古发掘，发掘面积达1700平方米。本次发掘发现了结构清晰的窑炉、作坊及附属设施遗迹，出土了数以吨记、类型丰富的窑具及瓷片标本。这为进一步解决繁昌窑烧造时代、窑场布局、工艺成就及窑业性质等问题，提供大量新的考古资料。

柯冲已发掘1、2号龙窑航拍(左下为2号龙窑，右上为1号龙窑)

三、制瓷工艺

（一）胎料的选择与加工

根据古代瓷业生产就地取材的原则，繁昌窑窑工主要采用了窑址附近类似瓷石矿物作为繁昌窑青白瓷瓷胎原料，并为改善原料性能，创造性地添加另一种富铝矿物，开始采用“二元配方”工艺。在铁门村高潮村民组南端，翻车岭东北侧山坡下，发现一处规模较大的瓷石开采塘口，上世纪90年代当地人曾在此开采瓷石，但开采时间不长。该地点位于柯冲窑址中心区域，且塘口规模很大，不是短时间内可以形成，因此，推测此塘口很有可能在北宋时期即已开采。

根据繁昌窑的烧造规模，如果古代窑工曾在此大规模开采瓷石，必然会涉及风化程度较浅的坚硬岩石，而这种坚硬石质原料的开采和破碎需要一定的设备和技术。通常认为，水碓是古代窑工粉碎瓷石的主要工具。水碓自东汉时期发明，唐宋时已被普遍使用。繁昌窑自发现以来，考古工作者一直关注瓷石加工的方式或相关遗迹，根据对繁昌柯冲窑址多年的调查和发掘，未发现使用水碓的遗迹或遗物，其地形也难以满足使用水碓的用水需要。因此，繁昌窑瓷石原料的初加工可能是采用了其他方式，如牲畜加石辊、石碾、石臼等粉碎瓷石的方法，类似遗迹或遗物，尚待进一步发现。

瓷石破碎后，需要经过淘洗、沉淀、陈腐、练泥等环节。2002年在柯冲窑址1、2号龙窑作坊区发现的C1、C2应是一组淘洗、沉淀池的组合，其位置相对于制坯成型区距离窑炉稍远，反映了当时作坊区域胎料加工与瓷器成型区的功能分区。陈腐是反映古代制瓷胎料加工技术水平的一个重要环节，经过陈腐之后的胎泥性能更好，可塑性提高。练泥则是胎料成型之前的必备环节。由于柯冲1、2号龙窑作坊区还没有完全揭露，目前尚难弄清陈腐池和练泥池的位置、结构及其他相关信息。

（二）窑炉

柯冲1号龙窑窑炉全景

繁昌窑青白瓷窑炉都是依山而建的龙窑。龙窑是南方陶瓷业传统的窑炉形式，自商代开始出现，六朝时期蓬勃发展，唐宋时期为龙窑发展的高峰期。唐宋时期的龙窑不仅数量急剧增长，而且窑炉体量增大，窑炉技术完全成熟。入宋之前，龙窑超越北方传统的马蹄窑（或馒头窑），成为中国制瓷业的主力军。因此，就窑炉形制来说，繁昌窑是根植于南方窑业传统发展起来的。

龙窑窑炉一般由操作间、火门、火膛、窑床及窑尾等几部分组成，窑室两侧有侧门和投柴孔，窑尾有烟道。2002年在高潮村民组煤堆山东南侧发掘一处较为完整的五代——北宋时期窑炉遗迹（Ⅲ区Y1）；2014年清理出保存较好的砖砌操作间。窑炉两侧窑墙为砖砌，地面以上起券（已塌落），窑床铺砂。该窑基本呈东西向，龙窑后半段接近尾部地段向南弯折10度，应是控制火势的需要。窑身总斜长56.4米（不含操作间），水平长52.15米，头尾水平高差19.2米，坡度前缓后陡，在10～24度之间。窑体前后宽窄不一，头尾窄，中间宽，最宽处约2.8米，最窄处1.4米。2013—2014年，在该窑的南侧约30米处揭露了另外一座龙窑（Ⅲ区Y2），略呈西北至东南走向，总斜长38.75米，中间最宽处近3米，最窄处在窑头，宽1.9米。Y1和Y2大致建造于同一时期，Y1在Y2废弃之后仍使用了很长时间，两座窑炉都经历了由宽变窄的使用过程。发掘的两座龙窑位于繁昌窑窑业遗存分布最为密集的区域，其窑炉形制与规格具有一定的代表性。

（三）窑具

漏斗形匣钵

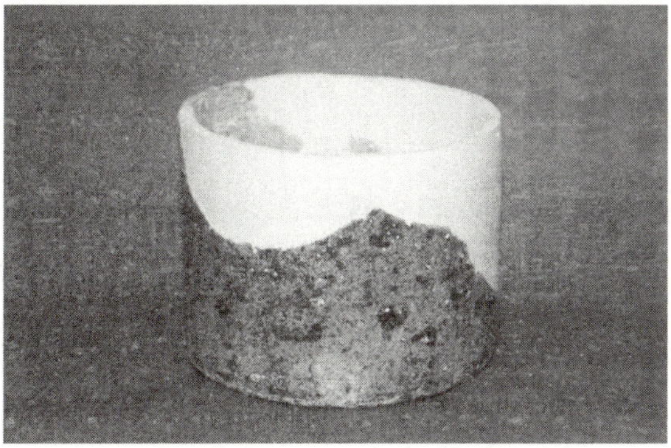

漏斗形匣钵

1.匣钵

匣钵是装烧瓷器的主要窑具之一，匣钵出现之前，瓷器都是明火烧造，质量难以保证。匣钵自南朝时期开始出现，真正普及是在唐宋。早期匣钵形制简单，一般为平底、筒形，随着技术的进步，隋唐时期出现大量随形匣钵，包括漏斗形形匣、碗形匣、钵形匣、盒式匣和方形匣等，越窑在唐宋时期还大量使用“M”形匣钵。其中，漏斗形匣钵是流行时间最长、分布范围最广的随形匣钵。繁昌窑匣钵主要为漏斗形，其次为筒形匣，少量碗形匣和钵形匣。漏斗形匣钵一般为直壁、斜腹、平底，壁厚而且突出，便于叠压，外面常见一层釉层，腹下部一侧置一圆孔，是多层匣钵内部温度、空气流动的需要。筒状匣钵有平底和假圈足底两种，一般底部设孔，假圈足底桶状匣钵一般底部微下凹或略呈圆形，圆底者体量较大，圈足较高，专用于装烧大型钵类器物。

2.支钉、垫圈和垫饼

支钉、垫圈和垫饼是烧制瓷器时常用的垫隔工具，伴随着施釉技术的出现而出现，其作用是防止瓷器釉层与匣钵或瓷器相互之间粘接。繁昌窑支钉多为不规则泥点状，极少见有瓷器内底粘有规则的泥点支钉标本；垫圈呈环形，用泥条围卷而成；垫饼为圆饼形。根据多次发掘所显示的地层关系来看，繁昌窑上述三种垫隔窑具有先后发展、逐步替代的过程，支钉和垫圈主要存在于前期，中后期垫饼数量占绝对多数，使用时间远远超过前两者。

3.支座

支座是古代制瓷常用的支烧工具，因窑床底部温度不高，瓷器难以烧成，所以使用这种支座将器物支高，以便提高烧成率。因时代和地域不同，形制有一定区别。繁昌窑发现的支座数量不多，其形制大致呈圆柱状，两端略大，顶端平面，下部中空，底端略呈喇叭形，规格一般为：顶面直径约10厘米，底径约12厘米，高约15厘米。这种支座流行于唐、五代时期的南方窑场，骆冲窑2014年发掘出土一些，早年调查柯冲窑时曾在窑址采集到几件，表明繁昌窑早期在一定程度上继承了五代装烧技术。不过这种支座在繁昌窑使用时间不长，数量也很少，从窑床保留遗迹遗物来看，繁昌窑主要还是采用空匣钵垫于整摞匣钵底部的方法。

4.支撑具

繁昌窑常见一种高约10厘米、上小下大、剖面呈梯形、表面有明显手握痕迹的支撑具。根据发掘情况，这种支撑具应用于横置支撑于两排匣钵柱之间，起到稳定整摞匣钵柱并保持火路畅通的作用。这种支撑工具尽管只是辅助作用，但是匣钵装烧时代必需而且极为常见的窑具之一。繁昌窑支撑具的功能和多与北方的“Y”形楔子作用相同，不仅在繁昌窑窑址上经常见到，而且在南方很多窑场普遍使用。

（四）装烧

繁昌窑青白瓷的装烧主要采用一钵一器仰烧法。整摞匣钵（主要是漏斗形匣钵）逐层叠压，一般为十几层，最上层用匣钵盖封闭，器物与匣钵之间采用垫饼或垫圈间隔，避免粘接。部分筒状匣钵腹部深直，只能少量叠压或单独放置。2014年骆冲窑发掘显示，该窑采用大量的支钉和垫圈作为间隔具，垫饼只占少数，支钉均为不规则泥点状，多支于器物圈足外面，一般有3至4个，发现一些标本内底粘留有泥点支钉，说明骆冲存在支钉叠烧工艺。骆冲窑发掘出土了若干束腰喇叭形支座，其中一件支座顶面粘有青白瓷胎的痕迹，为证明繁昌窑早期使用明火烧造工艺提供了重要依据。用支座明火支烧瓷器是唐代较为流行的做法，支座的发现及大量支钉的使用说明繁昌窑始烧时代可能上溯至五代时期。

匣钵装烧粘结标本(逐层叠摞,共15层)

四、产品特征

繁昌窑产品种类丰富，门类齐全，主要包括碗、盏、碟、盘、执壶、温壶、粉盒、炉、钵、盂、罐、瓶、水注、瓷俑及动物玩具等，基本上可以满足日常生活多方面的需要。繁昌窑产品造型朴素、端庄雅致，以实用器为主，亦见玩具及陈设类产品。繁昌窑创烧时期及早期品质较优，随着产量增加，质量逐渐下降。优质的繁昌窑产品胎质坚脆，胎色近白且略泛青，部分产品胎质因火候原因显得偏黄且略显疏松，有些产品为浅灰色胎。总之早期细腻，晚期粗糙且数量增加。繁昌窑产品釉色变化较大，纯正的青白釉多出现在早期，其釉色有青中泛白、白中闪青的效果，与景德镇早期白瓷非常接近。但大部分繁昌窑产品特别是柯冲窑产品釉色往往泛黄、泛绿或泛灰，釉色的变化主要与烧成气氛有关，还与成份的变化有关。优质瓷器的釉色釉面光亮，玻化程度高，胎釉结合紧密，后期开片现象增多，积釉处泛翠绿色。繁昌窑产品以素面居多，部分碗、碟类产品流行花口或葵口的装饰，有些器物外壁或内底采用莲瓣纹、菊形纹或漩涡纹装饰，尤其流行莲瓣纹，是这一时期佛教文化在民间盛行的反映。

花口盘

五、繁昌窑公元10至11世纪的对外贸易

繁昌窑莲瓣纹粉盒(印坦号沉船出土)

根据公元10世纪中叶到11世纪前半叶南方早期白瓷和青白瓷的发现情况，以及对长江中下游地区大量五代——北宋早期墓葬出土白瓷、青白瓷的统计和分析，繁昌窑产品的销售区域非常广泛，除供应本地市场外，还大量销售于长江中下游及运河沿线。尤其是在扬州、镇江、连云港、灌云、宝应、海宁、九江、鄂州、长沙等地都发现繁昌窑早期产品，说明繁昌窑早期青白瓷作为高档商品是以沿江州府城市为主要销售对象。另外，多数学者认为，繁昌窑产品可能作为政治联盟、贸易交换的产品而被输往辽地。除了满足内地市场之外，繁昌窑瓷器还与定窑、越窑等名窑瓷器参与海外市场。

印坦沉船是1997年发现的位于雅加达以北150公里印坦油田附近的一条沉船，根据出水的带纪年的银挺上的刻款和其他资料，发掘报告认为，这条船的时代应是918年至960年，并有可能晚到960年之后数年。美国普林斯顿大学杜希德教授和英国剑桥大学思鉴教授通过对沉船出水银锭产地的研究和对陶瓷的观察，认为其时代应为930年到970年之间（即南汉王朝覆灭之前），并认为部分出水白瓷为繁昌窑产品。

井里汶沉船遗址的发掘是在爪哇北岸井里汶外海100海里54米水下进行的，从2003年开始，到2005年10月结束。沉船时代被定在五代——北宋初期（以一件刻有“戊辰”年号的瓷器为主要依据，“戊辰”为公元968年），出水遗物的总数达到49万余件，其中最重要的是来自中国的文物，包括30余万件各类瓷器。该船中很多小件白瓷器物为安徽繁昌窑产品。

六、繁昌窑价值及历史地位

（一）繁昌窑创烧于五代时期，是我国南方地区最早烧造青白瓷的古代窑场之一

从装烧技术看，繁昌窑主要采用的是匣钵与垫饼的组合方式，但早期曾使用流行于唐、五代时期的支钉叠烧工艺。装烧窑具中束腰喇叭形支座、钵形匣钵等常见于晚唐五代时期南方青瓷

窑场，说明繁昌窑装烧技术可上溯至五代或之前。

再从产品造型分析，繁昌窑初创时期的代表性产品是腹部压印的五缺花口侈口碗、内平底较大的叠唇（或称唇口）平底碗、近碗形叠唇（或称唇口）盏、五曲花口圈足碟、五缺花口盘、莲瓣纹刻花粉盒等。这些产品普遍具有花口或唇口风格，五代特征明显。繁昌窑第一期产品常见于本地及周边地区五代——北宋初期墓葬，上世纪50年代发掘的南唐二陵就出土了典型繁昌窑青白瓷叠唇盏，说明繁昌窑创烧时间应在五代时期。

繁昌窑早期产品做工精制，釉色近白，部分产品的白度达到70%，有学者称其为南方白瓷，说明繁昌窑创烧时期是在烧制白瓷。繁昌窑青白瓷产品应是受到北方白瓷的影响，是“白瓷南传”的产物。目前的考古资料尚没有在长江以南有早于繁昌窑烧制青白瓷的发现或报道。因此，繁昌窑是南方地区最早烧造青白瓷的窑场之一。

（二）繁昌窑五代时期已经使用“二元配方”制瓷工艺，为中国古代制瓷技术发展做出了重要贡献

“二元配方”制瓷工艺是相对于“一元配方”而言的。根据蒋圻《陶记》和宋应星《天工开物·陶埏篇》关于宋元时期景德镇制瓷原料配方的记载，对景德镇不同时期瓷器胎料配方进行系统测试和分析研究，发现景德镇瓷器胎的成份从元代开始AL_2O_3所占

比例普遍增加，大大超过了景德镇地区制瓷原料——瓷石本身AL_2O_3含量。而两宋及以前瓷胎AL_2O_3所占比例一般不到20%，与瓷石本身所含AL_2O_3含量相差不大，据此认为景德镇在宋代以前是使用当地常见的一种瓷石原料单独成瓷的。随着景德镇优质原料的减少和瓷器不断发展的工艺要求，景德镇从元代开始使用“瓷石”加“高岭土”的“二元配方”工艺，逐步提高了景德镇瓷器烧成温度并降低了瓷器的变形率，瓷器质量大大提高。上述关于景德镇制瓷工艺从“一元配方”到“二元配方”的观点被学术界普遍接受。

上世纪80年代，安徽省博物馆胡悦谦研究员就提出繁昌窑可能已经采用开始“二元配方”工艺，并挑选制瓷原料和瓷器标本请上海硅酸盐研究所做了成份测试。2001年，中国科学技术大学冯敏等在对繁昌窑瓷胎进行测试分析后，也提出了同样的观点。2002年发掘期间，杨玉璋在作坊区采集到加工过的瓷胎原料样品，根据对柯家冲窑青白瓷胎体与制瓷原料的主量元素组成分析，发现其胎体中Al_2O_3的含量比制胎原料要高8%以上，而实验证明，利用粉碎、淘洗、过滤等传统工艺方法对陶瓷原料进行加工处理只能将原料中Al_2O_3的含量提高3%左右，因此，繁昌窑的古代窑工很有可能在其制胎原料中加入了某种富铝的粘土类原料，从而提高了瓷胎中的Al_2O_3含量，即使用了“二元配方”的胎料配方工艺。

根据目前的研究，繁昌窑是最早使用“二元配方”工艺技术的窑场，其使用这一技术的时间领先景德镇地区300多年。

（三）繁昌窑五代时期曾为南唐国烧制贡瓷，很有可能就是文献记载的“宣州窑”

五代时期，十国林立，各国互相侵伐，贸易受到极大影响。南唐位处江淮，历史上制瓷窑场很少，景德镇相对南唐统治中心地处偏远，且在五代时期制瓷业并不发达。随着南唐政权以江苏为中心向西部不断发展，皖南地区较早得到开发，进而将繁昌县复置并直接纳入江宁府管辖。瓷器自东汉时期成熟，已发展近千年，上至宫廷贵族、下至平民百姓对瓷器都有极大的需求。加上外贸利益驱使，南唐急需发展制瓷业。正是上述背景导致了繁昌窑的创烧，种种迹象表明，繁昌窑早期阶段官营背景突出。南唐二陵中繁昌窑瓷器的发现，表明繁昌窑曾为南唐国烧制过贡瓷，甚至有学者认为繁昌窑就是当时的南唐官窑。

关于宣州窑，明代的《宁国府志》、清代蓝浦的《景德镇陶录》和陆知凤的《小知录·器用》中都有记载，民国学者黄裔在《瓷史》中的记述最为详细。《瓷史》记载为，“五代数十年间，其瓷窑可考者有五，曰：郑州窑、耀州窑、宣州窑、南平窑和越州窑。”作者没有在唐代和宋代提到宣州窑，而独在五代提及，并将其列入五代名窑之一，可见宣州窑在五代时期有着不小的烧造规模。宣州窑可能在五代时期创烧，或许在唐代已有，但名气不大而不为世人所关注。

关于宣州窑烧造情况及产品特征，《瓷史》又有进一步的记载："宣州窑当烧于南唐有国时，盖宣州五代中为南唐所有，入宋（按：宋应为南宋）改为宁国府，元明因之，遂无复宣州之号，是宣州瓷器为南唐所烧造，以为供奉之物者，南唐后主尤好珍玩，则其供奉之瓷品必极精良，明王世贞诗云：'泻向宣州雪白瓷'，谓之雪白，知非柴窑之黄土粗足所能比拟也……"根据黄裔的说法，宣州窑不但是五代时期规模较大的窑场，而且主要烧制白瓷，其精良的白瓷产品是用来供奉南唐的。据调查，古宣州范围内五代——北宋时期生产白瓷或青白瓷的窑场有泾县窑头岭窑（晏公窑）、窑峰窑和繁昌窑。泾县和繁昌都属于古宣州地域范围，两者在五代时期制瓷业的关系对于研究南方白瓷、青白瓷起源和文献记载的"宣州窑"问题具有重要意义。

尤为重要的是，繁昌窑早期产品不仅在南唐二陵、南唐宫殿遗址有所发现，还在沿江地区广泛发现，说明其有较大的规模和广泛的影响力，并一度成为北宋早期南方地区青白瓷生产中心。因此，相对于泾县白瓷或青白瓷窑场，繁昌窑更有可能就是文献记载的"宣州窑"。

七、繁昌窑历史文化影响

技术是物质文化的一部分。瓷器生产不仅是一种经济行为，同时也是一种文化行为，这种文化行为的产生有其自然和社会环境，同时也有其文化渊源。文化随着技术传承，也随着技术传播。繁昌窑从诞生到停烧，前后延续超过一个半世纪的时间，不仅改善了当地人民群众的生活，促进对外贸易，而且通过技术交流带来文化传播，其在技术、经济、历史及文化等多方面均产生了广泛而深远的影响。

（一）繁昌窑率先使用“二元配方”工艺技术，并通过技术交流被景德镇等周边窑场所引进

“二元配方”工艺技术是特指南方制瓷工艺发展过程中所使用的“瓷石”加“高龄土”配方工艺，这一工艺通过提高瓷胎中AL_2O_3的含量，达到增加瓷器烧成温度、降低瓷器变形率的目的，从而将南方瓷器的产品质量大大提高。

学术界曾有人认为“二元配方”技术由景德镇窑工发明，在元代普遍使用。但是，繁昌窑在五代时期率先使用“二元配方”制瓷工艺，比景德镇要早300多年。“二元配方”工艺技术不仅在陶瓷发展史上具有重要意义，也奠定了繁昌窑在初创时期即能烧制出高品质的青白瓷，从而能够成为公元10世纪中叶南方青白瓷的生产中心。

繁昌窑“二元配方”制瓷工艺技术随着繁昌窑产品的对外销售，影响力的不断扩大，以及和周边窑场的技术交流，而被其他

窑场所引进。关于景德镇瓷器使用“二元配方”技术的时间，已经有学者认为，其可能在北宋中后期开始使用，这与繁昌窑青白瓷技术在南方的传播时间相吻合。因此，我们完全有充足理由认为，景德镇“二元配方”技术是受繁昌窑的启发开始使用，这一技术为奠定景德镇成为中国瓷都发挥了重要作用。

（二）不同于很多窑场自然发展的一般规律，繁昌窑的创烧官营性质较为突出，一开始就表现出较强的商品竞争意识，为北宋时期全国商品经济的发达增添了助力

陶瓷生产作为历史久远的一种手工业类型，其产生和发展有其自身的一般规律。纵观唐宋各大窑场制瓷业产生和发展的一般情况，大型窑场瓷业生产的组织管理无非有两种形式：一种为政府主导，一种为民间所有。由于制造瓷器与采矿、制盐、纺织、酿酒等行业有所不同，瓷器在相当长的时间内并非是人们生活所必需，因此，政府主导创设窑场、组织瓷器生产的现象在历史上并不常见，而民间窑场主根据市场需要进行商品生产则是古代瓷器行业发展的主要形式。随着瓷器作为一种商品的不断普及，特别是社会上层的需求量增加，加上瓷器外销带来可观的利润，政府开始介入瓷器的生产和管理，如“官搭民烧”、“设官监窑”、“贡窑”、“御窑”等，都是上述形势发展的产物。

繁昌窑作为五代——北宋时期南方一处规模较大的区域性窑

场，其产生和发展不同于越窑、邢定窑、景德镇及皖南周边其他窑场。繁昌在五代之前并没有深厚的制瓷业背景，繁昌窑的创烧和兴起相对较为突然，这与五代时期特殊的政治、经济、文化乃至行业背景有关。政治上，繁昌隶属南唐，其在南唐的地位高于历史上的任何时期，南唐境内除江西外无优质瓷土和像样的窑场，这为繁昌窑的产生提供了历史机遇，上层社会对白瓷的需求和外销的巨大利润，促使南唐在繁昌创办了白瓷窑场；经济上，南唐政权建立后，加大了对皖南和江西地区的开发力度，这为繁昌各行各业的发展都提供了难得的契机；文化上，南唐文化的繁荣，北方士族的南迁，给白瓷创造了极大的市场空间；行业上，北方白瓷技术的南传，为南方白瓷的产生提供了技术上的可能。因此，繁昌窑的创烧和发展是一系列因素共同促成，相对而言，南唐政府的介入似乎是主导因素。在繁昌窑的对外贸易中，外销的商品竞争意识较强，这种现象说明当时的统治者已经开始改变五代以前“重农抑商”的传统思想，为北宋时期全国商品经济的发达打下重要基础，甚至为南方元明时期资本主义萌芽埋下了伏笔。

（三）繁昌窑早期不仅具有贡窑性质，而且存在“设官监窑”的制度，为北宋后期真正官窑的出现打下基础

根据目前的调查和发掘情况，繁昌窑在五代时期就有相当大的烧造规模，其产品制作规整、造型精致、胎质细腻、釉色近白，无论从烧造规模还是产品质量来看，繁昌窑都是古宣州范围内最有可能专为南唐烧制贡瓷的窑场。根据繁昌窑五代时期的产品和工艺特征，五代时期的繁昌窑窑炉相对较小，主要采用匣钵装烧，匣钵相对规整，普遍涂釉，支钉和垫圈的使用大于垫饼数量。这一时期繁昌窑对产品质量的追求精益求精，极力烧制白釉产品，并追求满釉，因此，繁昌窑早期官营性质明显，其主要是为了满足上层社会、贸易交流及参与外销的需要，这与繁昌窑第一期产品很少在周边普通墓葬发现的现象相吻合。

2014年，在骆冲窑遗址发现了一处房屋基址，房屋基础修筑规整，发现了数块印有精美花纹的雕花砖。根据宋代舆服制度，该房屋应为官署或庙宇建筑。建筑紧邻窑址，时代相同，说明这里存在“设官监窑”的现象。

北宋中期之前，中国尚未出现真正意义上的官窑（即御窑），繁昌窑等一批早期贡窑的存在，为后世严格意义上的官窑出现打下基础。

（四）繁昌窑产品对外输出带来南方青白瓷的迅速传播，为青白瓷文化的普及做出重要贡献

繁昌窑青白瓷的创烧和发展，打破了“南青北白”的瓷业格局，形成青瓷、白瓷和青白瓷“三足鼎立”的局面。青白瓷因模仿白瓷而创烧，但由于原料和技术的原因不同于北方标准白釉瓷的釉色，而显示独特的“白中泛青”的颜色，散发出“类玉似冰”的独特魅力。

因其与中国传统文化中传承久远的玉文化谐合，而焕发出极大的生命力，在这一文化魅力推动下，北宋中期以后，随着青白瓷在南方的普及，南方地区烧制青白瓷的窑场迅速增多，皖南、江西、湖北等地原先烧制青瓷的窑场相继增烧白瓷或青白瓷，青白瓷市场高度繁荣，青白瓷文化深入民间。

（五）繁昌窑所在地“金峨乡”因瓷业生产和贸易成为经济重镇，对明代繁昌县城迁址于此及县城后来的发展打下重要基础

五代南唐升元元年（937年），割南陵五乡复置繁昌县，故治于延载乡旧县镇（今新港镇）。此后从南唐至明天顺元年（1457年），繁昌县500多年均设治于延载乡旧县镇。由于延载乡地处长江水道，京都来往官船如梭，接应不暇，费用太大，加之城临长江难有城池之固，县民深受盗匪蹂躏抢劫之苦。

明英宗天顺元年（1457年），知县王珣为了减轻民众的负担，上奏朝廷，以繁昌“居南畿上游，往来供递矩剧，邑小莫支”为由，呈请改迁县治金峨乡。当时县治之所以选址在金峨乡，是因为该地因繁昌窑的存在已初具规模，经济繁盛，人口稠密，迁治只需稍加扩建即可完成。

据调查，繁昌窑青白瓷窑场有柯冲、姚冲、半边街、骆冲4处，前3处属于一个整体，位于县城南郊，骆冲窑属县城西郊。柯冲一带3处窑场有相对独立的窑包堆积20处，每一处窑包堆积多分布有1至2座窑炉，多的可达3座。因此，以笠帽顶、翻车岭为中心，这一带至少分布有近30座宋代龙窑，这么多龙窑同时生产其烧造规模可想而知。繁昌窑龙窑长度一般50米左右，以一窑可装烧3至5万件产品计算，30座龙窑可同时生产100多万件产品，如果每年装烧20窑，其总产量达3000万件之巨。由此带来的运输和贸易规模之大可以想见。

在自给自足、一直以小农经济为主的中国古代农村，从农业中分离出来的制瓷业作为专门的手工行业，因其牵涉环节众多，必然与市场发生着千丝万缕的联系。有学者对宋代手工业分类研究认为，宋代手工业可分为城市手工业、镇市手工业、乡村手工业三种类型，景德镇、吉州窑等著名的宋代制瓷中心都因市成镇。在繁昌县城发展历史上，因其濒临峨溪河，并分布有一定区域的低矮山岗，可谓依山傍水，自然条件优越，先秦时期即是重要的聚落中心。但在整个繁昌地域，沿江一带一直是行政中心所在地，如汉代春谷城、六朝南陵郡县、五代至明代繁昌县城均位于沿江荻港、芦南、新港一带。

宋代繁昌窑形成的产业规模、大量人口聚集和商品流通为金峨乡（即今繁阳镇）成为中心城镇奠定了重要基础。根据调查，繁昌窑大规模的瓷业生产，不仅体现在窑炉和作坊的分布，而且在繁昌县城周边，今繁昌县第二中学、国税局至三中、西郊老坝冲、柳墩村、铁门麻元、敬老院、上马等地，经常有宋代制瓷窑具——匣钵出土，分布范围达20至30平方公里。

经过试掘，上述这些地方的匣钵多为宋代墓葬出土，使用了匣钵辅助砌筑墓室或附属设施。专家考证，这些多为窑工墓。也有为周边居民因节约墓葬材料，就近取用。不论这些墓葬性质如何，足以反映繁昌窑场的存在和发展已极大地影响到了周边群众的生活。

由于窑场的兴盛，带来当时繁昌县金峨乡经济贸易的繁荣，形成初具规模的经济重镇，为明代繁昌县的迁治打下了坚实的基础。自明代迁址之后，繁昌县城就以此为基点，沿着峨溪河及两岸不断扩张发展，形成了今天的繁阳镇。

“石圣”米芾与无为米公祠

无为县委宣传部课题组

摘要：米芾不仅诗书画造诣深厚，在赏石艺术方面也成就斐然，被尊为“石圣”。米芾任无为知军期间，勤政爱民，受到爱戴，他保存的许多碑刻及观赏名石“石丈”等，被后人珍藏在无为米公祠内。通过对这些遗存的发掘研究，能为进一步鉴赏其历史文化价值，提供一定参考。

关键词：米芾　米公祠　碑刻　石丈　赏石艺术

一、米芾在无为

（一）米芾生平简介

米芾（1051—1108 年），初名黻，字元章，北宋著名书画家、收藏家、赏石家。书法成就与苏轼、黄庭坚、蔡襄齐名，史称“宋四大家”；绘画上，开创了“米点皴”的绘画手法，史称“米氏山水”。米芾积聚了上千轴晋唐古帖、古画和其它器物，论质论量，都是那个时代的佼佼者；赏石方面，他提出的瘦、皱、漏、透四字诀，成为中国流传至今赏石标准，被尊为“石圣”。因其举止癫狂，人称“米颠”。米芾能诗文，著有《书史》、《画史》、《砚史》、《海岳名言》、《宝章待访录》等。

米芾祖籍太原，自幼随母亲去京城汴梁。因母亲受到恩荫，于18岁步入官场，开始了他一生19处近职远官之旅。中年后定居润州（今江苏镇江）。

公元1104年，米芾任无为知军。他行走在无为山山水水之间，留下许多勤政爱民、书画收藏的轶事。特别是他虔诚拜石，更是成为流传千年佳话。公元1106年年底，米芾离开他视为第二故乡的无为。

（二）米芾任无为知军

米芾来无为任知军。军是宋代三级地方行政区划之一，相当于现在的地级市。无为军当时属于淮南西路，下领巢、庐江和无为三县。

米芾初来无为情况如何？他在一则书简中说：“濡须僻陋，月十日无一递，无一过客，坐井底尔。”①

但是，不甘寂寞的米芾还是想做一些实事。上任之初，依照宋廷规定，米芾发布了一系列榜书、告示，目的是教化民众，也让军内的百姓都知晓他的施政思想。

①沈怀玉:《米芾与无为》,安徽美术出版社2010年版,第113页。

无为虽为鱼米之乡，是宋朝重要的农作物生产区之一，可旱涝灾害频繁，农事收获得不到保障，所以米芾在无为头等大事是抓好农事。春耕时节，米芾率本军官员举行亲耕仪式，去往官田犁田。及至春夏之交，他还会去郡圃察看播种。“麦熟梅子黄”[①]时，米芾更督促午收夏种。秋收时节，则登楼观察庄稼长势和收成。遇到不懂的农事现象，米芾不耻下问进行调查研究。

米芾对军事建设也很重视。由于积雨，军内射堵被冲塌，主管人员请求修缮。米芾亲自察看，见到射堵临水，堵倒塌之后，后面群山显露出来，他拍板重修射堵，取名“仰高堂”[②]。他还组织乡兵训练，训练基地有战壕，有兵寨，颇具规模。

米芾对军内治安毫不放松。无为军设有鼓楼，专为报时用。一天夜里，米芾没有听到更鼓声，第二天一大早他就跑上鼓楼，查问缘由。鼓吏以为米芾一定会追究责任，连忙解释，夜里有一条巨蛇缠绕在更鼓上，吏卒胆小不敢靠近。米芾弄清楚事情真相后，没有深究，但还是提出严厉批评。

1105年元宵节，米芾在无为军筹办了一场规模较大的灯会，与民同乐。他亲自指派官吏负责督办这项活动，邀请民间工匠制作花灯，并专门拨出钱、粮予以支持。为了增加灯彩品种，他还与艺人们一道，研究发明出“虎头灯”。在灯前做一大牌子，上面

①（宋）王之道著，沈怀玉、凌波点校：《〈相山集〉点校》，北京图书馆出版社2006年版，第5页。

②（清）顾浩修、（清）吴元庆编纂，刘尧明点校：《（嘉庆）无为州志》，黄山书社2011年版，第96页。

绘有兽形图案，“虎面麟足，雄势狞狰”，后面架上金鼓，称作“虎头牌”[①]。放灯时，“虎头牌”在前，“虎头灯”殿后，成为“龙”的形状，击鼓放炮竹，尽情欢乐。

无为生产白酒、茶，以及造纸，米芾不定期地前往察看，为生产户提供官府支持，及时解决他们的困难。他念念不忘宣传无为本土产品，赞无为纸“亦有细白者，未碓亦入用。”[②]并第一次将无为纸和福州纸、河北桑皮纸、六合纸、饶州纸等相提并列论，这便是著名的“十纸说”。

二、无为米公祠

米公祠位于无为县老城区，是米芾当年任无为知军时住所。由于他为官清廉，勤政爱民，时人感其德政，在他离任去世后，将米芾当年的住所加以整理修缮以示纪念，被称“米公祠”。

米芾住所原为无为军圃的一部分，位于无为县城铁山之西南翼，西近孔家山，南与紫芝山相望，东接军治后侧，濒临铁山池、嘉莲池。住所内池（后被米芾命名为“墨池”）与前二池呈圆弧形散落于铁山南、西、北三面，池也依次由小渐大，各有特色。

米芾住进居所后，又对房前屋后进行了美化。门前整修墨

---

①（清）顾浩修、（清）吴元庆编纂，刘尧明点校：《（嘉庆）无为州志》，黄山书社2011年版，第615页。

② 沈怀玉：《米芾与无为》，安徽美术出版社2010年版，第132页。

池，屋后栽竹，左前安置“石丈”，右有小亭。远处古木参天，近处亭宇掩映，其间还不乏小块苑圃，用来植花种菜。他在这样的环境中，昼进为官，夜退翰墨，又将居所命名为“宝晋斋”，书匾牌悬挂在门楣上，自作《居宅图》以记之。

米芾离开无为后近20年的时候，发生了“靖康之变”重大历史事件，徽、钦二帝被俘，北宋结束。1127年，赵构在南京（今河南商丘）称帝并更年号叫“建炎”，1129年，赵构迁都杭州，南宋开始。建炎年间（1127—1130年），金兵南下江浙，“长淮千里，莽为盗区”[①]，无为未能幸免。至元代时，无为城历经兵火，次次城毁，米公祠也在战乱中迭遭损毁，几近瓦砾。

但无为人忘不了米芾。据清代《无为州志》记载，南宋年间，先后有两任主政官员，名葛祐之、曹之格，相继对米公祠做了抢救性工作：或在原址重建屋宇，或对残存的石刻进行搜集整理，加以保护。

元朝年间，米公祠仍未能避免时毁时建、时废时兴的多舛命运。

直至明朝中期，米公祠有了一个相对较长时间的存在且有所发展。1529年，朱麟任无为知州，于残垣颓墟下寻得已断裂破损“墨池”碑，将其修复，树立于公廨之后。继任雷梦麟受到影响，

①（宋）尤袤：《故太师王公神道碑》，载《四库全书·相山集·卷三十》，上海古籍出版社1987年缩印本。

将该碑移置墨池边，同时复建宝晋斋[①]。1573年至1575年，知州赵范修墨池、池亭，并作《重修墨池记》。明《一统志》记载："宝晋斋，在庐州府无为州治。宋守米芾建。有晋人法书碑刻幽壁间，因名。"

清朝以后，尤其是"康乾盛世"，米公祠得到了较好的修葺改善。乾隆《无为州志》收录了大量米芾在无为军任上有关资料和米公祠的介绍，附有绘图。清人在宝晋斋房之北，建屋数间，命名"米公祠"，以祭祀米芾。

值得注意的是，从南宋到清朝中前期数百年间，米公祠的称谓多有变化，时而"米公祠"，包含宝晋斋；时而"宝晋斋"，也就是指米公祠。嘉庆《无为州志》载："宝晋斋：今为米公祠，在州治内。"

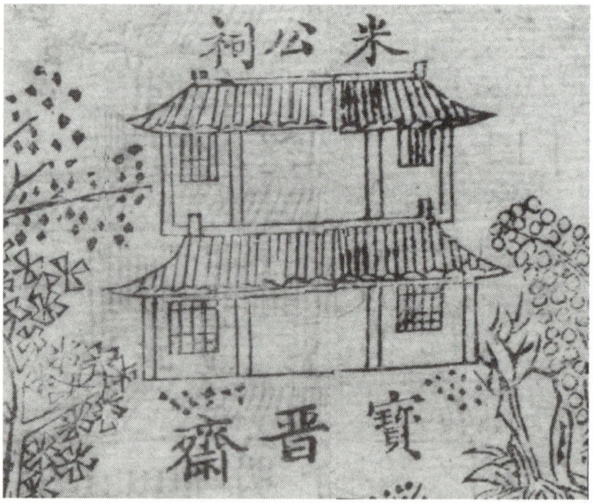

清代中期米公祠和宝晋斋

①（清）顾浩修、吴元庆编纂，刘尧明点校：《（嘉庆）无为州志》，黄山书社2011年版，第499页。

米公祠与宝晋斋分分合合，留下了各自时代的印记。

清朝中期开始，米公祠与宝晋斋相对独立。

1796年，无为州守顾浩对米公祠作了维修，重新题额。接着，米公祠又渐渐颓废。咸丰后，米公祠内主要建筑再度毁于兵火。直至1877年，知州王峻复建米公祠三楹，门居中，于墨池之左盖耳房三间，环池循势垒假山，并搜集米芾遗刻《墨池》、《画菜》二碑以及其它石刻置放于祠内。自此，米公祠基本定型为一座园林，人们甚至将附近街道也命名为“米公祠街”。

清代嘉庆《无为州志》载米公祠全图

民国年间，米公祠被辟为公园，取名“墨池公园”，与城内另一座古园林建筑“绣溪公园”相向而立。时隔不久，米公祠被辟作公立图书馆。20世纪三四十年代，米公祠遭受日寇炮火摧残。1940年至1945年，日军占领无为，米公祠惨遭洗劫，碑帖藏书散失殆尽。

新中国成立后，人民政府并没有将米公祠修复置之度外，而是摆在重要议事日程。1951年，对米公祠收藏的碑刻进行整理嵌修，米公祠得到初步修葺。从1964年起，宝晋斋旧平房开始拆除，并陆续修建了藏书楼、劝学楼等建筑。1981年，无为米公祠被批准为安徽省重点文物保护单位。本世纪初，米公祠修复工程全面启动，政府主导并动员社会广泛参与，复建了宝晋斋、米公祠（房）、聚山阁等建筑，翻修了墨池，园内景物，焕然一新。

三、米公祠内与米芾相关历史遗迹

（一）无为宝晋斋

米芾崇尚晋人书法，宝晋斋是米芾得到晋王羲之《王略帖》、谢安《八月五日帖》、王献之《十二日帖》等墨迹后自题的书斋名。清乾隆《无为州志》说米芾宝晋斋“内藏王羲之十三帖”，可见其藏品质量。

1104年，米芾将收藏的部分晋唐法帖摹刻上石，离任后，只带走了原本就属于他精心珍藏的晋唐书法，而将碑刻悉数留了下来。可以查证的至少有王羲之《王略帖》、谢安《八月五日帖》、王献之《十二月帖》，时称《宝晋斋帖》。此外还有《墨池》碑、《御制文宣王赞》碑、《宝藏》碑等具有一定文物价值的碑刻。

北宋亡后，金兵不断南下袭扰，社会动荡极其频繁剧烈。建炎年间（1127—1130年），战火蔓延至无为军，宝晋斋屡遭浩劫，米芾碑刻悉数遭致毁损。

南宋绍兴年间，镇江人葛祐之以左朝散郎权发遣无为军守，主管学事兼管内劝营田事。他对宝晋斋被毁，石刻残损，感到痛心疾首。于是重新修建宝晋斋，并极力搜集米芾遗物。费尽心机，终于觅得战火毁前的三帖（《王略帖》、《八月五日帖》、《十二月帖》）拓本，遂重新摹刻上石，并作跋记之。史称之为《火前三帖》[①]，时在公元1144年前后。

再经150年后，南宋咸淳年间，庐山人曹之格任无为通判，发现《火前三帖》只剩下"谢太保、王右军两帖"[②]残石，"余皆毁损散失不可寻"[③]，宝晋斋已不再如当年的宝晋斋，"徒具虚名而已。"[④]为"继米公之风流"[⑤]，"补宝晋之遗缺"[⑥]，曹之格发起了宝晋斋历史上第二次重新集石摹刻活动。在这一次摹刻中，曹之格增加了一些家藏的晋人法帖和米芾的其它帖多种，总共汇为10卷，于1254年重刊，至1269年完工，历时15年，题名"宝晋斋法帖"。这一颇为浩大的工程，再一次维护抢救了宝晋斋，虽无法完全恢复原貌，但却丰富了藏品内容，使宝晋斋的内涵得以延

①－⑥（宋）曹之格：《宝晋斋法帖》卷十，江苏广陵古籍刻印社1997年版，第355—360页。

续，社会现实意义得到了更大的拓展和增强。

明清两代中兴期间，宝晋斋还是经历较好的恢复和维护的。但进入近代以后，仿佛又坠入了历史的毁废周期。抗日战争时期，米芾碑刻几乎毁失殆尽，宝晋斋风光不再。

新中国成立后，宝晋斋重获生机。人民政府追回了一些散失在全县各地的原藏品，先后采集了清末四川总督刘秉璋的私藏和各地新出土的碑石，以及后来一些新刻石，全部集中到宝晋斋内保存。“文革”期间，在一片“扫四旧”的喧嚣声中，管理人员奋不顾身，将它们砌进墙壁，粉刷上石灰，使宝晋斋及其最近一批收藏，躲过了一场万劫不复的灾难。

无为宝晋斋

如今，宝晋斋内保存米芾作品的有：《墨池》碑、《御制文宣王赞》碑、《题李公麟阳关图》碑、《画菜》碑等。此外还收藏有晋唐以来历代名家碑刻160余方，出自50余位书家之手。他们分别是：颜真卿、苏轼、黄庭坚、赵佶、文天祥、赵孟頫、沈周、祝允明、唐寅、文徵明、王守仁、董其昌、王士祯、高士奇、梁同书、成亲王永瑆等人的法帖。行、草、篆、楷多种书体，竞相争妍斗艳。

（二）墨池和《墨池》碑

墨　池

墨池位于宝晋斋前，是米芾当年临池挥毫、清洗笔墨的地方。嘉庆《无为州志·舆地志》载："墨池在州治内，米芾所凿，蛙声聒人，取片瓦押字投之，自是不复鸣。”该书《集览志》又载：“（米芾）夜坐，苦群蛙乱听，投砚止之，蛙遂寂。翌日，池水成墨色，今名墨池。”这便是米芾的“墨池”和“投砚止蛙”典故的由来。

现在的墨池水当然不是黑的。墨池水变清在古代算是一件吉祥的大事。现存资料中，最早记录墨池水变清是在清代嘉庆年间。嘉庆《无为州志》载：“墨池水黑由来已久。今年夏，忽竟池澄澈，游鱼可数。州守顾浩异之，赋《墨池清》二首。”

米芾之后，曾数次修葺墨池。1553年，在宝晋斋前增建一鉴亭，衬托墨池景观。1573年，赵范、朱少华、唐相与等组织人员修池，并在墨池中央造亭，取名“水心亭”。后架小桥，负土垒石为小山，使池亭相互掩映。清代乾隆年间，州守范从彻重修墨池，并在池边造红雨亭，建小室，取名“一苇”，绘图纪胜。

此后，墨池时圮时修，故址依在。

米芾原题有“墨池”二字，勒石上碑，立于池侧。明时碑已残损。1529年，朱麟任无为知州，从米公祠倒塌的墙下发现了《墨池》碑，立即对残碑作了一次维修。后来雷梦麟揣度米公当年安放原碑的位置，将碑移到墨池岸边。稍后，宋代皇族后裔赵范于1572年出任无为知州。在无为期间，赵范对米芾十分推崇，他重修墨池，不惜为《墨池》碑建亭保护，并对《墨池》碑作了重要记述。

赵范去任回乡之时，将《墨池》碑拓印，带回福建漳浦。他还与其子赵义创建赵家堡——其格局完全仿照宋都汴京建造，只是规模大大缩小，后人称之为“宋城”。赵义将《墨池》拓卷在宋城内外池（莲花池）畔，另勒石刻之，以为风雅，并存怀宋之心。碑上刻隶书跋文：“米南宫仕无为军立是书，代久土湮，及先大夫守斯州，葺廨，出地得之，因治亭植诸，印刻以归。余临池，更摹镌于石，明崇祯乙亥端阳中书舍人赵公瑞志。”[①]《墨池》碑于是有了子本。

其后，无为的《墨池》碑，随墨池废兴时湮时立，今仍幸存于米公祠内。碑已残损成5块，拼接后高1.7米，上半圆形，仍具气势。

（三）《御制》碑

御制碑文原为大中祥符元年（1008年）十一月，宋真宗到曲阜阙里祭祀孔子时所作。

碑首呈半圆形，石质细腻，刻工精湛。碑文为篆书。“御制”二字居中突出，字体稍大。正文部分小字竖写，其中“真宗膺符稽古成功让德文明武定章圣元孝皇帝御制”笔画略粗。文字勾连、交叉能因字体繁简处理恰当，有些字体夹着古籀，颇有古意。

宋代教育比较兴盛，1103年，宋廷仿行王安石新法，颁行了

①崇祯乙亥为1635年。赵义，字公瑞，赵范长子。

“三舍法”，增加太学生名额，外舍生超过二千人，内舍生超过三百人，上舍生超过一百人，实行毕业授官，呈现“天下取士，悉由学校升贡”[①]的局面。同时提出：“成人有德，小子有造，其源存乎乡里”，要求各“县邑皆得以置学”[②]。这对各地的教育发展无疑是个很大的刺激。

米芾任无为知军时恰逢其时，“乡教之设：党有庠，庠者，养也，以主乎造士；遂有序，序者，射也，以主乎选士。兼斯二者而有之，学也。”[③]当时无为军学即“兼斯二者而有之”，属于地方官学，始建于1050年，位于军治西、锦绣溪之北，1103年徙漕台东隅。1105年，向来重视地方教育的米芾书写此文，刊刻碑上，立于军学内，对于无为军多出人才之期望，不言而喻。

此碑后又有迁移。清代时，碑被埋在无为州学宫戟门地下，逃过了数次劫难。清人孙星衍编《寰宇访碑录·卷八》载：“真宗御制文昌王赞（篆书，崇宁四年，安徽无为州）”。1901年，卢秋浦在土中觅出该碑，置于米公祠内保存。

（四）《阳关图》碑和画菜碑

米芾楷书也很出名，米公祠内存其楷书《题李公麟阳关图》

①（清）毕沅：《续资治通鉴》卷八十九，清嘉庆刻本，第七页。

②转引自沈怀玉：《米芾与无为》，安徽美术出版社2010年版，第126页。

③转引自沈怀玉：《米芾与无为》，安徽美术出版社2010年版，第126页。

碑刻，反映了当年安师文赴召去临洮幕府，李公麟自画《阳关图》并赋诗为他送行的情景。

明人董其昌很看重这通碑刻，先后两次对其专门研究。第一次于1617年，他的结论是：“此米元章早年之笔。尚未立家，出入率更、登善，已自秀绝。”[①]5年之后，他重新鉴定此碑帖，认为此诗已有“以势为主，不使一实笔”之意。

明人王越曾经搜集到米芾一幅《白菜》画，该画白菜居中间，肥嫩茁壮，地上点缀数株野菜和小草，土壤有起伏线条，立体感突出。仔细审阅这幅画，人们不难发现，米芾画的虽然是白菜，但其实是在倡导朴素简单的生活，以及精神层面的追求。

1592年，无为印书馆“协恭堂”将米芾这幅菜画，和王越的《爱菜歌》一并刊刻，使字画溶为一体。1675年，李璋将菜画镌刻于石，这就是著名的“画菜碑”。1877年，无为知州王峻重建米公祠时，搜集到米公这块“画菜”碑并置入祠内，加以保存。

四、米芾赏石最高境界

（一）“石丈”——无为军石

在米公祠内，还有一块非常有名的观赏石，名“石丈”，是米

①黄抈选注：《董其昌书法论注》，江苏美术出版社1993年版，第302页。

芾被尊为“石圣”的重要历史见证。

米芾所拜之石——“石丈”

据专家考证，“石丈”的赏石种类，属于无为军石。无为军石是我国古代著名的“五大石种”之一，宋人杜绾《云林石谱》不惜笔墨地对无为军石作了专门介绍。

其一云：“无为军石产土中，连络而生，择奇巧者即斫取之，易于洗涤，不著泥渍。石色稍黑而润，大有高数尺，亦有盈尺及五六寸者，多具群山势，扣之有声。至有一段三二尺间，群峰耸拔，连接高下，凡数十许，巉岩涧谷，不异真山。顷年，维扬俞次契大夫家获张氏一石，方圆八九尺，上有峰峦，高下不知数，中间谷道相通，目为千峰石。”

其二云：“无为军石产土中，性其软，凡就土揭取之，见风即劲。两面多柏枝，如墨描写，石色带紫，或灰白，间有纹理，成冈峦遍列，林中有径路，全若图画之状，颇奇特。又有仿佛类诸物像，土人装治为屏，颇近自然。”①

由此可见，至少在北宋末期，无为军石已被带到扬州一带，供人们赏玩。人们从土中采集到石头，进行装治，作为供石或园中石，陶冶心情。杜绾不但记录了无为军石的性质，还记录了石头的流向，说明他对湖石类无为军石是相当了解和看重的。

无为军石包括巢湖石。宋代无为军领巢县和庐江县，并无巢湖石名。明代计成的《园冶》对巢县境内“散兵石”记录：“其石若大若小，形状百类，浮露于山。其质坚，其色青黑，有如太湖者，有古拙皴纹者，土人采而装出贩卖，维扬好事，专卖其石。有最大巧妙透漏如太湖峰，更佳者，未尝采也。”②“散兵石”也是无为军石。

无为军石并不单一,可分为砾石、风水动力、岩溶、泉华等类。另外，无为还有松皮石、陨铁等品种。

---

①见王文正等:《中国石玩石谱》,气象出版社1996年版,第181页。

②(明)计成著、赵农注释:《园冶图说》,山东画报出版社2003年版,第247页。

（二）米芾拜石

米芾一生由于宦途辗转，先后涉足太湖石、灵璧石、英石等几大名石的产地。但米芾直到晚年，任无为知军，才有机会认识无为军石。

1104年，米芾于偶然之间，在无为碰见了一块奇石，于是有了惊世骇俗的“拜石”之举，并呼之为“兄”，天下纷传以为美谈。宋人费衮《梁溪漫志》卷六记录了这个过程：“米元章守濡须，闻有怪石在河壖，莫知其所自来，人以为异而不敢取。公命移至州治，为燕游之玩。石至而惊，遽命设席，拜于庭下曰：‘吾欲见石兄二十年矣！’言者以为罪，坐是罢去。”[①]

米芾当年所拜之石依然存世，名“石丈”，被置于无为县城米公祠内。“丈”在古代又有“兄长”的意思，“石丈”即是“石兄”。此石高约1.8—1.9米，上窄下宽，中间略细，宛若颈项，稍扁，有一面略平，其它三面崎岖百端。全石上下布满大小不等、深浅不一的洞穴，中间有数穴穿透，成中空状。

其材质为典型透漏型湖石，主要为石炭系和二叠系碳酸盐岩经溶蚀、风化作用后，留下深浅不一的空穴，然后经含饱和CO_2的水以空穴为原型反复溶蚀而形成的。从人文角度上看，石表面

①见魏平柱编著:《朱襄阳年谱》,湖北人民出版社2013年版,第146页。

起伏跌宕，迂回峭曲，阴阳正背，石肤富于变化，有沧桑感（皱）；石体轮廓清奇古怪，有嶙峋风骨之姿（瘦）；石体玲珑多孔，左右上下婉转相通（漏）；石体布局自然，有路可循，四处通达，内部变化多端（透）。它们各有侧重，但又相互协调。这种从形到质极富变化的对立统一，既出人意料又在情理之中的独特审美观，合乎米芾为人处世的心态。

该石颇具人形，拱手揖拜；又似象非象，抬头远望；或怀抱猿猴，坐观南海；又似飞马扬蹄，戛然而止；或灰熊卖萌，憨态可掬。对不同的观赏者而言，“石丈”给予的是不同情趣，但都能得到相似的美感，让人百看不厌。

千百年来，或者是亿万年来，此石抱丑而立，冥玩不化。

（三）“吾欲见石兄二十年矣”解读

从崇宁三年上溯20年，米芾已结识了赏石大师苏轼和王安石，致力于寻找心仪的玩石。这期间，他寻觅到的观赏石，以供石和袖石为多，平日里陈列于案头或握在手中摩挲盘玩，朝夕相伴，颐养天和。巨石较少。很有名的“洞天一品”是他雇百人运到宝晋斋的，上面虽有“八十一穴”和“甘露满石次”[①]，充满着祥瑞之象，米氏得意之情虽溢于言表，但仍目其为“物”，不能与

①米芾：《甘露帖》，行书，台北故宫博物院藏。

“人”等量齐观，更没见到他对石下拜的举动。数十年来赏石、玩石，质高者大有，但没有一块能达到他相石法所谓理想之石和物我两忘的境界。

无为军石的“石丈”，既不丰盈，也不细嫩，更不圆滑，是石中不入“主流”的另类。但是石无言无语，却峥峥骨立；石经历亿万年风霜雪月，水蚀雷击，皱瘦透漏，轮廓却不减当年；石不怨置身何处，或山间，或水滨，或高埠，或湮没，它都能随遇而安，不矫饰，不喧哗，极力保持自己的本来面目。难道不正是和米芾有很多相似点的“难兄难弟”吗？

数十年来，米芾和职场、世俗的冲突，成为社会法眼中的另类，心中积郁的愤懑无处渲泻。二十年了，终于找到了这一可以倾诉的“知己”。在惊叹之中，拜石之际，米氏突喊出“吾欲见石兄二十年矣”的呼唤。与石际会，忘情而呼，是欣喜亦是自怜，实际上传达出的是他内心世界对人性的无限体贴，看来是得意之乐，实际上却含有失意之苦，眼里这通灵剔透的奇丑之石，却遮盖不住他寂寥、孤傲的心情。多少年来，身旁的同僚与众多的侍者，却不如一块顽石能带给他快乐与安慰，世事沧桑，友朋或离散或沦弃，竟不如一块顽石如兄长般陪伴在身边，让他尊敬和安静，所以才发出这样的感叹。

（四）《拜石图》

米芾曾在无为住所自绘《拜石图》，可惜亡佚。其图景、意境是何模样，今人无法得知。只有元代画家倪瓒、张雨见到过，分别作诗纪念。

或许正是受米芾自绘《拜石图》以及众多题咏诗文的影响，后世工艺美术家乃至丹青绘手都喜欢这一题材。流传于世的：明代田义的墓园古建，有《米芾拜石》浮雕石刻；吴伟《米癫拜石》图，林有麟《石丈》图，陈洪绶《米芾拜石图》，任熊《拜石图》，任伯年《米芾拜石图》，罗岸先《米南宫拜石图》，松小梦《潭西拜石》等。

以上众多丹青绘手，绘石丰富，但在表现“米芾拜石”题材时，其人物形态大多取其或敬畏、或痴迷的神情，形象千差万别，这是因为他们从来没有见过米芾当年所拜“石丈”。

在无为，1772年，张侨摹刻《南宫拜石图》于石。两年后，琨玉置将此图碑置于拜石轩内。1830年，刘德润有感于历来画作与实物迥异，嘱韩子昆依石写真，作《米襄阳公拜石图》，树之祠侧，这是有依实物而写生的确切记载之一，也是对石圣米芾拜石的最好纪念。

无为米公祠具有历史年代悠久、传承脉络明显、地方特色浓厚的特点。“石圣”米芾遗留给无为的，不失为与石头相关的书画艺术简史和地方史书，是一笔不可再生的历史文化遗产。介绍和研究这些散置的历史遗存，使其重焕人文历史之光，其意义远大。

南宋状元张孝祥与镜湖

镜湖区委宣传部课题组

摘要：南宋状元张孝祥与芜湖生息相关之处太多，不仅流传着“禁蛙池”的传说，而且留下了状元坊、状元祠等遗址。还有他那段刻骨铭心的爱情，亦与芜湖相牵连。张孝祥对芜湖发展影响最大的是“捐田百亩，汇而成湖”，造就江城明珠——镜湖，而张孝祥高尚的人格品质在镜湖这“一泓碧水”里也得到了呈现。

关键词：于湖 张孝祥 状元 镜湖

张孝祥（1132—1169年），和州乌江（今安徽和县东北）人，字安国，号于湖居士。其父张祁，曾任直秘阁、淮南转运判官。张孝祥随父迁居芜湖后，于绍兴二十四年（1154年）考中状元，历任礼部员外郎、起居舍人、权中书舍人等。在任建康（今江苏南京）留守期间，因赞同张浚北伐而被罢职。此外他还出任过抚州、平江、静江、潭州等地的地方长官，乾道五年（1169年），以显谟阁直学士致仕（退休）。同年病逝于芜湖，享年38岁。

一、早年经历与高中状元

张孝祥出生于乱世。北宋靖康年间（1126—1127年），金军攻破当时的东京（今河南开封），俘虏了宋徽宗、宋钦宗父子，这就是历史上著名的“靖康之难”，直接导致北宋的灭亡。南宋绍兴二年（1132年），张孝祥出生。

在和州，张氏是一个耕读世家，与民族存亡相系的“靖康之难”之后，这个家族便开始饱受离乱之苦。张孝祥大伯父张邵，北宋宣和三年（1121年）考中进士，于建炎元年（1127年）任衢州司刑曹事，并携带张氏家族寓居衢州。张邵是一个很有民族气节的人，建炎三年（1130年）出使金朝时不愿屈辱投降，被金人囚禁15年而不屈，名声十分响亮。二伯父由于不忍舍弃祖业和祖坟，执意留守和州故里，后死于战乱。父亲张祁因长兄张邵出使金国补官，在任明州观察推官期间，又将张氏家族迁居明州，张孝祥就出生在明州鄞县（今浙江宁波鄞州区）方广寺的僧房内。当时张祁官职不高，薪水微薄，张家在鄞县又没有田产，只能寄居在僧舍里，生活相当窘迫。因此，张孝祥的童年是在贫苦中度过的。

绍兴十三年（1143年），张邵出使归来之后，张孝祥父亲张祁又带着一房老小移居太平州芜湖县（今芜湖市）[①]。之所以这样，一来可以隔江照应和州故居的产业和祖茔，二来可以减轻聚居大家庭的经济负担。这些早年生活的经历，使得张孝祥对战乱中颠沛流离的人民寄予深切同情，对金人践踏中原表示出极大的愤慨。

绍兴十七年（1147年），也就是张孝祥16岁那年，通过了举人考试。绍兴二十四年（1154年），23岁的张孝祥进京赶考，先参加礼部会试，成绩名列前茅。最后参加殿试，被高宗亲擢为进士第一（状元），张孝祥也由此开始受到秦桧及其党羽的嫉恨。

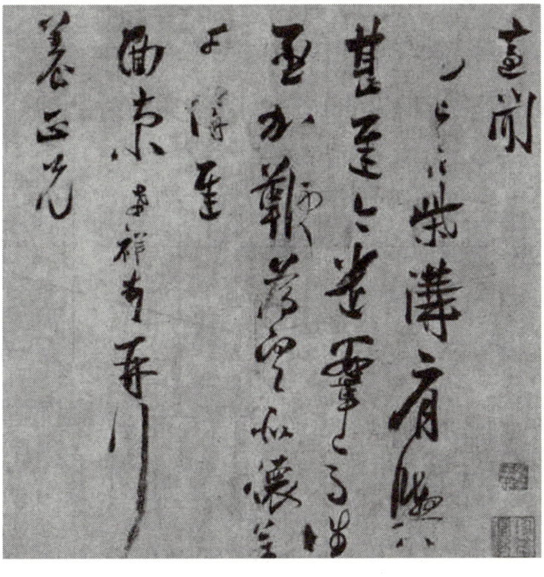

张孝祥书法

① 今天的芜湖已由宋代的太平州属县发展成省辖市，辖芜湖、繁昌、南陵、无为四县。张孝祥寓居的芜湖，主要在今芜湖市镜湖区范围。

在殿试之前，秦桧为了让其17岁的孙子秦埙夺魁，已打通所有环节。当时秦桧党羽魏师逊及汤思退等人判卷，暗定秦埙为榜首，张孝祥次之，曹冠又次之。但最终定夺大权在高宗手里，他大概觉察出秦桧党羽有舞弊偏私之嫌，所以亲自阅卷。他先看秦埙的策论，觉得都是秦桧、秦熺讲过的一些陈词滥调，没有新意，味同嚼蜡。再看张孝祥的策论，认为他“议论雅正，词翰爽美”，非常满意，便提笔判卷，亲擢其为进士第一，并将秦埙降至第三。宋人叶绍翁《四朝闻见录》卷二说：“高宗酷嗜翰墨，于湖张氏孝祥廷对之顷，宿酲犹未解，濡毫答圣问，立就万言，未尝加点。上讶一卷纸高轴大，试取阅之，读其卷首，大加称奖；而又字画遒劲，卓然颜鲁。上疑其为谪仙，亲擢首选。”①

高宗之举，打破了秦桧及其党羽的如意算盘，但他们面对皇帝的决定敢怒不敢言。高宗传旨召见新考中的进士，完成依次唱名和谢过皇恩程序，张孝祥开始拜谢当朝的权臣和主考官。来到秦桧面前时，秦桧说：“看来皇上不仅喜欢你的策论，而且还喜欢你的诗与字，你可真是三绝呀。”随即又问他“诗何所本，书何所法”，张孝祥正色以对：“本杜诗，法颜字。”秦桧的书法也有一定水平，如果张孝祥借机恭维他一下，或许后来的情况会有所不同。可是，张孝祥却直率地说出了师法对象，等于又一次给了秦桧难堪。

①张璋等编：《历代词话续编》（上册），大象出版社2005年版，第431页。

张孝祥状元及第后,还做了两件得罪秦桧的事。第一件是拒绝秦桧亲党曹泳（时任杭州临安府长官）的请婚；第二件是上书朝廷为岳飞平反昭雪。恼羞成怒的秦桧,开始指使他人诬陷张孝祥的父亲张祁与张浚、胡寅等人谋反，张祁、胡寅等人因此下狱，“囚系甚苦。”[①]张孝祥也列入秦桧罗织罪名、制造冤案的黑名单，所幸不久，秦桧病死，张祁获释，张孝祥也幸免于难。

由于芜湖是张孝祥一生中居住时间最长的地方，所以他也被认为是芜湖市区历史上唯一的状元（除张孝祥外，芜湖市所辖繁昌县的宋代焦蹈、无为县的明代邢宽都曾考中状元）。

二、宦海沉浮的三起三落

张孝祥自绍兴二十四年（1154年）步入仕途，仕宦生涯只有15年，这还包括其间落职闲居的3年。这15年大致可分为三个阶段：入仕后初为朝官的五年；被罢职后又任知抚州、平江、建康，以及再罢职闲居芜湖的6年；最后4年是复出知静江、知潭州及徙守荆州。

第一阶段为临安初仕的5年，仕途较顺，屡屡升迁，从一个八品散官，擢升为权中书舍人，在中央政府部门——中书省任职，居四品要职，成为皇帝身边的近臣。期间，先后上《论先备札子》、《论治体札子》、《论涵养人才札子》等奏议，提出加强边

① 宛新彬:《张孝祥资料汇编》,中华书局2006年版,第102页。

防、抵御金人、扫除积弊、广开才路等主张，表现出卓越的政治才能。绍兴二十九年（1159年）八月，因遭侍御史汪澈的诬陷，张孝祥被罢去中书舍人的官职。关于汪澈的诬陷之辞，在李心传《建炎以来系年要录》[①]一百八十三卷中有着比较详细的记载。这一变故，对于刚入仕途的张孝祥来说有口难辩，打击颇大，他只能“静扫一室，终日危坐，以省昔愆，它无可言者。”[②] 而高宗为了表示惜才，给了张孝祥江州太平兴国宫的闲职。这一年秋天，张孝祥带着失望离开临安，回到芜湖。

第二阶段是依次担任知抚州知府、平江知府、建康留守时，再次遭到罢免，又回芜湖闲居，大约6年时间。绍兴三十二年（1162年）二月，张孝祥出任抚州（今江西抚州）知府，在执政过程中，儒家“仁政爱民”的思想对他起到了相当大的作用。他体恤民力，实行减税政策，“百姓皆大欢呼，大为民户之利。张、陈既皆满罢，后来不复能守其法，于二斛输三斛之上，又浸加斛面，民益以为困。”[③] 任内，他还出榜禁卖假药，也曾平定地方上哄抢兵库的动乱。隆兴元年（1163年）三月，任平江（今江苏苏州）知府时，积案很多，他都一一剖决，做到了“庭无滞讼”。在平江的属邑，有一个地方豪强私煮海盐，囤积居奇，牟取奸利，而且结纳官府，横行乡里，以致整个郡县都深受其害。张孝祥据

①李心传：《建炎以来系年要录》，中华书局1988年版。

②张孝祥：《于湖居士文集》卷四十《尺牍》，上海古籍出版社1980年版，第402页。

③宛新彬：《张孝祥资料汇编》，中华书局2006年版，第53页。

此下令将其逮捕治罪，并抄没家产，单是囤积的粮食就有几万斛。第二年，这里发生饥荒，他就用这些粮食赈济灾民。隆兴二年（1164年）正月，经主战派中坚张浚的推荐，张孝祥入朝就时局回答高宗的提问，由于对答如流，颇有见地，深受赞赏，除被委任中书舍人直学士院外，还兼任都督府参赞军事，领建康留守。重新获得重用后，张孝祥积极协助张浚练兵择将，筹划边备，部署防务，奔波于两淮和建康之间，决心为恢复大计做出一番业绩。可是好景不长，这年11月，他又受到主和派的攻讦，再次被革职。张孝祥作为一个积极主战者，多年来奔走呼号，艰苦备尝，渴望的就是“扫开河洛之氛祲，荡洙泗之膻腥”，北靖中原，收复两京，以雪国耻。然而，就在行将出现希望的时候，他的理想，他所苦心经营的事业，却随着罢官、和议一齐被断送了。这不能不令他痛苦万分[①]。隆兴二年的罢官，是张孝祥仕途上遭遇的第二次挫折，也是对他打击最大的一次。

第三阶段是担任静江府长官，同时第3次遭到罢免，后复出担任知潭州及徙守荆州，计4年时间。乾道元年（1165年）正月，张孝祥出任知静江府（今广西桂林）、兼任广南西路经略安抚使，一年后被御史王伯庠弹劾“专事游宴”而罢官。御史王伯庠人品恶劣，阿附取容，张孝祥这次罢官，可能就是王伯庠根据某一执政的示意而罗织罪名的，这是他仕途上的第三次挫折。张孝

①韩西山：《张孝祥评传》，南京大学出版社1991年版，第108页。

祥为人不拘小节，以至于“嗜酒好色，不修细行”的名声，高宗也有所耳闻。一次，高宗这样问他：“有人说你赃滥，是真的吗？”张孝祥回答：“臣不敢欺君，‘滥’诚有之，‘赃’之一字，却不敢奉诏。”可见张孝祥虽然疏放，为官却清正廉洁。当时有人这样评价他：“于湖平生虽跌宕，至于大纲大节处，直是不放过。”在芜湖赋闲半年后，乾道三年（1167年）三月又被起用，担任潭州（今湖南长沙）府长官。任期里，张孝祥“为政简易”，不横征暴敛，不严刑峻法，还十分重视农事，关心年成丰歉。在一场干旱之后，喜降新雨，他欣然命笔：“天公有意不作难，一雨千里须臾间。但得湖南今岁熟，我亦腰镰归故山。”“今朝一雨秋事了，便可高咏丰年诗。”[①]这些诗篇都饱含着他对百姓疾苦的关心。乾道四年（1168年）八月，改任知荆南府（今湖北江陵），兼任荆湖北路安抚使。在荆南任上只有8个月，主要做了这样几件事：一是修边备，治理战争留下的创伤；二是鉴于当地水患频繁，兴办水利，组织动员5000人，历时40天，建成新堤，根治了荆州水患；三是重建荆州万盈仓，储备漕粮。

张孝祥是个很有政治才能的清官，决策处事，刚毅果断，也是治理政务的好手。他前后治理过6个州郡，处处都有惠民利军的政绩。《宣城张氏信谱传》中称赞他：“历事中外，士师其道，吏畏其威，民怀其德，所至有声。”[②]同一时代的人则称赞他“六

---

① 张孝祥：《次韵南轩喜雨》，《于湖居士文集》卷十二，上海古籍出版社1980年版。

②张孝祥：《于湖居士文集》，上海古籍出版社1980年版，第411页。

郡能声，两朝雅望。”[①]

三、张孝祥与镜湖

张孝祥在芜湖影响最大的是“捐田百亩，汇而成湖”，为后人留下了镜湖。这一善举造福桑梓，让芜湖老百姓感念至今。捐田修湖实际上是分两步走的，第一步是开凿镜湖，第二步是赠送镜湖。

（一）捐田百亩，汇而成湖

宋人叶绍翁《四朝闻见录》卷二记载：“张，乌江人，寓居芜湖。捐已田百亩，汇而为池，圜种芙蕖杨柳，鹭鸥出没，烟雨变态。扁堂曰‘归去来’。芜湖未有第进士者，阴阳者流谓必于湖水与县治接，而后英才出。张方欲凿而通之，则已殁矣。”[②]就是说张孝祥捐田造湖，养鱼植藕，广栽杨柳，起造园林，是以诗文会友、悠游燕乐之所。张孝祥父子俱以陶渊明归隐林下自况，故名为“陶塘”。张祁的“归去来堂”很明显取自陶渊明的《归去来辞》；张孝祥开辟“陶塘”，除仰慕不为五斗米折腰的陶渊明之外，还有致仕归来陶情适性的蕴意。陶塘又名镜湖，这是以形取

①（宋）洪遵：《祭张安国舍人文》，见《洪文安公小隐集》，《永乐大典》卷一四〇四六。
②叶绍翁著、符均注：《四朝闻见录》，三秦出版社2004年版，第103页。

名，极言陶塘之水，明洁如镜。此名始见于张祁《汪氏别墅次韵》诗中，诗云："芜湖还似鉴湖春，我亦归来贺季真。好赋俱陪招隐士，耦耕长作问津人。襟怀处处尊前好，花柳青青雨后新。""鉴"与"镜"，古时通用。全诗之中的镜湖田园风光之美，犹如陶渊明笔下桃花源里的春天[①]。

上引宋代材料："芜湖未有第进士者，阴阳者流谓必于湖水与县治接，而后英才出。张方欲凿而通之，则已殁矣。"我们的看法是"于湖水"即"芜湖水"，在今镜湖区荆山公共服务中心的范围内，宋元时期在大小荆山脚下有天成湖、易太湖、欧阳湖等浅水湿地，民国《芜湖县志》说："以上三湖，水盛时则合而为一。"据《芜湖通史》记载，宋代芜湖考中进士者，大多是移民子弟，本地人士甚少，而科举额则可以衡量某一地区教育水平高低[②]。古代迷信色彩很浓，认为荆山关系到芜湖的"文运"。张孝祥根据风水理论，做出规划，打算在荆山开凿一条河流通往当时县政府，希望振兴芜湖的文化教育事业，可惜没有实施。还有他在建康为官期间，遭遇水灾，提出了治理秦淮河水患的方案，后来继任官员认为"自今指定上、下水门砌叠处不动，夹河居民之屋亦不毁除，止去两岸积壤，使河流通快"[③]。张孝祥真正参赞的水利工程

① 许知为：《话说镜湖》，载《芜湖文史资料》第三辑。

②芜湖市政协学习和文史资料委员会、市地方志办公室编著：《芜湖通史》，黄山书社2011年版。

③（元）脱脱、阿鲁图修撰：《宋史》卷九七《河渠志》，吉林人民出版社1995年版，第1538页。

是在荆州，他到任以后，征集五千民夫，10月开工，用了40天时间修筑一道高大坚固的新堤。“穹崇坚好，悉倍于旧。”金堤修成后，还询问有关人士，总结经验教训，写出《金堤记》一文，“因书之以告来者，使知戒焉。”[①]

现在我们回到镜湖上来，张孝祥为什么捐田百亩，开凿陶塘？我们知道，南宋初期是北方人口南迁的一个高峰期，面对人口压力，人地之间的紧张关系渐渐突显，当时人们正在通过“与山争地”、“与水争田”来扩大耕地面积。张孝祥却反其道而行之，将良田退耕还水，汇成湖泊。张孝祥家在芜湖西郊购置的良田，可能是前人在浅水湖泊开发出来的。《太平御览》卷四六引《宣城图经》说芜湖的得名，“以其地卑，蓄水不深，而生芜藻”，因此叫做芜湖。可见芜湖地区湖水弥漫，土地肥沃，张孝祥家的良田，大抵便是围湖垦辟的湖田。张孝祥开凿陶塘，面积一百余亩，规模不大，可以改造成为陶渊明笔下“桃花源”那样的地方，正好致仕归来陶情适性。园林池沼，享受悠闲的乡居生活。“偕乡父老，杖过烟林，置酒莲湖（镜湖），呼邻共饮。”[②]后张孝祥去世前，又嘱咐儿子张太平捐出镜湖，作为乡民游览休闲之所。可见，就开凿镜湖而言，虽然张孝祥未必会有环保意识，但这对生态环境的改善无疑有积极意义。当年侯仁之先生来芜湖调

---

① 张孝祥:《金堤记》,《于湖居士文集》卷十五,上海古籍出版社1980年版,第141页。

②张华:《镜湖烟雨状元坊》,见芜湖市政协文史资料研究会编《芜湖文史资料》(第二辑),第137页。

研，极力赞赏镜湖的生态功能。

总之，张孝祥为什么捐田修湖？我们认为张孝祥捐出自家良田，开凿镜湖，营建私家园林，首先是为了致仕归来修身养性。其次，张孝祥在建康为官时，看到自然水系被堵，导致水患眷顾。再加上受到好友朱熹的影响，朱熹说过："一草一木，皆天地和平之气"，于是张孝祥退耕还田，汇而成湖，传达出与自然和谐共处的理念。再次，张孝祥人品高尚，胸襟豁达。在去世前赠送镜湖，也符合他的为人，符合张孝祥"君子坦荡荡"的性格，体现出张孝祥"独乐乐不如众乐乐"的儒家思想。

（二）镜湖成为芜湖的明珠

明清时期，芜湖官方与民间不断对镜湖进行整治、修缮，开发建设，使之逐渐成为"邑中风景最佳处"。① 明代中期，镜湖之畔建起了商人聚会之所。及至清代，沿湖亭台楼榭尤胜，著名的有来佛亭、澹人居、一房山、长春园、读画轩、洪园、龙家园、戴园等。乾隆年间,芜湖知县陈圣修好诗文，有政声，着意兴盛地方文化，曾将陶塘一带荒废的园林，重新整修，西南起自一房山，东至洪园，合并为一，采用张孝祥"留春伴我"词义，命名为"留春园"，并且疏浚陶塘，筑堤植柳，又在湖心建亭，曰"留

① 余谊密主修、鲍实总纂:《（民国）芜湖县志》卷三十六，黄山书社 2008 年版，第 259 页。

春小舫”，就是现今的湖心亭。还购买了两只画舫，供游客泛舟游湖。为了纪念张孝祥遗泽，又把“澹人居”一分为二，其南设立了张于湖祠，即今天的烟雨墩。嘉庆年间，芜湖关道宋镕筑一堤，把“两水”分开，堤名“渡春堤”。后来又在陶塘埂东竖立一座“功并白苏”石坊。道光年间，乡贤王泽致仕归芜，买下留春园，重加修葺，改名为“希右园”，园内亭台罗布，风格高雅，有“吴波亭”、“溪山好处亭”、“小罗浮仙馆”、“归去来堂”，成为江南著名园林。黄钺说：“戴园池菱最鲜美。”[①] 反映当时镜湖水质清澈，环境优良。晚清民国以来，陶塘归李鸿章家族所有，李家沿湖修堤植柳，重建楼台亭阁，著名的有：大花园、景春园、柳春园、西花园、藕香居等，沿塘点缀，联成一个园林整体。雨丝风片，烟波画船，月上西楼，四时景色不同，均极一时之盛。据说环湖广种玉兰花、茉莉花等花树，游人坐在花树之下，落英满襟，暗香盈袖，为地道的“花径”景点。可惜这些好去处，大多先毁于水灾，再毁于战乱，后毁于日寇炮火。

新中国成立后，人民政府对陶塘风景区进行了改造，1952年辟建陶塘公园，1957年更名为镜湖公园，1985年又进行重点改造，辟为镜湖风景区。沿湖四周绿草如茵，古树参天，四季鲜花如织，游人如潮，景区、景点星罗棋布，环立四周。2001年，芜湖市人民政府在镜湖之畔为张孝祥雕刻了石像，表达对他的敬重

① (清)黄钺:《壹斋集·诗集》卷三十《消夏杂兴十首》,黄山书社1999年版,第578页。

与怀念。

张孝祥雕塑像

四、张孝祥在芜湖的活动

张孝祥虽说祖籍历阳(今安徽和县)[①],但是芜湖却是他长期生活的第二故乡,其取别号“于湖”,就寄托了对这方土地的深情。于湖县由西晋太康二年(281年)设置,位于当今芜湖市东北靠近当涂的地方,隋朝开皇九年(589年)废入当涂县。于湖、芜湖两地名相混已久,如《资治通鉴》胡三省注:“芜湖即于

① 张孝祥的籍贯尚有蜀中简州(今四川简阳)说。

湖。”由于“于”、“芜”二字言近，南北朝人的著述里就已有错乱。宋代以来，则大多将于湖视为芜湖的古地名。张孝祥在《蝶恋花·怀于湖》下半阙里写道：“春到家山须小住，芍药樱桃，更是寻芳处。绕院碧莲三百亩，留春伴我春应许。”“家山”二字，说明他已把芜湖看作故乡。

（一）在芜读书及“禁蛙池”的传说

根据学界考证，张孝祥在绍兴十三年（1143年）随父亲移居芜湖升仙桥西，时年12岁。张祁选中县城西南边升仙桥附近，建起了住宅。这里负廓临河（芜湖旧称青弋江为长河），西去长江不远，东北面是郁郁葱葱的赭山，环境安静。住宅附近，还专门建了一个书房，书房前有一片绿池。张祁,字晋彦，号总得翁，工诗文，也是才华横溢的人物，曾任直秘阁、淮南转运判官。同时也是清官，十分注重自身修养，对官声极为看重。这一点对张孝祥的影响是非常大。张孝祥曾回忆父亲的教诲：“世间如贪鄙、刻薄等事，须常常把做一大罪过看，不可有分毫放过处。才惯了，便只把做常事看。”[①] 更重要的是芜湖秀美的山水和浓厚的文化氛围，给了这位浪漫气质的青年人以更多的陶冶。《宋史·张孝祥传》说：张孝祥自幼聪明好学，博闻强记，“读书一过目不忘，下

---

① 张孝祥撰、彭国忠校点：《张孝祥诗文集》，黄山书社2001年版，第441页。

笔顷刻数千言。年十六，领乡书，再举冠里选。”是说他16岁已经通过举人考试，学业颇有长进。中举后，又游学建康（今江苏南京），跟随同乡蔡清宇先生读书，张孝祥后来能够一举成名，与这位业师的传道、授业、解惑有很大关系。

芜湖民间长期流传张孝祥投砚止蛙的故事。据说其书房正对着一方野草丛生的池塘，春夏之交常有蛙鸣，特别是在夜深人静读书之时，鼓噪的青蛙鸣叫不停，搅得人心烦意乱。芜湖旧俗还有祭蛙神的习惯，一日，张孝祥见街坊邻居纷纷摆出香案，香案正中立有蛙神牌位，据说这样才能求得蛙神的庇护，不再整日鼓噪。可是张孝祥不迷信这一套，当日夜晚，他推开后窗，蛙声又一次袭来，于是他随手将一方砚台投入池中。说来奇怪，蛙声顿时灭绝，从此不再鼓噪，此塘也因此得名“禁蛙池”。这段传说之所以为后世津津乐道，显然与张孝祥考中状元有关。古代科举是读书人的唯一出路，由于状元的数量很少，所以在后世人的传说中，总要给状元添加一些神秘的光环，以寓意其命在天，非同凡响。

康熙《芜湖县志》卷十二《流寓》：“（张）祁以孝祥仕浸显，不复干进。卜居芜湖之升仙桥西，筑堂曰归去来，觞咏自适。置园近郊，有池多蛙，恶其喧杂，以砚掷之，蛙声遂息。至今名其池曰禁蛙。”

嘉庆《芜湖县志》卷六《古迹志》：“状元张孝祥宅在县西南升仙桥，筑归去来堂，堂畔有池，群蛙鼓噪。邻人江氏让之，孝祥取砚投池，应手绝，因命禁蛙池。今俱无存。”

康熙《芜湖县志》说禁蛙池系张祁所为，此处可以不论，但康熙《芜湖县志》却清楚地说明禁蛙池到清初还存在，十分可贵。然而，经过130余年的演变，嘉庆时期（19世纪初期）禁蛙池已经不见踪迹了。

（二）纾民之困，造福乡梓

张孝祥居芜期间，主持修建了青弋江上的浮桥。我们知道，古代芜湖城市是以青弋江北岸的鸡毛山高地为中心的，大体上为沿青弋江两岸呈“一”字形布局。因此，贯通青弋江两岸的浮桥至关重要。据《芜湖通史》记载，北宋天圣三年（1025年），就有了芜湖知县董黄中建成的浮桥。

芜湖位于长江南岸青弋江口，习惯称青弋江两岸分别为河南、河北。百姓在乘舟渡河时经常发生灾祸，原因是老浮桥上游不远处，有一个大湾。青弋江流过大湾之后，水流更加湍急，每逢春夏之交山洪冲击，灾祸频发。对此，张孝祥有这样的记述：“万家之邑，百贾所趋，一溪之桥，累岁不葺。系破舡之六七，当骇浪之千寻，溺马杀人，习为常事。”所以，他开始亲自出面组织人力“入谷斩木，造舟为梁”，在青弋江上拼舟搭板，造成浮桥，浮桥两边设有护栏，方便行人商旅过桥。浮桥告成，两岸人民

"但渡无苦"，从此"得福甚多"[①]。

芜湖地处水陆要冲，送往迎来，人民不堪其扰。有个将领拥兵还镇时，军纪不严，芜湖老百姓听说这支军队要路过本地，无不惊恐万分。张孝祥这时正在家乡闲居，但他仍然像做地方长官时那样爱抚百姓，"自粜米数百斛，犒师江上，众得饷，扬帆而去，遂秋毫无犯。"张孝祥以与该将领有世谊为名，致信迎接，并且自己出资购备了数百斛米，与父亲一道亲自到江上犒劳军队，以礼束缚，使他们不便滋扰，扬帆而去，确保芜湖秋毫无犯。"丞袁益之迎至江浒，士民夹道，指目夸艳。"[②]

（三）爱情生活

据宋词专家宛敏灏先生的详细考证[③]，张孝祥少年时即与桐城李氏少女相识相恋，两人同居并生下长子张同之，这一年是绍兴十七年（1147年），当时张孝祥才16岁，就做了父亲。张孝祥在建康从师问学，小家庭也就安排在那里。但不知何故，李氏却始终得不到张家的认可，不能成为他的正式妻子。绍兴二十六年（1156年），张孝祥决定娶仲舅之女时氏为正室，他先期从临安到建康，于重阳节前送李氏和同之前往桐城浮山（今属枞阳县），托

① 张孝祥:《芜湖修浮桥疏》,《于湖居士文集》卷二六,上海古籍出版社1980年版。

② 张孝祥:《宣城张氏信谱传》,《于湖居士文集》附录,上海古籍出版社1980年版。

③ 宛敏灏:《张孝祥怀念弃妇词考释》,载《安徽师大学报》(哲学社会科学版)1988年第2期。

辞学道以掩人耳目。《于湖词》里有一首《念奴娇》，宛敏灏先生认为正是张孝祥与时氏结婚的前夕，送别李氏与同之而作。全文为："风帆更起，望一天秋色，离愁无数。明日重阳尊酒里，谁与黄花为主？别岸风烟，孤舟灯火，今夕知何处？不如江月，照伊清夜同去。　船过采石江边，望夫山下，酌水应怀古。德耀归来，虽富贵，忍弃平生荆布！默想音容，遥怜儿女，独立衡皋暮。桐乡君子，念予憔悴如许。"其中"德耀归来虽富贵，忍弃平生荆布！"一句，用的是南朝江祏的典故，江祏早年贫贱，以剪刀为聘与范氏女子订婚，后来他飞黄腾达，范氏的父亲说道："现在你已经飞上枝头变凤凰，我家荆钗布裙的女儿，按理配不上如此华盛的亲事。"将当年的聘礼剪刀还给了他，江祏也就心安理得的别娶另婚。张孝祥反问："虽然今日富贵荣耀，怎能忍心抛弃糟糠之妻？"可是轮到他自己，却也不得不离弃李氏母子，这其中的自责、内疚、悔恨、悲苦均难以说出，种种情绪折磨之下，使他心力交瘁，痛苦不堪。

然而，张孝祥与时氏的正式婚姻并没有维持很久，隆兴二年（1164年）时氏便病故了，时氏死后张孝祥另育有子女，可见他还有别的妻妾，但却终未能再与李氏团圆，虽然从他不少悲感缠绵的词中，看得出他对这个早年的爱人一直怀念不已，也希望"拟把菱花一半，试寻高价皇州。"像传说中的患难夫妻一样破镜重圆，但这毕竟只是幻想而已。

李氏被送走之后大约是出家做了女道士，至少也是在家修行，儿子张同之长大之后，与父亲仍有来往，张孝祥从芜湖去湖南长沙上任，张同之随行，但李氏与张孝祥，却似乎终身不复相见。

张孝祥死于38岁的盛年，死后由李氏所生的长子张同之袭了荫官，获得其生前芜湖住宅的继承权（据出土墓志，张同之“夫人以疾终于于湖里第，春秋四十有七。”[①]），这也许是张孝祥对他们母子的一种补偿。李氏的身份被官方所承认，是在张孝祥死后多年，儿子张同之升官，可以荫封母亲了，他便特地向朝廷提出申请，要求将这个太夫人的荫衔授予自己的生母李氏，张孝祥这一段地下婚姻，才终于得到了官方的承认。虽然，张同之的墓志铭上也不得不按照封建礼制在嫡母一栏写上父亲的正室时氏，却终于也获得留下生母姓氏的权利，使父母这一段爱情悲剧不至于永远湮没。

张同之墓出土的随葬品中，有一枚铜印，刻着张同之的姓名和字号，在四侧刻有“十有二月”、“十有四日”、“命之曰同”、“与予同之”篆书跋文，从刻辞的语气，可知是在某一年的十二月十四日，由张同之的命名者赠予的，这个日子可能就是张同之的生日，而这样亲切的话语，除了父亲也再无他人。当时仅16岁就做了父亲的张孝祥，大约在兴奋之中还带有初为人父的一丝惶恐，却又是充满了幸福感的，对自己和儿子的未来前程都抱有信

①南京市博物馆：《江浦黄悦岭南宋张同之夫妇墓》，载《文物》1973年第4期。

心。那时的张孝祥，还无法预料自己的官场未来，更料不到这段婚姻最终无望，连做一个合格的丈夫、称职的父亲也不可得。虽然他在临终将自己的官职荫袭权与个人遗产都给了张同之，但对这个儿子得不到家族承认、无法正式公开的内疚，却终身难以弥补。

在张孝祥撒手人寰的28年后，张同之去世，他将这方饱含父亲殷切希望、真诚祝福的铜印带入了自己的墓中随葬，是想保留自己最珍贵的一份回忆，还是想在冥冥之中表达对父亲的谅解和怀念？不论怎样，这一段复杂纠葛的恩怨情缘，最终随着张同之的死长埋地下，尘归尘、土归土了①。

（四）状元祠、状元坊、观澜亭、吴波亭

张孝祥与芜湖生息相关的地方有很多，尤其在镜湖周围，如状元祠、状元坊、吴波亭、观澜亭等。

1.状元祠

宋人陆世良说："初，转运公（张祁）筑归去来堂，领太平州事王侯秬更为建状元第。"②是指王秬在乾道元年（1165年）担任太平州长官时，在张祁所建归去来堂之上，改建成了状元第，也

① 雨后微香：《破镜难圆）——南宋词人张孝祥的爱情悲剧》，载国学论道、天涯论坛网。

②陆世良：《又宣城张氏信谱传》，见张孝祥《于湖居士文集》，上海古籍出版社1980年版，第409页。

就是状元祠。到了明代嘉靖年间，榷使许用中进行了重新修缮。清嘉庆《芜湖县志》卷三记载："状元祠在县西长街巷内，祀宋状元张孝祥。前有状元坊，明嘉靖二十五年榷使许用中重修，有祠堂碑记。"民国《芜湖县志》卷四十《庙祀志·庙坛》也有同样记载："状元祠，在县西长街内，祀宋状元张孝祥。前为状元坊。明嘉靖二十五年榷使许用中重修，有祠堂碑记。今祠坊重新。"说明状元祠在晚清时期又重修了一次。直到民国年间，状元祠总体上保存完好，面积不大，前后只有一进，为粉墙黛瓦的徽州风格建筑。祠堂内东面的墙壁上挂着张孝祥的画像，足有两米多高。画像下是长长的香案，其上供奉着木制的张孝祥等人牌位和谱牒。两侧还挂着许多张氏族人的画像，包括张氏先祖、盛唐诗人张籍以及张孝祥的父亲。这些画像连同牌位、谱牒，均毁于文化大革命期间。

宛敏灏先生在1959年发表的《张孝祥年谱》中指出：状元祠在今芜湖市长街与二街的状元坊巷内，门首有"状元第"及"张氏总祠"题额[①]。有人说，张氏总祠尚有墙界石碑三块，字迹清晰。

2.状元坊

在古代，有人考中状元之后，都要修建状元牌坊。张孝祥高中状元之后，也是如此。宋代陆世良在《宣城张氏信谱传》里，

①宛敏灏:《张孝祥年谱》,载《安徽史学通讯》1959年第4、5期合刊。

称状元坊“在升仙桥西”。民国《芜湖县志》卷十四《建置志·牌坊》说：“状元坊在县西长街，为宋状元张孝祥立。明知县侯璠重修。光绪间因街巷逼隘，于巷口悬置横额，以存其旧。”然而，遍查明代芜湖知县，没有侯璠其人，只有倪璠、王璠。倪璠，浙江海盐人，弘治十五年（1502年）任。王璠，北直长垣人，进士，正德元年（1506年）任。据此推断明代重修状元坊，可能是在十六世纪初期。

关于状元坊，清代皇帝老师、诗人黄钺在《于湖竹枝词》第一首里写道：“升平桥畔状元坊，曾寓于湖张孝祥”。黄钺早年就居住升平桥祖屋，升平桥即宋代张孝祥所居的升仙桥，宋代长街还未延伸到这里，所以这里比较清静。清代芜湖商业有了长足发展，长街才一直延伸到江河汇合处的中江塔下。长街繁盛的商业活动亦辐射到周围的街巷，这一带住宅众多，居民稠密。黄钺说：“芜湖西门外升平桥东，有文孝祠，祀梁昭明太子。祠中杂祀龙神、火神，与昭明并坐。又有屠者日鼓刀于门。”[①]完全是居民生活区的生动景象。清代同治、光绪以来，文孝祠由铺商修葺，成为“存置水龙之所”[②]。即早期的专业消防机构。这一发展趋势，至“光绪间因街巷逼隘，于巷口悬置横额，以存其旧。”可见随着社会经济的发展，状元牌坊也同禁蛙池一样，已经不存在

① （清）黄钺：《壹斋集·诗集》卷三五《文孝祠》，黄山书社1999年版，第664页。

② 余谊密主修、鲍实总纂：《（民国）芜湖县志》卷四十，黄山书社2008年版，第281页。

了。民国《芜湖县志》卷六《地理志·街巷》条：“弼赋门外有状元坊巷。”这时的状元坊，芜湖老一代人都知道，仅是一条普通逼仄的小巷名称，南起中长街，北至中二街，全长三百多米。

3.观澜亭

张孝祥在芜湖生活多年，题咏的名胜古迹很多，“既归芜湖，凡缙绅之士，莫不晋接，宗戚渡江而贫窘者，公辄赈之。新观澜亭以集同志，讲论之余，徜徉山水，寺观台榭，吟咏殆遍，而悉为之题识。”①为观澜亭书额是其中之一。

观澜亭位于鹤儿山麓，即今市委党校附近。该亭建于南宋初年，后毁，在张孝祥致仕前后重建，并由他书额。观澜亭与附近的三元殿为一处复合景观，合称雄观江声，为芜湖古八景之一。

由于鹤儿山滨江，所以这里成为观赏江澜的佳境。古时的江水流到这里，往往形成急流，像万马奔腾一样。南宋诗人陈造有《雄观亭》一诗，生动地写出了江中风浪及雄观亭周边景色。此后，历代文人墨客，都为雄观江声留下了一些诗句。可惜至民国年间，雄观江声在人们的视线中永远地消失了。

4.吴波亭

嘉庆《芜湖县志》卷六说：“吴波亭在县西，濒大江。宋隆兴二年（1164年）建，张孝祥书额。元欧阳元‘几回送客舣吴波’是也，明初知县杨偁构宇六楹为迎送所，后江涨冲激，遗址遂

①张孝祥：《宣城张氏信谱传》，《于湖居士文集》附录，上海古籍出版社1980年版。

废。”张孝祥所题，取自唐代温庭筠“吴波不动楚山晚”之诗句。这里需要解释一下，“元欧阳元”即元代芜湖县尹欧阳玄，为什么改“玄”为“元”，是因为避清朝皇帝（康熙）讳的缘故。民国八年《芜湖县志》就直接写成欧阳玄了。

吴波亭濒临大江，为行旅往来迎送之地，其位置应该在今中江塔一带，也有人认为在中江塔与接官厅（一条已经消失的小巷子）之间。至元代，芜湖县尹欧阳玄“几回送客舣吴波，月上芜城夜若何！”之句流传最广，吴波秋月由此得名，并成为芜湖古八景之一。

关于吴波亭的消失，据地方志记载，是因为“江涨冲激，遗址遂废。”反映明代以来，江水上涨，不断冲刷遗址，至清代已完全废毁。也有人认为是明初毁于战火，后由芜湖知县杨俑重建，明末清初再次毁于战火。

清道光年间，赣南道王泽致仕回芜，在镜湖南岸“希右园”内建立新的凉亭，命名为吴波亭。王泽《湖上新葺小园杂诗十首·其四》诗云：“不识吴波亭所在，临流阁榜字题新。”诗后注说：“吴波亭为邑名胜，不知原在何处，今就水阁题名，以复旧观，左田夫子（黄钺）曾刻‘吴波亭长’小印。”原址应该在柳春园附近，今亦不存。

除此以外，张孝祥在桂林、长沙、镇江等地多有题字，可惜多已磨灭，唯存佳话流传。现在只有庐山玉渊潭石壁所题“玉渊”两个大字犹存。

五、张孝祥在芜所作诗文

张孝祥的才华是多方面的，他的诗歌、散文与词、书法都有过人之处，他其实既是一个诗文词兼善的文学大家，也是一个自成一体的书法家。有人统计过，张孝祥在芜湖创作的诗词文章，有20多首（篇），以下选择其中较有代表性的三首略加评述。

(一)《满江红·于湖怀古》

乾道元年（1165年）正月十日，张孝祥冒着春寒凭吊芜湖县北的古迹玩鞭亭，写下名篇《满江红·于湖怀古》：

千古凄凉，兴亡事，但悲陈迹。
凝望眼、吴波不动，楚山丛碧。
巴滇绿骏追风远，武昌云旆连江赤。
笑老奸、遗臭到如今，留空壁。
边书静，烽烟息。
通轺传，销锋镝。
仰太平天子，坐收长策。
蹙踏扬州开帝里，渡江天马龙为匹。
看东南、佳气郁葱葱，传千亿。

据《芜湖县志》记载，玩鞭亭在县北20里处。东晋太宁二年

（324年），晋明帝打算除掉拥兵自重的大将军王敦，乘巴滇骏马前来察看他在芜湖的营垒，不料被王敦察觉，随即派遣5个骑兵追赶。晋明帝逃命时，急中生智，把随身携带的珊瑚七宝鞭交给路边卖食老妪，并说，追兵赶到这里，她可以拿出七宝鞭把玩。不久，追兵果然赶到，却被老妪手中的七宝鞭所吸引，互相传玩，晋明帝乘机逃脱。晚唐才子温庭筠以此为题材，写下流传甚广的《湖阴曲》。宋大中祥符元年（1008年），东承天院方丈蕴湘利用《湖阴曲》中的故事，在寺后建梦日亭，又在北郊建玩鞭亭。北宋苏门四学士之一张耒作《于湖曲》，抒发对这个历史事件的看法。张孝祥这首词，基本上化用张耒的诗意，但有自己的寄托。

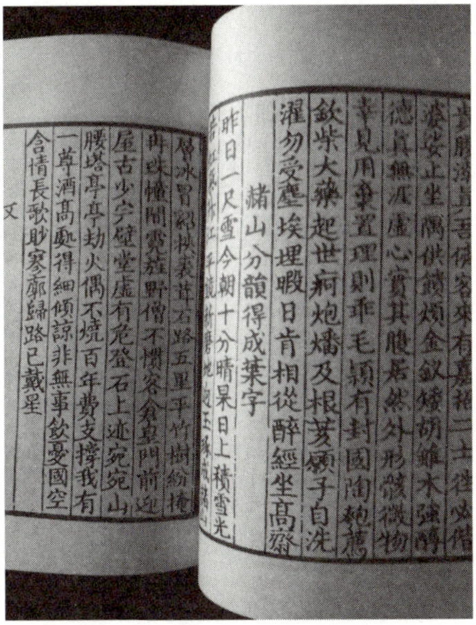

《于湖居士文集》书影

上片指斥王敦拥兵自重，不能北图中原，反而挟持朝廷，为患国家，虽得意于一时，却落得遗臭万年的可耻下场。借以表达对时下朝廷主和派的愤慨。下片“边书静”数语，表面似是肯定和议，其实全是反语，意在说明“隆兴和议”又在重蹈“绍兴和约”的覆辙，“仰太平天子，坐收长策”，讽刺宋孝宗屈辱求和。结句“看东南佳气郁葱葱，传千亿。”只说东南佳气，不讲中原王气，等于说恢复无望，只有偏安东南了。

由此可见，这首词的主旨是借古喻今，批判朝廷偏安一隅不思进取。

（二）《赭山分韵得成叶字》二首

其一

昨日一尺雪，今朝十分晴。
杲日上积雪，光若虹气升。
江平镜新磨，地迥玉琢成。
赭山有令色，令我白眼青。
借马屋东家，唤客踏层冰。
冒貂挟裘茸，石路五里平。
竹树纷掩冉，珠幢间霓旌。
野僧不惯客，仓皇门前迎。
屋古少完壁，堂虚有危登。
石上迹宛宛，山腰塔亭亭。

劫火偶不烧，百年费支撑。
我有一尊酒，高处得细倾。
谅非无事饮，忧国空含情。
长歌眇寥廓，归路已戴星。

其二

万生纷不同，宿昔有定业。
哀哉彼迁民，苦事乃稠迭。
累累庭际炊，采采涧底叶。
问渠胡为来，悲泪不盈睫。
连年避胡乱，生理安可说。
今年更仓皇，刍藁亦焚劫。
扶持过江南，十口四五活。
斗米六百钱，兼旬又风雪。
前时诏书下，振廪要周浃。
圣主甚哀矜，我曹空感咽。
愿今兵革罢，复得理归楫。
传闻菰蒲中，相杀血新喋。
本是耕田农，饥寒实驱胁。
须公语县吏，早与支米帖。

第一首描写雪后初霁，作者骑马慢行，只见通往赭山的石道，布满厚厚的白雪，阳光照在山岩上，发出耀眼的光芒。越往山上去，远看长江如同新磨的铜镜，山色喜人，被白雪雕琢成玉石般的晶莹。竹叶杂树被雪所压，像朱幢霓旌。寺僧听说我们到来，慌忙迎至山门。寺庙年久失修，残垣破壁，石阶晃动，只见宝塔耸立在岩石之间，难为它百年支撑，未被火灾烧毁。我带来一尊好酒，慢慢地饮酒干杯，并非无事而饮，空怀着一腔忧国忧民的豪情，只能对着寥廓的江天浩歌一曲。回程的路上，繁星满天。特别值得一提的是，这首诗有“石路五里平”，告诉我们宋代芜湖从状元坊通往赭山有长五里的石子路。

第二首在叙述上采用一问一答的形式，按照结构可以分为两部分。从开始到“悲泪不盈睫”为第一部分，描述了南宋初年经历战乱、避乱移居芜湖地区的人民生活，这些移民中很多人家没有厨房，只能在堂前烧饭。灶边堆放着从涧底捡来的枯枝烂叶。“哀哉彼迁民，苦事乃稠迭。”第二部分则以流民的口吻回答诗人的询问，他们流着泪说，由于家乡连年遭受金兵的蹂躏，生活艰难，今年更是悲惨，连喂牲口的干草也被兵火烧毁了，实在没有活路，只好拖家带口过江避乱。原来十几口的大家庭经过辛苦奔波，如今仅剩下四五口了。现在物价飞涨，一斗米要六百多钱，加之连续二十多天都在刮风下雪，真是饥寒交迫。尽管朝廷颁下诏书，要地方官赈济难民，但是地方官却阳奉阴违，中饱私囊。现在我们只希望战乱早日结束，重返故里。听说附近的陂泽之处新近杀了很多人，这些杀人的人原来也都是老实本分的种田人，之所以铤而走险，也是迫不得已。请您转告县里长官，早点把朝廷的赈济粮食发给我们吧，否则我们真的是活不下去了。这首诗语调沉痛，反映了南宋初年的战乱给人民带来的深重灾难，表达了诗人对流寓江南的北方人民的深切同情。我们知道，张孝祥出生前几年正好是“靖康之难”，他的家族也和当时无数家庭一样饱尝过漂泊流离的辛酸，长辈的叙述在他幼年的记忆中留下了深刻的印象。感同身受的经历使张孝祥对于流民遭遇，有着同样深刻的切肤之痛。

（三）《湖湘以竹车激水，粳稻如云，书此能仁院壁》

象龙唤不应，竹龙起行雨。
联绵十车辐，伊轧百舟橹。
转此大法轮，救汝旱岁苦。
横江锁巨石，溅瀑叠城鼓。
神机日夜运，甘泽高下普。
老农用不知，瞬息了千亩。
抱孙带黄犊，但看翠浪舞。
馀波及井臼，舂玉饮酡乳。
江吴夸七蹋，足茧腰背偻。
此乐殊未知，吾归当教汝。[①]

这首水车诗作于湖南，书于芜湖能仁院壁。时人说：“活脱是东坡诗。”[②] 说明这是一首成功的仿苏诗。我们知道，能仁院为芜

①张孝祥：《于湖居士文集》卷四《古诗》，上海古籍出版社1980年版。

②宛新彬：《张孝祥资料汇编》，中华书局2006年版，第66页。

湖四大佛教寺院之一，有东寺之称。该寺有苏东坡手书温庭筠的《湖阴曲》，刻碑嵌于院壁。在此题壁，既符合张孝祥在家乡推广筒车的想法，也符合张孝祥仰慕苏轼的情结。

“象龙唤不应，竹龙起行雨”。这是指筒车的造型和材料，筒车所有材料均为竹制，特别是挹水筒用天然的竹筒盛水，很好地利用了竹材的中空特性，堪称绝妙。“筒车”、“竹车”，因之得名。筒车灌溉靠的是山区的水文条件，靠激流产生的水力推动，自灌自覆，流转无劳人力。因灌溉效益显著，亦称竹龙。这种筒车上有十个挹水筒，不停断地挹水，筒在水中盛水后，随轮转至上方，水自动倾入上方槽内，流入农田。“联绵十车辐，伊轧百舟橹。转此大法轮，救汝旱岁苦”。可见筒车为山区乡民灌溉之利器，在湘桂丘陵山地一带十分流行。作者全面地介绍了筒车的形制、材料、灌溉过程和功效，高兴之余，想起家乡芜湖一带还在使用的踏车，“江吴夸七蹋（同踏），足茧腰背偻。”大抵是七人踩踏的大型号踏车。人倚架上，踏动拐木，带动龙骨板循环转动，提水上岸。脚踏水车靠的是人力踩踏，日久，脚上磨出老茧，腰背也弯曲了。相比之下，实在劳苦，因此张孝祥说要把筒车技术带回家乡。若不是平素关心民间疾苦，对农民有深厚的感情，决不会有这种想法。

那年张孝祥在桂林任上，正逢大旱，视察下属兴安县，见筒车挽水灌溉，使广西桂北山区的稻田一片葱郁，引发感慨：

前日出城，苗犹立槁，今日过兴安境上，田水灌输，郁然弥望，有秋可必。贤者之政，神速如此。辄寄呈交代仲钦秘阁。

筒车无停轮，木枧着高格。
粇稌接新润，草木丐余泽。
府公为霖手，号令行顷刻。
愿持一勺水，敬往寿南伯。①

该诗重点是最后四句，作者由筒车灌溉想到为民“父母”的府公、县令们，希望他们像筒车那样做个泼洒甘露的人，时刻让子民们得到恩泽。自己愿意舀一瓢清泉当作美酒，去敬献这些能为民造福的父母官。在张孝祥看来，为官要不扰民，踏实为民做事，为百姓造福，这就是德政。这是筒车给他的启示，体现出作者难得的平民作风和悯农情怀。

六、结语

张孝祥短暂的一生，是在国家战乱屈辱和灾难深重中度过的。在有生之年，他一直以收复中原、中兴大宋为己任，无奈南宋朝廷一再偏安求全，丧失北伐的中兴机遇。他在官场遭遇坎坷，步步荆棘，一直郁郁不得志，38岁就以“显谟阁直学士”的头衔致仕，回家乡芜湖闲居。1169年七月，因为送别抗金名臣虞

①张孝祥:《于湖居士文集》卷五《古诗》，上海古籍出版社1980年版。

允文，在芜湖江中的舟中饮酒，不幸中暑身亡。

宋孝宗得知张孝祥去世，不禁失声叹息：“可惜用才不尽！”张孝祥逝世那天，芜湖“商贾为之罢市，两河之民惶惶如失所恃”。由此可知，张孝祥在芜湖人民的心目中占有非常重要的位置。张孝祥去世后，安葬在今南京市江浦县老山。

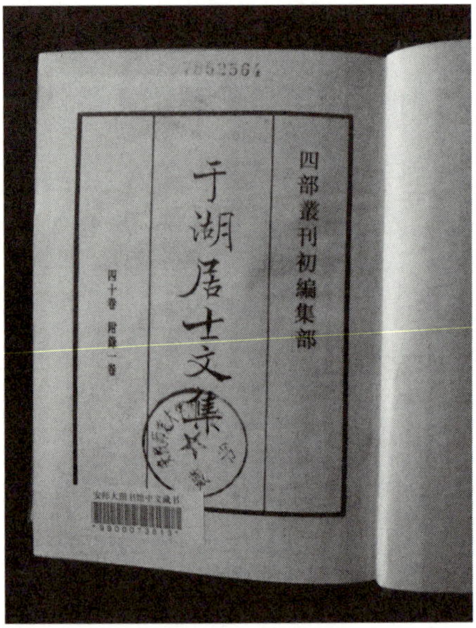

《于湖居士文集》书影

张孝祥虽然英年早逝，但无论在南宋的政坛还是词坛上，都是一颗短促却耀眼的明星。由于时势不与，也由于天不假年，张孝祥的政治才能，并没有完全发挥出来，但文学方面的成就，却是既全面又杰出的天纵之才。他的书法、诗赋、文章俱佳，而词的成就尤高。词风清旷飘逸，酷似苏轼。以深刻的爱国思想和高度的艺术技巧，上承苏轼，下开辛弃疾词派的先河，是南宋词坛豪放派的代表人物之一，在词史上占有比较重要的地位。著作《于湖居士文集》40卷，有《四部丛刊》影宋本，其中收入词作4卷。又有《宋六十名家词》本《于湖词》3卷。

海内外文史学界研究张孝祥，研究的重点多是其诗词、散文和书法等方面，而“张孝祥与镜湖”文化研究项目的启动，则把张孝祥与这座城市的历史和未来联系起来。张孝祥在芜湖生活的时间最长，也一直视其为故乡。他对这座城市的突出贡献，就是“捐田百亩，汇而成湖”。如今，近千年过去，芜湖已发展成为皖江区域最具活力的城市之一，镜湖也逐渐摆脱了具象束缚，成为一种先进的地域文化的形象载体。

徽商与芜湖的相互影响

芜湖市地方志办公室课题组

摘要：因地缘将芜湖与徽州相连，又因芜湖历史上的传统商业地位，使得徽商在芜湖发迹、壮大。徽商为芜湖地域文化注入宝贵的优秀元素；芜湖也为徽商发展壮大提供了很多便利条件，成为徽商扬帆的港湾，徽商从此走出皖南，走出安徽，走向全国乃至世界，创造出灿烂辉煌的徽商文化。

关键词：芜湖　徽商　影响

芜湖，古称鸠兹，位于长江下游最大支流青弋江和漳河的入江口，又是长江自西东来的转折点，自古便是水运交通枢纽。在芜湖2500多年城市发展史上，随着不同时期社会经济发展的需要，经历了由前期的沿江要隘、军事重镇到商埠中心的过渡。芜湖作为皖东南物资集散地的地位形成之时，正处于明中期商品经济的发展和徽商崛起的历史当口，因此，芜湖与徽商结下了深厚的不解之缘。芜湖因徽商而兴盛，徽商由芜湖走向天下，创造出辉煌历史。

一、芜湖是徽商发展的沃土

芜湖，最初是作为军事重镇载入史册。隋唐以后，南方经济有了快速发展，全国经济的中心实现了由北向南的转移，北方政治中心对南方丰富物产的依赖不断增强，芜湖作为沿江水路交通枢纽的经济功能日益显现，军事重镇的地位逐步被其物资集散地的经济地位所取代。到了宋代，芜湖作为物资集散地与商品中转站的经济地位逐渐形成，同时由于在交通不发达的古代，水路交通以其运量大、成本低的优势得到高度重视，因此，芜湖凭借发达的水陆交通和物资集散地的区位优势，将富庶的东南地区与开封、临安、大都等政治中心及其它地区联系在一起，芜湖逐步成为长江中下游的重要商埠码头。

明清时期是我国古代农业、手工业和商业发达的时期，也是芜湖作为物资集散地向传统商业城市过渡并发展、兴盛，走向成熟的时期。据有关史料记载，元朝末年，芜湖曾遭严重破坏，但经过短期的休养生息，很快就出现了繁荣景象。明初黄礼说："芜湖附河距麓，舟车之多，货殖之富，殆与州郡埒，今城中外，市廛鳞次，百物翔集，文彩布帛，鱼盐襁至而辐辏，市声若潮，至夕不得休。"①万历初，已成为"辏五方而府万货"②的都会。到了

①余谊密主修、鲍实总纂:《(民国)芜湖县志》卷八,黄山书社2008年版,第38页。

②余谊密主修、鲍实总纂:《(民国)芜湖县志》卷十,黄山书社2008年版,第55页。

乾嘉年间，繁荣更甚往昔。“四方水陆商贾，日经其地，阛阓之内，百货杂陈，繁华满目,市声若潮。”“阛阓之盛甲于江左”[①]。每逢端午节,这里的商民龙舟竞渡，热闹的场面吸引着南京游客。时人有诗称其盛况云：“华灯照水笙歌舞，不枉人呼小建康。”[②]

芜湖在商业上的重要地位，还可以从明清两朝在这里设关征税的情况中得到说明。明成化七年，朝廷即在芜湖设置“工关”，万历时，又在工关之外另置“户关”，征收过往商船的船税与货税。明泰昌、天启间，芜湖户关虽一度被罢停，但到崇祯初年又重新建立，从此遂为定制。康熙年间，芜湖关已成为全国“税额俱多”的常关之一。乾隆时，芜湖户关每岁征银三十一万余两，工关征银七万余两，税额在全国常关中名列前茅。关税之多固然表明封建统治阶级的贪婪，但也反映出当时的芜湖确已成为全国重要的工商业重地，同时也成为徽商走出大山进而向全国发展的沃土。

二、徽商在芜湖的经营

明清之际，芜湖作为长江中下游最具影响力的商业城市之一，已开始显现其独特魅力，然而在促进芜湖逐渐转变为商业城市的诸多因素中，徽商作为一支重要力量，起着决定性作用。

---

①余谊密主修、鲍实总纂:《(民国)芜湖县志》卷六十，黄山书社2008年版，第796页。

②余谊密主修、鲍实总纂:《(民国)芜湖县志》卷五十九，黄山书社2008年版，第790页。

徽商经营广泛，以盐、典、茶、木四大行业为支柱。芜湖处在两淮盐场行盐区的核心位置，食盐要经过芜湖中转，盐船要经芜湖停泊休息，补充给养。盐商无论在芜湖经营、中转，还是中途停歇，都会给芜湖的商人带来商机。而明清两朝，两淮盐场规模很大，产盐量占全国的一半，这正是徽州盐商聚集芜湖的一大原因。芜湖除了是食盐的重要销售和中转基地外，还是其它大宗商品的集散地。如明清时期的徽州木商、粮商等。同时芜湖工商业的繁盛，自然吸引了大量金融行业商人的介入，于是徽商的典当行、晋商的票号纷纷入驻芜湖。此外，徽州的茶商、布商、绸缎商、陶瓷商以及铜商等也都频繁往来于江上，很多商人都把芜湖作为他们经商的基地。

生产和流通都活了，定居人口和流动人口自然不断增加，而其中客籍侨居商人尤其为多。明初黄礼说：在芜湖“居厚实，操缓急以权利成富者，多旁郡县人”[①]。对于这种情形《芜湖县志》也有明确记载：“同、光以来，邑人以商业致富者颇不乏人，较之旧俗，大有进步。然城镇乡各处，大率业砻坊者居多，此外各业仍不若客籍之占优胜。”[②]那么这种客籍商人究竟来自何处呢？据县志所载，清末各地商民在芜湖所建会馆有十八处之多，这表明，芜湖确是一个“五方杂处”的都会，客籍商人来自四面八方。然而这些商人中，人数最多、资本最雄厚，对芜湖商业发展

①余谊密主修、鲍实总纂：《（民国）芜湖县志》卷八，黄山书社2008年版，第38页。

②余谊密主修、鲍实总纂：《（民国）芜湖县志》卷八，黄山书社2008年版，第38页。

起着重要作用的还是徽州商人。清初赵吉士也说："徽之富民，尽家于仪、扬、苏、松、淮安、芜湖诸郡以及江西之南昌、湖广之汉口，远如北京亦复挈其家属而去。"[①]可见徽商"足迹几半宇内"，芜湖为他们主要的活动场所之一。

寄居芜湖的徽籍商人之多，在该地的赋役制度中有所反映。据《太平府志》载：嘉靖六年（1527年），芜湖县知县王德溢曰："将地方居民与徽贾盐商土著者，派夫三千三百五十六名，在官轮差答应。又以商之浮居俄屋，或往或来者，令其出银，协济各差之不足……行之已久，民皆称便"[②]。按明制，各州县的差役一般都是派自土著居民，芜湖县却将一部分差役负担摊在客籍商人身上，而且，特别指明要"徽贾盐商"分担这项赋役。这表明在芜湖的客籍商人人数众多，而他们的主力和中坚则是"徽贾盐商"。正因为如此，当这项制度发生弊病时，官府便不得不靠徽商首领的协助去加以整顿，《太函集》称："芜阴（芜湖）当舟车辐辏之冲，其地多羁旅，少土著，县长吏籍羁旅者起丁夫。久之，践更皆不平，（程）处士诣县长吏，请以身平，其籍遂定。"[③]这位程处士就是寄居芜湖的徽商，并被其乡人推为"贾人祭酒"。这个事实进一步证实了徽商确是这项差役的主要承担者，由此可以看出徽商在芜湖的巨大影响力和雄厚实力。

---

①《徽州府志》卷二，清康熙本。

②《太平府志》卷十二，清光绪本。

③汪道昆：《太函集》卷一〇，黄山书社2004年版。

明清时期徽人贾于芜湖者为数甚多，他们或为行商，或为坐贾；或列肆于通衔，或背运于作坊。还有许多小贩，逐利于市井，贩卖于街巷。尽管他们资本无多，获利甚微，却也成为芜湖商业中的一个有机组成部分。总之，芜湖的各种商业活动多与徽人有着相关联系。徽商通过他们辛勤的双手，以芜湖为营商出发港，走出皖南，走出安徽，走向全国乃至世界，并将徽商事业发展到鼎盛，创造出灿烂辉煌的徽商文化。

三、徽商从芜湖走向全国

五百多年前徽人走出逶迤大山，驰骋明清两代，纵横南北商界，他们用智慧与汗水写下了许多精彩的篇章。缘于特殊的地理与人文关系，芜湖既是徽州连接外界的天然跳板，又是徽商走向全国各地的门户，更是徽商植根兴业的一方沃土。

从芜湖走向全国的徽商很多，其中最有名的当数明代的阮弼。阮弼，号长公，徽州岩寺人，《太函集》记载："巨商阮弼经营的浆染业所染'赫蹄'之精，盛传海内外。"在阮弼垄断了芜湖的浆染业后，便以芜湖为基地，沿着长江、中江和大运河把产品运销到吴（江苏）、越（浙江）、荆（湖北）、梁（河南东部）、燕（河北）、豫（河南）、齐（山东）等地。阮弼还在这些地方设立分店，阮弼以客商和坐贾的身份，经营着庞大的生产、运输、销售网，并在经商的同时，又雇工生产，成了我国古代手工业和商业结合的典型，也是资本主义在我国萌芽的典型代表。明代科学家宋应星在《天工开物》一书中指出，当时“织造尚松江，浆染尚芜湖”。著名历史学家翦伯赞在其所著《中国史纲要》中说：“明代江南五大手工业区域，即松江的棉纺织业，苏杭的丝织业，芜湖的浆染业，铅山的造纸业和景德镇的制瓷业”[①]。

以芜湖为跳板走向全国的徽商还有清代徽墨四大家中的“胡开文”。1995年出版的《安徽省志·商业志》中称：“‘胡开文’几乎成了‘徽墨’的象征”[②]。胡开文墨业创始于乾隆三十年（1765年）。“胡开文”不是人名，而是墨业的店名。胡开文的创始人是徽州绩溪县上庄村的胡天注。胡天注先是在休宁创设“胡开文”，后又在屯溪开设“胡开文”分店。胡天注有八个儿子，他在世时曾立下分拆阄书，规定休宁胡开文墨店和屯溪胡开文分店分别由次子胡余德和七子胡颂德掌管执业。1852年，胡天注派下六房樾德孙胡贞益在芜湖南正街开设“胡开文沅记”，以“沅记”和其它胡开文区别，这是走出徽州的第一家胡开文。同治九年（1870年）前后，胡贞益先后在九江增设“胡开文亨记”，在两江总督府所在地南京增设“胡开文利记”，在湖广总督府所在地武汉（汉口）增设“胡开文贞记”，在安徽省会安庆增设“胡开文立记”，在芜湖下长街陡门巷增设“胡开文源记”；并在郑州、开

①翦伯赞：《中国史纲要》（第3册），人民出版社1963年版。

②安徽省地方志编纂委员会编：《安徽省志·商业志》，安徽人民出版社1995年版，第358页。

封、成都等地有几十家批发户和特约代理店。

胡开文墨

1909年，胡天注的八房硕德曾孙、胡贞益的侄子、原汉口“胡开文贞记”的墨师胡祥钧，在上海创办“广户氏老胡开文”。“广户氏老胡开文”发展很快，在上海建三处支店，在北京设琉璃厂分店、天津设滨江道分店、南京设太平大路分店、汉口设后花楼分店、杭州设杭州分店以及沈阳、万县、成都、重庆、宜宾、灌县、内江、昆明和腾冲等地的支店和特约代理店。后来胡开文的各房又先后在北京、杭州、歙县、扬州、长沙、武昌、苏州、天津、南京、汉口、安庆、沈阳、万县、成都、重庆、昆明等地开设了多家胡开文墨店。有的城市甚至出现多家“胡开文”，如上海一地就有十几家“胡开文”，仅芜湖就有4家。可见其兴盛。

徽商之所以将芜湖作为其商业发展的黄金港湾，原因主要有以下两个方面：

一是芜湖优越的地理位置和便利的交通。芜湖西倚长江，南临青弋江，由青弋江和水阳江可直达太湖；西经长江，由运漕之水转巢湖还可以继续北上。这些水路东邻苏沪，西接湘鄂，南通浙赣，北达中原，不仅是历代兵家必争之地，也是四方物资集散之处。周边丰富的物产、四方汇集的物资，为商业的发展和商人的活动提供了优越的条件。同时芜湖和徽州两地间距离不足二百公里，其间虽然有山岭阻隔，但自古就有大道相通，交通并不困难，徽州人到芜湖这么近的地方谋生，无论对在家乡徽州的亲人，还是对外出经商的游子来说，心理上都是可以接受的。徽商到达芜湖后，上可至川、鄂、赣，下可达苏、沪；经运河可达扬州、北京。芜湖既是徽商从事江上贸易的理想天地，也是他们远赴经商的跳板。一旦事业上立了足，便可以芜湖为基地，进一步向长江上、下游发展，赢利四方，万一失利也便于返回故乡，不致坐困他地。明代著名戏曲家、抗倭名将、徽州人汪道昆说：“吾乡去芜阴（芜湖）四百里而近，乡人贾者，往往居芜阴”[①]。

二是徽商所经营的商业范围与芜湖息息相关。史称“芜湖关工税，向以木排为大宗”[②]，就是说木材是通过长江转运的重要商

①汪道昆：《太函集》卷一〇，黄山书社2004年版。

②彭泽溢：《中国近代手工业史资料》第1卷，中华书局1984年版。

品之一。而在沿江运木的商人中，恰恰就是以徽商最为活跃。在《婺源县志》中，关于商人“业木维扬”、“业木姑苏”、“掌木业于金陵”、“贩木豫章”、“贩木湖南”、“往楚贩木”之类的记载俯拾皆是。这些都足以表明，当时从湖南、江西购买木材运往长江下游销售的徽州商人是很多的。而这些徽州木商中，有许多人就是以芜湖作为活动基地。嘉庆版《芜湖县志》载：“炮台在县西滨江……今其下滩地为徽临两郡木商堆贩木箱之所。”民国版《芜湖县志》又载：“潇江会馆，原名临清会馆，在徽临滩……又以在芜业木者，临郡他县人无与焉，恐滋混淆，因改称今名。”从上述两段记载中可以看出，在芜业木者以徽临两帮商人居多，其中尤以徽帮更占优势，故堆放木材之所称为“徽临滩”。粮食也是当时通过长江转运的一种重要商品。不但江西、湖广每年都有大批粮食远销苏、浙以及北方各省，而且安徽沿江两岸的圩田也盛产稻米，可供外销。在这种粮食贸易中，恰恰又是以徽商最为活跃。明万历时，“南畿”一带发生灾荒，贩运粮食的“商舟皆集于江西，徽人尤众”。可见明清时期的芜湖，已成为长江沿线重要的商品粮集散地。晏斯盛说：“枞阳、芜湖、运漕为江广米船聚集之区。”又说，“江广米船开江东下，其口岸有三，枞阳、芜湖、苏州是也”[①]，在这种形势下，徽州粮商以芜湖作为他们的活动基地就是很自然的了。此外，徽州的盐商、茶商、布商、绸缎商、陶瓷商

①贺长龄，魏源：《清经世文编》卷四七，中华书局1992年版。

等等也都频繁往来于江上。其中自然也有许多把芜湖作为活动基地。许多徽商正是为了便于在江上从事贸易,才在芜湖寄籍的。

所以，在徽商发展史中，芜湖一直是徽州商人主要定居之地，他们把芜湖作为商业往来的大本营、转运站和桥头堡，并不断由此向外扩张。许多徽州人在这里进行商业的试水，由小到大、由弱至强。尤其在鼎盛时期，徽州商人利用内河和长江水道，将芜湖的米粮、布帛、铁器作为主要商品对外贸易，芜湖对徽商的兴盛与发展所起的作用更是不可低估。

四、徽商对芜湖发展的贡献

芜湖优越的经商环境成就了商人的事业，而商业资本以及商人的活动在芜湖城市经济和社会发展中发挥了显著作用。

（1）人数众多、资本雄厚的徽州商人长期在芜湖从事商业活动，这本身就促进了芜湖工商业的发展。

明清之际，芜湖社会产品商品化程度明显增大，商品经济活跃异常，真正成为“百物翔集，文彩布帛鱼盐襁至而辐辏”的商业大都会。如果说形成于明代中叶，名噪大江南北，风采500年的商业老街——十里长街是芜湖商品集散的集中地，那么长街上众多的老字号品牌，繁星点点，则折射出芜湖商品经济的层次。歙县人阮弼全国连锁式的染局；休宁人汪尚权“指挥百人，斩斩有序”的冶铁作坊等，昭示着芜湖商品经济的后续动力。史学家万明先生《晚明社会变迁问题与研究》一书中，在以店铺业为指标，论及晚明城镇商业的空前发展时，将芜湖列入全国商业繁华之所，“作为城镇经济活动的主要载体——店铺业则是熠熠生辉，从大范围讲，如两京、江、浙、闽、广诸省，次之苏、松、淮、扬诸府，临清、济宁诸州，仪真、芜湖诸县，瓜州、景德诸镇，都店铺林立，生意兴隆。”[①]

（2）维护了地方的稳定。

明清时期，随着中央对地方社会统治力的削弱，在一些地方事务中，豪门大族以及社会精英阶层主动担当起维护社会稳定的职责。作为社会精英阶层一部分的商人，一方面在维护自身群体利益时敢于抛头露面，承担责任。如商人吴宗圣，久居芜湖，以义侠闻名乡里，当时“榷关邓主事苛责诸商，多额外征，莫可谁何”[②]，他毅然组织起商民，控告邓主事，最终取得了胜利。另一方面，在维护社会秩序时也不惜资财，勇于担当。嘉靖三十三年（1554年），倭寇自杭州入徽州，寇南陵，窜犯芜湖，在青弋江南岸大肆焚掠，北岸商业中心区岌岌可危。此时芜湖尚无城墙可以捍御，官吏也束手无策。在这紧要关头，徽商阮弼挺身而出，组织商民数千人，“杀牲誓众，协力守御，斩获倭寇一人，迫其溃退”[③]，使青弋江北岸的商业区免遭浩劫。万历年间（1573—1619

①万明：《晚明社会变迁问题与研究》，商务印书馆2005年版，第90页。

②张海鹏、王廷元主编：《明清徽商资料选编》，黄山书社1985年版，第411页。

③汪道昆：《太函集》卷三五，黄山书社2004年版。

年），芜湖大饥荒，休宁籍徽商查杰“日输三百石以倡之”。清道光十年（1830年），芜湖大水，凤林、麻浦二圩俱溃，徽商许仁主持赈灾，并组织灾民复堤，稍后又“倡捐巨万”。道光十四年（1834年），许仁病故芜湖，村民在凤林圩的殷家山立祠祭祀他。徽商的义侠之为，不仅树立了良好的形象，更重要的是对芜湖经济、社会秩序的稳定起到积极的作用。

（3）推进了城市的建设。

明代的芜湖，原无城墙保障治安，以致多次发生重大事件之后，才把筑城提上日程。嘉靖三十三年（1554年），倭寇窜犯芜湖，抢掠烧杀无数。嘉靖三十八年（1559年）和万历二年（1574年），芜湖县库钱财两次被盗。为此，万历三年（1575年），在徽商徐行路的倡议下，朝廷决定筑芜湖城，由当时任南京兵部左侍郎的汪道昆监督筑城工程。万历九年（1581年），芜湖城垣“如期而告成事”、“城完而坚”。史载，徽州商人徐行路“捐千金独造南城井干之楼”[①]。阮弼也积极参与了这项工程，他“扶议倡众”，“以身为版筑先”。在修筑芜湖的四座双层楼城门和三座便门时需费二百两黄金，府库仅拨给一半经费，其余的由芜湖士农工商凑齐。阮弼还捐出巨款，独自兴筑了芜湖西门城楼。除修城外，商人们十分关心芜湖的道路交通。万历年间（1573—1619年），查杰“广石道于南陵”，拓宽了芜湖至南陵的大道，并以石

①《歙县志》卷九，民国版。

板铺就，使此要道无论阴晴畅通无阻。为了保护商船在长江上航行安全，雍正年间（1722—1735年），徽州商人吴昂曾在芜湖附近的痐矶上立庙建旗，提醒船夫注意避免触礁。徽商对沟通青弋江两岸的交通也作出了贡献，天启元年（1621年），歙县富商汪伯爵倡捐重建县城南门外的浮桥，“新造方舟二十艘，垫以平板，匝以巨槛”，便于行走，被人们称为“便民桥”①。

（4）徽商对推动芜湖地域文化的发展也做出巨大贡献。

芜湖是一座移民城市，来自四方的杂处之民，给这里注入了多元化的文化风格，并逐步形成了具有开放、多元、包容、尊儒、崇文、重商的芜湖地域文化特质。其中徽州商人对芜湖地域文化形成与发展的贡献尤为突出，功不可没。

阮弼可能是商业史上连锁经营的早期实践者之一。胡开文家训“分家不分店，分店不起桌，起桌必更名”更体现了连锁经营的精髓。清代芜湖地方政府颁布的《贩运钢斤章程檄》有可能是世界上最早的钢铁市场交易管理办法，其中对商标、承兑汇票、质量、钢材交易场所的管理、售卖资格的确立、交易数额的登记、著名商标的认可等现代交易的规则多有涉及。

在制药业和冶铁业中，在涉及用工管理、工资制度等诸多方面出现了资本主义管理方式，使芜湖成为较早进入资本主义萌芽时代的地区。

①余谊密主修、鲍实总纂:《(民国)芜湖县志》卷六十，黄山书社2008年版，第91页。

徽商在芜湖成立了众多的同业公会、商会，加快了芜湖成为市民社会的步伐，提高了社会的自治能力。这也是明清时代文学史上如汤显祖的《牡丹亭》、吴敬梓的《儒林外史》等一大批具有民主思想的作家及作品中的人物原型，多与芜湖有关的主要原因。更大的制度创新还在于，芜湖人率先在北京上三条建立了芜湖会馆，是中国会馆制度的创新，对中国文明史做出了贡献。芜湖人不但创造了会馆，而且善于利用会馆从事维护本帮商业利益，徽商吴宗圣便是在芜湖会馆上下运作取得了朝廷罢免“江夫河蓬银”斗争的胜利，民国版《芜湖县志》上记载北京芜湖会馆里曾为这场斗争的胜利立碑纪念。这场斗争的胜利，同时也体现了芜湖徽商的智慧，他们在苛政面前不但有勇敢抗争的一面，也有运用法律和经济手段进行人际沟通的一面。这也是芜湖徽商不仅如晋商一样尊崇“关公”，更立足现实和当下积极进行“公关”的智慧，追求和谐人际关系的一面。

为了减轻芜湖市民的苛捐杂税的负担，鲍人龙、鲍献及其母“愿捐银两万两生息抵办”也是一种创新之举。徽商吴昂集资修建永宁矶航标的过程可能就是较早时期的用“官督民办”的方法建设公益事业的尝试。

至于徽商在芜湖创建了诸如“张恒春”等众多百年老号以及建设中华闻名的商业街——“十里长街”，更是妇孺皆知。在芜湖的徽商是明清时代商业资本投向产业发展最多的一个群体。

张恒春药店

徽商在芜湖办教育、赈灾、办慈善、办医疗机构、办文化事业、捐资助学、交通和城市建设等各方面成绩斐然，更为姑孰画派的形成和发展及铁画的创造和推广做出了独有的贡献，完美地体现了“贾而好儒”和热心于公益事业的风采。

明清时期，徽州的文人学士侨居芜湖为数颇多，如胡邦旦、方兆曾、释渐江、朱卉、谢崧、孙逸、谢登隽、黄兰谷等。这些人或为名医，或为硕儒，或长于诗赋，或工于绘画，对芜湖的文化发展都有不同程度的贡献。这些徽州文士有的本身即为徽商子弟,有的则因是徽商的同乡同族受到资助而来芜湖。明末徽商阮弼在芜湖时，“诸宗族亲戚闾右至者，辄推赤心而纳之交。业儒则佐之儒，材可贾则导之贾”[①]。清末“以贾起家”的徽人李爰得在芜湖时，“士林寒酸多赖公举火，邑人士之得科第者，费用大半取给于公”[②]。可见徽州文士多侨寓芜湖的现象，与徽商在财力上的支持分不开。

徽商在芜湖经营文化事业也不乏其人，最为代表性的就是绩溪上庄人胡天注（1742—1808年）创始的“胡开文”墨业，在清同治八年（1869年）由其曾孙胡贞益在芜湖传承。“沅记胡开文”墨店在中国墨业独占鳌头，深受欢迎。芜湖徽商还特别重视藏书、刻书、教书和著书，程梦星（1678—1747年）、汪宗沂（1837—1906年）、袁昶（1846—1900年）等都是亦商亦儒的名流。不少商人本身就有很高的文学和艺术修养，他们往往能够自觉地参与到文化活动中去，对文化活动和落魄文人的物质资助毫不吝惜。“贾而好儒”的徽商带来了儒家文化的精粹，不仅提高了芜湖人的文化素质，升华了芜湖的人文精神，更给芜湖文化注入了尊儒、崇文、重商的元素，助推了芜湖商业文化和城市文化的变革性发展。

宋代以后芜湖科技的成果是徽商投资芜湖的重要原因之一，反过来徽商又促进了芜湖科技的进一步发展和传播。阮弼在从事染纸业的基础上，开始了布匹丝绸的浆染，使这项技术达到了“浆染尚芜湖”的高度。芜湖浆染业雄踞中国四百年之久，为中华

---

①汪道昆：《太函集》卷三五，黄山书社2004年版。

②郑恭：《日记》第三册。

民族的纺织浆染业写下了辉煌的篇章，并直接导致了苏州踹布的产生。

芜湖的圩田技术传入长三角地区以后，产生了苏州的“围田”技术。

张小泉将在芜湖学到的“嵌钢”技术带到了杭州，产生了中国手工业史上著名的品牌“张小泉剪刀”。

雍正时期大量出入于杭州北新关的芜湖制造——“报桨船”，在当时国内造船业界影响巨大，相当于古代的水上“奇瑞”。

明朝周边国家贡臣常绕道芜湖购买徽商“永春药号”生产的中成药品，把芜湖的制药技术传播到了国外。

徽州粮商促进了芜湖米市的形成和发展，而米市又急剧地扩大了芜湖的城市规模和社会各项事业的发展，使芜湖进入近现代化的速度明显高于长三角周边城市。

众多掌握了近现代技术的徽商，如明远电力、福丰面粉公司等一大批企业带动了芜湖社会迈向了近现代化。

一批通晓洋务的徽商积极与外商贸易，促进了芜湖海关的发展，扩大了芜湖的开放度。这也就是为什么英国在《中英烟台条约》以后出版的地图中有芜湖的地名，香港有芜湖街的原因。某种程度上提高了芜湖的知名度和美誉度。

五、徽商在芜湖的发展促进了徽州的发展

文化的影响与融合总是双向的，你中有我，我中有你。芜湖的地域文化在得到徽文化影响的同时，也深刻地影响着徽州文化。徽商推动了芜湖工商业的发展，同时芜湖对徽州社会的发展也产生了重大的影响，这种影响主要体现在以下几个方面：

17世纪，在安徽南部一带，画家云集，形成了中国绘画史上颇具影响的诸多流派。芜湖画家萧云从（尺木）以其山水、人物、花鸟三科并举的独特风貌和多方面的才华，且因年岁稍长，而在各画派的画家中成为领军人物。萧云从与新安画派中渐江、孙逸、梅清等画家的关系非常密切。渐江不止一次到芜湖，拜访萧云从，就绘画见解与创作研究进行探讨，渐江的绘画亦颇受萧云从的影响。在表现山石上皴笔稀疏，结构多方直之形；树木姿势亦与萧云从近似。不少文献记载都说明渐江经常请教于萧云从，有的甚至说“渐师学画于尺木(云从)”。同时萧云从也与新安四大家的孙逸过往甚密，孙逸虽是徽州人，但流寓芜湖，画史上常将二人并称“孙萧”。孙逸晚年居住在芜湖，与萧云从关系更加密切。因孙逸为新安人，早年主要活动在新安，故画史上又常将他与查士标、汪之瑞、渐江并称为“新安四大家”。他的题字和画法与萧云从十分相近，由此可见芜湖与徽州文化交流之频繁，并且深刻影响了徽文化的发展方向。

芜湖作为一个四方辐辏的商业都会，教育十分发达，徽商是受过正统儒家教育的有文化的商人，虽因生存所迫不得不弃儒服贾、经商谋利，但此不是徽商的最高价值追求。经商只是他们解决经济问题的一种手段，用经商所得之厚利让子孙业儒入仕、显亲扬名才是徽商的终极追求。徽商不仅热衷于置塾学，还广设义学，为宗族和乡里的贫困子弟提供接受教育的机会。芜湖明远电灯公司创始人吴兴周，1920年前后在他家乡绩溪高迁村，借用吴氏宗祠，创办一所兴周小学。他在芜湖明远电灯公司自己的股份内，划出一部分另设专户，以股息红利，作为小学常年经费。创办之初，他还拿出一笔现金，作为学校的开办费用。数年之后，吴兴周回家乡，深感吴氏宗祠房屋狭小，不敷学校之用，于是嘱咐其弟回家，选择适中地点，建筑新校舍，方便宗族子弟及附近邻村的儿童入学。新校舍面积甚广，有教室、办公室、教师寝室、厨房、花圃等。

歙县是明清徽州的首县，歙县方言原是徽州府的标准方言。由于徽州方言很难与外地人交流，据1995年出版的《歙县志》记载：徽州人“他们都会说两套话，一套是方言，用于当地人之间的交际，另一套近似芜湖话的‘普通话’，用于与外地人交谈。”[①] 歙县人用近似芜湖话的‘普通话’与外地人交谈，这是因为芜湖是长江流域重要的商贸中心。在“无徽不成镇”的明清时代，徽

①朱益新主编、歙县地方志编纂委员会编纂：《歙县志》，中华书局1995年版，第643页。

商的足迹几乎遍及天下，地处“皖南门户”的芜湖，自然成了徽商风云际会之所。徽商经常往返于芜湖和徽州之间，有相当多的人移居落籍芜湖。另外芜湖又是管辖徽州地区的安徽宁池太广道的治所驻地，徽州与芜湖的联系也较其他地区密切。从芜湖话成了徽州人的“普通话”来看，说明芜湖是明清时期徽商重点经营的地区之一。

芜湖开埠后，其对安徽的影响是多方面的。随着芜湖商业、工业的发展，芜湖新闻、出版、文化、教育等事业均位居全省前列。芜湖人的思想也比较解放，20世纪初，芜湖即成为安徽资产阶级思想的宣传中心，对全省资产阶级思想启蒙发挥了重要的作用。在这种情况下，徽商自古以来具备的崇尚信义、诚信服人，薄利竞争、甘当廉贾，宁可失利不可失义，在义利不能两全的情况下，舍利取义的爱国精神被有力唤起。

上世纪30年代，芜湖最大的两家药号，张恒春和满江春展开激烈竞争，就在竞争进入白热化时，有着日资背景的正丸药业，企图拉拢满江春来共同对付张恒春。由于正丸药业动机不纯，满江春拒绝与正丸药业合作。此时满江春的店主石筱山不但与张恒春握手言和，而且还主动向张恒春提供自己一部分流动资金，帮助张恒春渡过难关。在义利不能两全的情况下，徽商石筱山选择了舍利取义，体现了徽商的爱国精神。因满江春拒绝与日方合作，1937年日寇进攻芜湖的时候，满江春遭到日机的轰炸，损失惨重，从此息业，直到1952年才重新开业。

综上所述，徽商四百年兴衰史和芜湖息息相关。徽商经历了两次兴起的辉煌，尤以清朝中前期为盛。在政治稳定，经济繁荣的时期，徽商作为整个商业领域的翘楚，极大地推动了芜湖社会生产和经济活动，尤其是给江南市镇经济的繁荣提供了商业基础，带来了传统经济中的资本主义萌芽。而芜湖因与徽州特殊的地缘关系及其独特的地理区位优势，所形成的传统商业都市地位，在徽商发展的历史上发挥着十分重要的作用。徽商与芜湖，你中有我、我中有你，结下了深刻的不解之缘。今天的芜湖，已经融入了全球化发展的轨道，但仍不失为“一座饱含徽文化灵秀之气的美丽江城”。

汤鹏、萧云从与芜湖铁画

芜湖市文化委员会课题组

摘要:明末清初,芜湖铁工汤鹏与画家萧云从,联手创造了一门独具风格的艺术——芜湖铁画,它以锤代笔,以炉为砚,以铁当墨,为中国工艺美术百花园培育了一朵惊世奇葩,在中国工艺美术史乃至中华文明史上,书写了极具辉煌的一页。工匠与画家珠联璧合,共襄盛举,成就了中国艺林的一段佳话。

关键词:芜湖　铁画

铁画系铁工艺人依据画稿，以低碳钢为原料，经过红炉冶炼，再经锻打、修钻、焊接、校正、整形、退火、烘漆等工序制作而成。它既具有国画的神韵又具雕塑的立体美，是一种独具风格的艺术。

芜湖铁画是芜湖市著名传统工艺美术品，清朝年间就被列为芜湖特产。2006年5月，芜湖铁画锻制技艺被列入首批中国非物质文化遗产名录。据史料介绍，芜湖铁画系芜湖铁匠汤鹏所创建，以后逐渐流传到北京、山东等地。还有一说是，铁画的制作起源于宋代，盛行于北宋。清康熙年间，在芜湖自成一体，并逐渐享誉四海。应该说，这两种说法都有道理。芜湖铁画的产生，实现了古人“何意百炼钢，化为绕指柔”的诗意幻想。

一、早期芜湖铁画

（一）铁画产生的物质条件

芜湖古代，冶铁炼钢业一直十分发达，聚集了许多技艺精湛的铁工。相传春秋时期，干将莫邪在赤铸山、神山一带铸剑，当地至今仍保存了铁门槛、淬剑池等文化遗迹，《太平府志》和《芜湖县志》均有记载。宋代黄庭坚有“古剑摩空宇，寒光启太阿”的诗句，说的就是干将铸造的“寒光”、“太阿”两枚宝剑之名。据史学大师范文澜和侯仁之先生说，芜湖一带，“干将作剑，莫邪断发剪爪投于炉中”，就是把毛发和兽禽爪这些属于碳质的东西投进炉中的红铁上，然后经过不断锤打锻制，使铁增加含碳量。

现代冶金分析术告诉我们，含碳量在2%以上为生铁，在0.4%以下为熟铁。生铁太脆，容易折断，熟铁太软，难以挺拔。一旦达到0.4%至2%的含碳量，铁就成了坚不可摧的钢。这种钢称为渗碳钢或低碳钢，所铸造的剑称渗碳钢剑。“不仅在中国历史上最早，而且比世界上任何一个国家都早”[①]，是中华民族古代伟大发明成就的杰出代表。

①范文澜:《中国通史简编》，商务印书馆2010年版。

宋代，山东曲阜卜氏七兄弟，因金兵南侵逃离家乡，其中卜七来到芜湖百家店，在炼铁的实践中发明了“听钢”技术，即敲击钢块，鉴别钢质优劣。后因卜氏在此炼铁出名，百家店改为卜家店。至北宋末年，卜家店一带已有相当规模和数量的冶铁作坊。自宋以来，“铁到芜湖自成钢”之说，名闻遐迩。

芜湖报界前辈张九皋生前曾发表一篇《卜家与芜钢》的文章，考证芜湖制钢业复兴于南宋初年。他认为，北宋靖康之乱后，原属山东曲阜的卜家七兄弟分别南迁到凤阳、和州、芜湖、当涂、溧水、苏州、常州、嘉兴等地安家。其中年纪最小的卜七在芜湖东南郊的百家店炼制钢铁，明嘉靖后百家店易名为卜家店，后又搬到西城弼赋门外总作坊。以卜家为代表的芜钢技术从此在芜湖扎下根来。到明清之际，芜湖不仅以浆染业名列全国五大手工业中心地，而且与广东佛山、江苏苏州并称为中国南方的三大钢市。

到了清代，芜湖冶钢炼铁业仍然十分兴旺，产品种类增多，技术越臻纯熟。一个名叫宋镕的芜湖关道曾在公元1801年向上级报告：“钢为芜邑土产，贩运百有余年。”这种独特的历史使清嘉庆十二年即1807年的《芜湖县志》向世人夸耀：芜湖“惟铁工为异于他县。居于廛冶钢业者数十家，每日须工作不啻数百人。”民国八年版《芜湖县志》说：“铿镪之声，终日不绝于耳”。当时芜湖有以濮万兴、葛永泰为代表的著名的18家钢铺。它们的冶钢技术，据《芜湖县志》载：“初锻熟铁于炉，徐以生镤下之，名曰喂铁，喂饱则镤不入也，于是渣滓尽去，锤而条之，乃成钢。”这种以含碳量较高的生镤即生铁在已经燃红的熟铁上反复擦淋，让生铁尽可能渗透到熟铁中的技术，被称为熟钢术，可以说是干将、莫邪铸钢技术在新形势下的发展，掌握这门技术的匠工“恒密其术”。正是有了这种“熟钢术”，才为芜湖铁画搭建了一个得以诞生的平台。而使铁画在芜湖这个拥有得天独厚的自然和人文社会环境的冶炼之乡孕育而生。

梅兰竹菊

（二）早期铁画的雏形——铁花

早期芜湖铁画，又名“铁花”。当时芜湖铁业作坊 “业者甚众”，锻造品种也多，其中有剪刀、菜刀、剃刀和各种农具，畅销各地。还生产一种“合四面为一灯”的铁花灯，作为香客上九华山敬佛的礼品，品种有莲花、菊花、梅花、竹枝等，有黑色、白色、彩色，均为立体。这种铁花灯还销售到外省外地。《安徽省志·文物志》记载，芜湖铁花灯还销售到道教圣地武当山，此山“现存有明弘治十四年（1501）歙县汪虎捐赠给武当山紫宵宫的铁烛台，其四周缠绕着花卉，锻造人为芜湖路永和”。

二、汤鹏早期铁画

（一）汤鹏生平经历

汤鹏，字天池，生卒年不详，清代顺治至康熙年间人。祖籍徽州，后迁居并世代居住在溧水明觉镇西南五里许的罗村。溧水明觉镇一带，百姓多以锻铁为业而远近闻名，乡间有许多技艺非凡的铁匠。汤鹏儿时耳濡目染，掌握了初步的打铁铸铁本领。少时家贫，听说芜湖生产钢铁，铁工技艺优异，家人便把他送到芜湖学习铁匠手艺。出师后，租用乾隆进士黄钺曾祖父的一间门面房，自己开了个铁业作坊，为以后创建铁画奠定了基础。

至于汤鹏铁画作坊的位置，黄钺在《汤鹏铁画歌·引》中说：“鹏字天池，钺乡人，幼闻先大父言甚详。初赁屋于先曾祖，贫甚。”由此看来，黄钺的祖屋在哪里，汤鹏的作坊就在哪里。黄钺的祖屋位置，史料中有记载：“黄钺（1750—1841），字左田，号左君，又号壹斋、井西居士，当涂人。先祖七世从当涂迁居芜湖，黄家大院东起花街、西至河洞巷、北接十字街、南到薪市街。”因此汤鹏的作坊应该是在靠近县衙的地方，也是芜湖当年最热闹的地方。

汤鹏自营铁业作坊，也与其他铁匠铺一样锻造各种铁器和铁花灯出售。由于芜湖既是水陆交通要道和各种物资集散中心，又靠近中国佛教圣地之一的九华山，不仅万商云集，人流如潮，而且还有众多前往九华山朝山进香的香客，他们都喜欢购买芜湖铁匠铺打制的铁花枝、铁花灯，作为上山敬佛所用。汤鹏铁匠铺也供应这类产品，但汤鹏又与别人不一样。

（二）敢于创新的汤鹏

汤鹏与别人不一样的地方，在于他的性格，总想着要标新立异。史料记载：汤鹏“性颓放”。颓放者，颓唐放纵，不拘礼法是也。从消极的意义上讲，是颓唐放纵，但从积极的意义上讲，就是不循规蹈矩，不拘成法，具有创新的意味。

据查证，我国历史上以“颓放”闻名的名人还有陆游、龚自珍等人。汤鹏作为一个移民，本身就带有改善生活条件、改变生存环境的目的，因此他的创新思维几乎就是天生的。加上汤鹏勤奋好学，天资聪慧，在打制一些诸如铁花灯、铁花枝以及一些佛堂专用的灯盏灯檠的基础上，还经常将铁花枝与铁花灯的内容移植在一起，使它能够表达更加复杂的含义。

从本质上来讲，汤鹏早期铁画实际上还是属于“铁花”的范畴。但他的早期铁花又跟别人不一样，更多的增加了一些艺术的气息。据相关史料介绍：汤鹏由家乡来到芜湖后，在一家铁作铺里当徒工，白天劳作，夜晚只能寄宿在南门外浮桥边的一艘破船内，与“芜漂者”为伍。他也是一个不安本分的人，身为铁匠，却在这特定的艺术环境中对绘画感兴趣，常常去观赏居住在芜湖的一批画师们作画，晚上就在青弋江边沙滩上用竹枝练习，常常不知东方之既白。长河两岸的芦苇，镜湖之畔的垂柳，扬子江上的渔舟，水里的鱼虾螃蟹，都成为他的写生对象。天长日久，竟自学成才，掌握了初步的绘画技艺。

与汤鹏同时代的黄钺祖父曾告诉孙儿，他租房给汤鹏，不收租钱，到年终末岁时，汤氏则用铁花作抵，其中灯屏烛檠收了不少。汤鹏除了锻打农具及生活用品以糊口外，主要精力是用于琢磨锤制铁画（铁花）的工艺。开始，他只能锤制一些知了、螃蟹、柳枝、芦叶等小景物，虽然形象逼真，但不脱匠气，缺乏艺术性。铁画（铁花）制品不仅价值低廉，销路也不广，这样的境况使得他生计日见窘迫。但他并不以为意，毫不气馁。前人曾有记述他“扬锤柳下”，“解衣任槃礴”，“穷岁月事摹绘，百炼要与九朽争”的情形。窘迫的境遇虽然没有使他低下头来，但也迫使他不得不另辟蹊径。

由于掌握了一定的画技，具有创新意识的汤鹏开始了他的探索之路。他将铁料形之于画，“冶之使薄，且缕析之，以意屈伸”，融汇笔墨艺事于炉锤焊接之中，“为山水，为竹石，为败荷，为衰柳，为蜩螗，郭索点辍位置，一如丹青家，而无襞积皴昔皮之迹”，[1]制成了“山水花卉，各极其妙”，别具风格、“前代未有”的铁画。

汤鹏初始的铁画其实很简单，且多为“径尺小景”，技艺也未臻成熟，容纳更多景物的大幅铁画更是难以制作。汤鹏并不满足已有的成就，想作大幅山水屏风，但不得其法，似乎到了瓶颈期，因此心生烦恼。黄钺有诗为证：“第惜山水未能也，结无从得心烦忧。”没有什么困难能阻止这位天才创造者前进的步伐，有人点拨汤鹏，可以向居住在萧家巷的画师萧云从请教。于是，汤鹏“往诣萧尺木（云从），求其稿”[2]。

三、高峰时期的芜湖铁画
——画家与铁工的结合

（一）画家萧云从生平

萧云从（1596—1673年），字尺木，号默思，又号无闷道人、于湖渔人，芜湖人。明末清初芜湖著名画家，姑孰画派领军人物。明崇祯年间副贡生，曾与阉党阮大铖等人进行过激烈的斗争。萧云从于顺治四年（1647）从高淳回到芜湖以后，过起了隐

①安徽省地方志编纂委员会编：《安徽省志·人物志》，方志出版社1999年版，第839页。

②黄钺：《汤鹏铁画歌》诗引，见黄钺《壹斋集》卷七，黄山书社1999年版。

居生活，专意于书画研究创作，写了不少诗文，表达了对清廷的反抗情绪。

萧云从一生“笃志绘事，寒暑不废”，艺术上达到很高的境界，在各方面都颇有造诣。他的山水、人物、花鸟画等均称一绝，诗歌、书法也为人称道，其成就最高的当属山水和人物画，其山水画被誉为“神逸之品”，各种画史画论均给予他很高的评价。

（二）萧云从山水画特色

黄钺《画友录》曾记载了乾隆皇帝见到侍郎曹文植进献的萧云从山水长卷，盛赞萧云从，“笔墨高简洁净，颇和古法。”乾隆皇帝《题萧云从关山行旅长卷》诗曰：“几点萧萧树，疏皴淡淡山。由来以意胜，无不寓神间。秋景宜寥廓，客人自往还。精中具工细（见云从识语），识语破天悭。”诗画造诣很深的乾隆皇帝，对萧云从山水长卷的构图、意境、审美情趣作了恰当的描述和高度评价。

郑振铎在《劫中得书记》评论萧云从山水画代表作《太平山水图》为：“凡四十三幅，无一不具深远之趣。或萧疏如云林；或谨严如小李将军；或繁花怒放，大道骋骑；或浪卷云舒，烟霭渺渺；或田园历历如毡纹，山峰耸叠似岛屿；或作危岩惊险之势；或写乡野恬静之态。大抵诸家山水画作风，无不毕于斯，可谓集大成之作矣。”[①]现存的人物画代表作仅有《离骚图》，所有图均以人物为主，配以怪兽、龙蛇、山川、云雾、花草、飞禽、楼阁、钟鼓、弓箭，但“画质精美，栩栩如生”，足以表现出萧云从人物画技艺的高超水平。

由于芜湖在明末清初就是交通要道，经济较为繁荣，往来人亦多，卖画较为方便，因此很多名画家聚集于此。萧云从以绘画高妙，从学者甚众，形成了一个以萧云从为首的“姑孰画派”。

（三）渐入佳境

萧云从接受了汤鹏的请求，并且积极支持汤鹏在铁画锻制方面的探索。他不仅提供了画稿，而且将国画中的绝技“减笔皴”笔法毫无保留地传授给这位异门弟子。萧云从根据锻铁的特点，提供‘皴为减笔林不稠’的画稿，汤鹏依稿而作。”在萧云从的指导下，汤鹏这才知道，无论是绘画还是以铁作画，用以表现山水、峰峦、奇石和竹木，必须掌握披麻皴、雨点皴、卷云皴、解索皴、牛毛皴、括铁皴、鳞皴、绳皴和横皴等技法，将它们运用到铁画锻制当中。

时人有说，在萧云从的指点下，汤鹏苦学钻研，并反复实

①郑振铎：《劫中得书记》，《郑振铎文集》第七卷，人民文学出版社1988年版。

践，技艺日精，“觉心手有异，随物赋形，无不如意”①，终以锻铁成画，达到“铁为肌骨画为魂”的境界。

汤鹏打制的铁画，借鉴了国画的水墨、笔意、章法和布局，画面明暗对比鲜明，线条简明有力，苍劲古朴，立体感强。兰竹草虫均入妙境，大幅山水画作更是气势宏伟，生趣宛然，铁技就此变成铁艺，成为中国工艺美术宝库中的一颗明珠，进入了中华民族的艺术殿坛。

汤鹏创造的这种以锤当笔，以砧为砚，以铁作墨，赋予顽铁以艺术生命的铁画问世以后，在社会上引起巨大反响。不仅在民间广为流传，而且“名噪公卿间”，“豪家一笑倾金赀”。铁画远传到北京，受到朝野人士的一致赞誉，文人墨客更是纷纷赋诗著文，纵情称赞铁画创始人汤鹏和铁画作品。称汤鹏“炉锤之巧，前代所未有”，“兰竹草虫，无不入妙”，锻制铁画“匠心独出”，是“铁冶施神工”。

乾隆时侍讲学士、著名书法家梁同书（山舟）连作《前后铁画歌》，其中有句云：“至今画手排浮萍，铁画独有汤鹏名。仙人化去神龙迎，三十六冶皆不灵。”（见《频罗庵遗集》第一卷）说明汤鹏勇于创新，有巧夺天工的精湛技艺。清代学者阮葵生在《茶余客话》一书中称铁画“精深华妙，超诸品之上”。清俞越在《茶香室四抄》中称汤鹏“名与萧埒”，即名气与萧云从一样，传

①吴振棫：《养吉斋余录汤鹏铁画》，见孙文光编《中国历代笔记选粹》（中册），华东师范大学出版社 1998 年版，第 977 页。

扬四方。《清朝艺苑》"汤鹏铁画"一文说：汤鹏"锻铁作草虫花竹及山水屏幅，精妙不减名家图画"，"铿铮屈曲，遂成绝艺"。黄钺《壹斋集》"卓观斋胜录"一文中说汤鹏铁画"鬼斧神工，叹为观止"。他们赞美汤鹏和铁画的诗作更为精彩。

（四）汤鹏、萧云从、黄钺的"工儒政"三结合

在惊叹汤鹏的旷古未有的创造之际，人们不会忘记站在他背后的萧云从。然而，汤萧二人的结合，诚如恩格斯所说："凡表面上看去是偶然性在起作用的地方，其实这种偶然性本身始终是服从于内部的隐藏着的规律的。"[①]芜湖铁画的诞生、发展也是符合艺术发展规律的。

芜湖铁画采用中国画的章法布局和笔意，远景赋以疏细线条，近物则以粗狂布局，使山水能分远近之趣，楼阁能得透视之感，人物能具传神之态，花鸟能显栩栩之姿。锤锻之巧与画理相通，绘画与工艺品结合，具有姑孰画派落笔瘦劲简洁、风格冷峭奇崛的基本艺术特征。正是由于汤鹏铁画能够很好地体现萧云从的画意，方使得汤萧二人珠联璧合，共襄盛举。

在听到祖父叙述铁画创制成功的内情后，黄钺这位曾任清军机大臣的画师不禁赋诗赞道："萧君隐德如沈周，寄情诗画娱清

---

①恩格斯：《费尔巴哈与德国古典哲学的终结》，人民出版社1957年版，第38页。

修。汤亟造请遂所求，皴为减笔林不稠。寒山古寺宜深秋，间有衰柳维扁舟。请看真本铁笔遒，果与萧画无别不。”这也充分说明，铁画作为民族工艺美术宝库中的一颗璀璨明珠，是汤鹏和萧云从的心血结晶，是脑力劳动和体力劳动、知识分子和工艺大师相结合的产物。这两位芜湖历史上的先贤，一使丹青，一挥铁锤，齐心协力，各献所长，终于创建了中华一绝，打造了中国文化艺术史上的奇葩。

不少人在研究芜湖铁画时，对一个问题感到困惑，即为什么汤鹏和萧云从在康熙年间创立的芜湖铁画，直到他们死后将近百年的乾隆、嘉庆年间才得以扬名？应该说另一名芜湖乡贤、乾隆年间担任过礼部尚书、户部尚书、太子太保、军机大臣的黄钺功不可没。一方面是黄钺向乾隆皇帝推荐了萧云从，顺带提升了芜湖铁画的名声；另一方面黄钺写下了不少赞美铁画的诗文，著名的有《汤鹏铁画歌》、《于湖竹枝词》等，以第一手资料对铁画进行了全方位的宣传、举荐，力度之大，非常人所能为。

芜湖铁画发展的路径几乎与徽商发展的道路相似，都是工(商)、儒、政三者紧密结合的模式。具体到芜湖铁画，就是以汤鹏为代表的铁艺工匠（工）、以萧云从为代表的文人雅士（儒）以及清廷重臣高官黄钺（政）三方。如果说芜湖铁画是汤鹏在萧云从的帮助下创立，那么黄钺对芜湖铁画事业的发展，则是起到相当大的作用。

（五）后汤鹏时代的芜湖铁画

汤天池与萧云从

汤鹏虽生活在康熙盛世，然其命运多舛。在那个时代，尽管他手握绝技，可终究不过是个社会地位低下的铁工而已。可敬的是，汤鹏铁骨铮铮，不失铁工本色，他藐视达官显贵，厌恶市侩俗儒，宁守穷困而不折腰献媚，晚年生活十分潦倒。“独怜奇技坐无穷，江天日暮洒残空”，便是他穷困生活的写照。韦谦恒颇为之惋惜，称他的作品“传至日下可值数十缗，然性颓放，不受迫促，故卒以技穷”[①]。据民国八年版《芜湖县志》介绍：“铁画虽无汤天池之神工，而衣钵流传，精巧者亦自不乏，甚至可以乱真，远方仍争购之。”

他的两个孙子继承了他的技艺又传至他人。至嘉庆，芜湖铁工仿制铁画的人越来越多了。销路颇广，“四方多购之，以为斋壁雅玩。”（见嘉庆十二年重修《芜湖县志》）。民国八年版《芜湖县志·人物志》“方技”说：汤鹏之后“有二孙亦世其业，至今铁工仿制不衰，远客多购之”，说明汤鹏去世后，其儿子可能仍锻制铁画，又传到二位孙子。附近铁工也仿制不衰，以此历代沿传，经过乾隆时期的梁在邦，民国初年的沈义兴及新中国成立后的储炎庆等几代铁画艺人的继承发展，技艺更臻精巧，内容愈趋丰富，逐渐形成了独具一格的铁画艺术。

（六）汤鹏存世作品

汤鹏善锤炼兰竹草虫，尤工山水屏幅，他用硬铁如柔毛，随意曲伸，图绘形态，各尽其妙，创作出流传至今的铁画工艺品。汤鹏的铁画作品存世不多，据有关记录表明，他的牡丹绶带、荷花鹭鸶、菊花鹌鹑和梅花喜鹊《四季花鸟》铁画条屏，藏于北京故宫博物馆；草书对联《晴窗流竹露，夜雨长兰芽》和《竹石

①转引自周南泉、冯乃恩主编：《中国古代手工艺术家志》，紫禁城出版社2008年版，第515页。

图》藏于安徽省博物馆。《溪山烟霭》山水画，藏于镇江博物馆。《翠竹图》藏于湖南博物馆。另据《芜湖日报》1995年3月4日转载《解放军报》报道——《铁画祖师之作，近在沈阳发现》一文说：沈阳市退休职工李家昌家中珍藏了一幅距今300多年的铁画。据考，这幅名为《梅妻鹤子》的铁画，为清代铁匠汤鹏所作，系中国铁画初创期作品，报道还附有这幅铁画的局部照片。

四、芜湖铁画的艺术特色

（一）铁为肌骨画为魂

铁画锻制，均以画家或铁画艺人们创作的国画作为画稿，分层次分部位进行，其章法布局与国画无异，姑孰画派和新安画派的艺术风格一直是铁画艺人所遵循的原则。

南朝谢赫在《古画品录》中提出的中国画“六法”，即气韵生动、骨法用笔、应物象形、随类赋彩、经营位置和传移模写，也一直是铁画艺人追求的目标，所见铁画作品无不与国画有会心之处，而与国画相比又有不同的妙味。铁画山水疏林远树，旷远幽深，具烟云晦明之感；铁画人物无不具传神之貌；铁画花鸟亦有妩媚富丽，娱心悦目之美。如现藏于北京故宫博物院的汤鹏作品《四季花鸟》，构图丰满茂盛，牡丹与菊花的花朵采用多层焊接技术，花冠为半圆立体形式，灿漫多姿。

总之，国画具有的气韵生动，精神情感，骨气神力，应物象形，构图布势等，在铁画作品中皆得到体现。因此，韦谦恒在诗中说铁画“直教六法归洪炉”，这种评价恰如其分。

（二）炉锤之巧与画理相通

铁画是依据画稿锤锻而成，把顽铁化为艺术品，是艺人们再创造的过程。因此，炉锤艺术显得十分重要。艺人们根据画面需要，取铁入炉，经过红锻，再作冷敲，锤出画面需要的块状或线条，然后通过焊接等工序做成铁画。炉锤，根据钢铁的柔韧性、延展性，可锤出质感，锤出线条，锤出明暗、凹凸、纹路、沟槽，锤出参差错落，锤出舒展卷曲，锤出龙飞凤舞。正如诗人韦谦恒说的“百炼化为绕指柔”，艺人们通过炉锤，随画赋形，锤下生辉。锤成的铁画，疏密有致，粗细适度，虚实相生，而又端庄凝重，苍劲古朴，秀逸生动，饶有韵趣。藏于安徽省博物馆的汤鹏的《竹石图》，就是采用国画传统章法、结构，通过炉锤敲锻，使竹子枝叶潇洒，石头层次分明。运用钢铁的延展性能，表现出苍劲的笔意，通幅不见焊接、斧锉之痕，技艺高超达到天衣无缝，精美绝伦的境地。

汤鹏作于康熙二十六年（1687年）的《草书对联》：“晴窗流竹露，夜雨长兰芽”铁字书法，笔意纵横，流畅飞动，从头到尾只用一根铁条，按草书笔路的转折，连贯成行，一气呵成，具有刚柔并济的艺术效果，婉转曲直恰到好处，开创了铁字艺术的先河，显示出屈铁盘丝的高超的炉锤技巧。

（三）平面国画的神韵与雕塑铁画的立体美结合

清马赓良《铁画歌》有“铁汁淋漓泼墨水，硬画盘空不着纸”之句，说出了铁画的一大特色，即“盘空不着纸”，也就是立体感。

芜湖铁画

铁画，远景则用疏细线条，近物则以粗犷布势，锻成后均镶嵌在衬以白色丝绢或白漆底板上，这样画面景物皆呈“盘空”状。如松枝、竹叶、山水、花鸟等均略向画面前伸展，似有浮出画面之感，如奔马呈飞蹄腾空之态。总之，铁画画面黑白分明，层次清晰，山水能分远近之趣，楼阁能得深邃之感，人物能具传神之态，花鸟能出栩栩之姿，立体感极强，这是铁画独具的艺术特色和艺术妙味。

五、芜湖铁画发展史的文化内涵和现实启示

（一）文化内涵

1.爱国、爱乡的好教材

根据史料记载，铁画产生于清朝康熙年间。康熙年间是我国封建社会的最后一个盛世，江山一统，国力强盛，社会安定，百业兴旺。在这种社会环境下，铁画的创始人才有余力、有心绪、有闲暇去创造这种艺术的新品种。铁画一出现就受到了人们的青睐。但是，它毕竟来自民间，当时也只能成为封建统治阶级及文人的"斋壁雅玩"，因而，它的生命力受到了压抑，一直未能成就一番大的景象，未能形成一个独立的产业门类。

纵观铁画兴衰史，可以看出，铁画发轫于封建王朝的盛世，衰微于半殖民地半封建社会的末世，复苏于中华人民共和国建立之后的新社会，停滞于"文革"动乱时期，发展于改革开放的新时代。铁画的坎坷与国运的盛衰密切相关，发人深思，促人警省。

2. 一部铁画发展史就是一部芜湖文明史

通过对铁画史的研究，可以勾勒出芜湖文明史，特别是近现代芜湖经济、文化、对外交流的史踪。铁画的产生，不是偶然的事件，从历史的角度考察，它是在经济、文化达到一定的发展水平的背景下，以手工操作的冶铁技艺臻于尽善尽美的境界时，艺术与生产技术交融的产物，是一次实用技术到艺术创造的大飞跃。

冶铁技术的产生，是人类历史的重大事件。恩格斯指出，它是人类从野蛮时代进入文明时代的标志之一，是在历史上起过革命作用的各种原料中最后的和最重要的一种原料。考古研究证明，我国先民最迟在公元前九世纪至公元前八世纪就掌握了冶铁技术，其时为西周中晚期。而我们芜湖经济文化的发展，与冶炼技术有着极为密切的关系。铁器的制造和营销、芜湖米市的兴旺发达、芜湖长街的商贾云集，鼎足而三，支撑起芜湖近代经济史的辉煌成就。

考察铁画流传的轨迹，可以看出芜湖在皖东南及长江下游经济文化发展进程中所曾发挥过的枢纽和辐射作用。芜湖地处青弋江入长江交汇处，交通便捷，明代以后，逐渐成为皖南和江淮之间的物资集散地。1876年芜湖被辟为通商口岸，从此大门洞开，在全省及全国较早成为东西方经济文化交流的融合点。铁画出现之后，很快流传到南京、镇江、烟台、北京等地，这是芜湖的物流、人流踪迹的线索。随着西洋人来往于欧美与芜湖之间，铁画也越过重洋，在西方艺坛和上流社会引起强烈反响。芜湖铁画的流传与名扬，是芜湖内外交往的物证，是芜湖历史上光彩夺目、绚烂华美的一页。

（二）研究芜湖铁画史的启示

1.不断创新是芜湖铁画产生和发展的生命动力

清朝早期，汤鹏以一介铁工的身份，在掌握了精湛的铁匠技艺的前提下，把画理融入铁作，创造出前无古人的铁画艺术，一时名动公卿，这是铁画史的高峰，是创新成就的重大成果。没有创新，就没有铁画；有了铁画，不继续创新，艺术生命就会萎缩。

铁画发展史充分显示了铁画在不断探索创新中永葆艺术生命力。最初的冶铁作画，制作流程和工艺，都较简单，不上底装框，平面居多，烘漆方法也是因陋就简。经过几代铁画艺人的不懈努力，现在铁画工艺流程渐趋规范、完整，可以归纳为选料、锻打（冷锻和红锻）、接火（红接、嵌接和铆合）、整形、淬火、烘漆、上底、装框等等，形成了一整套科学规范的程序。

铁画创作的题材，也由开始的花卉居多，拓展到山水人物，花鸟走兽；铁画的形制，从以平面为主，发展到半立体及至全立体的画幅，更加符合了现代人的审美追求；铁画的色调，由以墨黑为主，而产生了银色、铜色的点缀构件，直至出现彩色铁画；铁画的质料由以铁为主而发展到金画、银画、铜画；铁画的装框由木框发展到瓷盘等等，它不仅在动态中显现了活跃的艺术魅力，而又从未失去铁画的本质特点，因此更加丰富了铁画史的内容。

2.艺术的相互融合、艺术家的相互包容是铁画产生和发展的坚实基础

汤鹏和萧云从共同创立了铁画，新安画派与姑孰画派的艺术风格、情趣赋予了铁画的神韵和风格，而铁画又以铁的特质随物赋形，勾勒出画作的线条轮廓，并吸收剪纸、雕塑、雕刻等艺术的特色，化而为一，形成“铁为肌骨画为魂”的艺苑奇葩。艺术的相互融合，艺术家的相互包容，得到最生动、最完美的体现。

3.人才培养是铁画传承的首要条件

由于铁画的创作离不开炉灶、工具，又需要一定的场地，因而无法普及。铁画的技艺总是一脉单传，常有人在艺存、人亡艺绝的危险。因此人才的培养，对于铁画的传承意义非同小可。铁画史正反两个方面都提供了深刻的教训。据史料记载，当年汤鹏“殁后，其法不传，或有仿之者，工拙悬殊矣”[①]。

如今，铁画艺术已经走过了约300年的历史，纵观其创始、衰微、停滞、复苏、发展的过程，可以说是色彩斑斓，教益颇多。

①陆以湉：《冷庐杂识》，见张小庄编《清代笔记、日记绘画史料汇编》，荣宝斋出版社2013年版，第310页。

附录：铁画诗歌

梁同书（1723—1815）《铁画歌》

序：汤鹏字天池，芜湖铁工也。能锻铁作画，兰竹草虫，无不入妙。尤工山水，大幅积岁月乃成，世罕得之，流传者径尺小景耳。以木范之若屏障，或合四面以成一灯，亦名铁灯。炉锤之巧，前代所未有也。汤亡，其法不传，今间有效之者，已失其真矣。

石炭千年鬼釜截，阳炉夜锻飞星裂。
谁教幻作绕指柔，巧夺江南钩鍱笔。
花枝婀娜花璁珑，并州快剪生春风。
芙丛蓼穗各有态，络丝细卷金须重。
云匡钔束垂虚壁，茧纸新糊烂银白。
装成面面光青荧，桦烬兰烟铺不得。
豪家一笑倾金赀，曲屏十二珊网奇。
前身定是郭铁子，近代那数缑冶师。
采绘易化丹青改，此画铮铮长不毁。
可惜扬锤柳下人，不见模山与范水。

梁同书《后铁画歌》：

君不见芜湖有汤鹏，一生不晓画家画，但能驱使铁汁镂铁英。

从来顽物出神妙，妙处只在炉锤精。
阴阳造化一大冶，山川草木同流型。
鼋脂烧汞现火树，鸾血胶缀成金茎。
意匠直欲貌水墨，人间不许夸丹青。
呜呼，胡不铸鼎图写神奸形，又胡不鼓剑去斩蛟龙腥。
却穷岁月事摹绘，百炼要与九朽争。
传闻锻灶邻画室，画师激之意不平。
闭门落想敲铿铮，妙枝一出千缗轻。
至今画手排浮萍，铁画独有汤鹏名。
仙人化去神龙迎，三十六冶皆不灵。
此技亦可喻至学，研穿铁杵吾儒硎。
我今顽钝不受点，乃欲白战辄共诗人鸣。
举似铁君足一笑，具与它日好事供讥评。

黄钺（1750—1841）《汤鹏铁画歌》

序：钱塘梁侍讲同书作《汤鹏前后铁画歌》，一时属和者甚众，顾传闻有异辞。鹏字天池，钺乡人，幼闻先大父言其事甚洋，初赁屋于先曾祖，贫甚，技亦不奇，有道士乞火于炉，炉灭，诘之，曰：“月余未锻也”道士击其灶，曰：“今可矣”，径去。后觉心手有异，随物赋形，无不如意，第惜山水未能也，往诣萧尺木，求其稿，今所见萧画也。辄举所闻。别作一诗。

清泠水入中江流，以水淬铁铁可柔。
千门扬锤声不休，百炼精镂过梁州。

（芜湖水出宣歙，体重流驶，于淬钢宜，业者甚众，皆取水于石桥港。盖东则溪流方缓，西则江潮渐杀。）

材美工聚物有尤，汤鹏之技古莫俦。
始者顽钝贾不售，锻灶冷落虚为丘。
精星下瞩神光庥，遂令炉鞴盘蛟虬。
攻金竟类攻皮鞣，赋形肖物皆我由。
柳嘶蚕蛰芦蛸蛑，以两钳当毫双钩。
更思山水堪卧游，法无从得心烦忧。
萧君隐德如沈周，寄情诗画娱清修。
汤亟造清遂所求，皴为减笔林不稠。
寒山古寺宜深秋，间有衰柳维扁舟。
请看真本铁笔道，果与萧画无别不。
我家有屋临庄馗，汤久赁之缗未酬。
岁终往往以画投，灯屏烛檠多藏收。
不关豪夺与巧偷，比年捻卖靡有留。
儿时大父辨绌优，我敬听之不敢诹。
太史作歌为阐幽，笔力直可回万牛。
盘空硬语雷同羞，谀闻岂足供旁搜，
继声聊作鸣虫啾。

韦谦恒（1720—1796）《铁画歌》

序：汤鹏字天池，吾邑人。少工铁，与画室为邻，日窥其泼墨势。画师叱之，鹏发愤，因锻铁为山水障，寒汀孤屿，生趣宛然，传至白下，可值数十缗。然性颓放，不受促迫，故卒以技穷云。梁山舟为作长歌，因与谢金圃、吴杉亭、陈宝所知之。

荆关一去倪黄死，无人能写真山水。
谁从铁冶施神工，万里居然生尺咫。
匠心独出古无初，扬锤柳下乐何如。
肯作两钱锥补履，直教六法归烘炉。
想见解衣任盘礴，烟树天然谢雕凿。
百炼化为绕指柔，始信人间免毫弱。
当年作贡来梁州，越人枉解求纯钩。
讵识乌金写生态，寒松怪石皴清秋。
唐宋画手纷于叶，素丝转眼飞蝴蝶。
何以铮铮不坏身，安用金题与玉躞。
独怜奇技坐天穷，江天日暮酒钱空。
不见程郑与曹邴，冶铸竞至千人僮。
胡为鼓鞲营邱壑，空聚六州铸大错。
夜阑莫更弹哀弦，窃恐蕤宾一片跃。

王泽（1759—1842）《汤天池铁画歌》

绘画之事先考工，两汉石刻推全翁。
图写圣贤类古拙，略具大意开群蒙。
从来金石因一理，范铸当更艰磨砻。
汤生技也进乎道，十三科具炉锤中。
述者谓明作者圣，此事创见真豪雄。
侔形象物出新意。造化在手天无功。
我闻汤生得异授，太乙下视烘苍穹。
遂令锻灶发光怪，役使群动生灵空。
拔钉泥里皴有法，斧劈大小兼能通。

文苏潇洒妙竹石，筌窠琐细工鱼虫。
蜎蠕冉冉欲起蛰，戛击叶叶皆含风。
今知能高贵独绝，丹青易落纸易裂。
蠹鱼不顾鼠不齧，吁嗟汤生寿如铁。

马赓良《汤鹏铁画歌》:

铁汁淋漓泼墨水，硬画盘空不著纸。
荆关变法未悟此，汤鹏戛戛造奇理。
作画意在炉锤先，水渲火刷生姿妍。
山川花鸟擅能品，九州象物泣神鼎。
螺金屈曲悬秋堂，衰灯顾影融坚光。
椎指人工夺天秘，此中疑有精灵藏。
六十年来珍尺幅，风带水衣皆碌碌。
闻道江南白纻山，弟子至今能画肉。

康发祥《芜湖铁画歌》:

谁将镔铁作画本，奇巧独有芜湖人。
九州之铁不铸错，居然触手能成春。
嵇康好锻不足数，河阳作画非其伦。
吾闻古人运笔比铁劲，未闻屈铁如笔纯。
百炼之钢柔绕指，造作岂独能屈伸。
是画是铁技微至，惟妙惟肖形逼真。
或作花卉绽，或作山石皴。
或作湘兰垂雨叶，或作楚竹欹霜筠。

或见耕牛歌戢戢，或看奔马跑侁侁。
或有帆樯林里时出没，或指楼阁天际森嶙峋。

朱茂才《题铁画》：

乍看似墨泼绢素，山水人物皆空嵌。
风飘秀色动兰竹，雪催老干撑松杉。
华轩逼人有寒气，盛暑亦欲添衣衫。
最宜桦烛烧春夜，千枝万蕊发翠岩。
元明旧迹共啼视，转觉暗淡精神械。

许仁《铁兰花》：

花满琼瑶雪满苔，巉岩时见数枝开。
等闲凭仗东风力，我自千锤百炼来。

黄钺《于湖竹枝词·第十九》：

风卷松涛入梦醒，卧游曾对赭山亭。
分明天水明于炼，一幅汤鹏铁画屏。

孙中山与芜湖

芜湖市地方志办公室课题组

摘要:孙中山1912年的芜湖之行及其《建国方略》对芜湖未来发展的规划、设想,体现了这位历史伟人的民主、爱国和致力于国家振兴的伟大精神,在芜湖的经济社会发展中产生重大影响。

关键词:孙中山　芜湖　建国方略

芜湖地处长江下游的滨江地区，自宋代以来就是皖江流域商贸中心，曾被誉为“长江巨埠，皖之中坚”。1876年《中英烟台条约》签订后，芜湖被辟为通商口岸。作为安徽省唯一的对外窗口，其重要地位日趋突出。伟大的民主革命先行者孙中山对芜湖这个宁汉之间重要城市，给予极大关注，亲临芜湖，发表了重要演讲，号召人民齐心协力，担负起建设国家的重任。此后在《建国方略》中，他还对芜湖未来的经济建设、战略地位作了极为详细的规划，其用心之细致、言辞之热切、设计之科学、愿景之宏伟，在经历了百年发展历史的今天，依然有着十分重要的战略指导作用。

一、孙中山芜湖之行

1911年10月10日的武昌起义，揭开了辛亥革命的序幕，一场席卷全国的以推翻统治中国两千多年封建专制制度为目的的民主革命爆发。然而中国旧民主主义革命的先天不足，使得孙中山这位伟大的革命先行者在面对满清王朝最后一位权臣袁世凯时，做出了让步。时任中华民国临时大总统的孙中山，向全国和全世界人民表示，中国必须废止封建专制独裁，实现民主共和。只要袁世凯赞成“共和”，迫使清帝退位，他不会恋栈权位，将辞职以荐袁氏。精于权谋的袁世凯当即在报上信誓旦旦地声明赞成“共和”，绝不做封建专制的“余孽”，并逼迫清隆裕太后和宣统皇帝在退位诏书上签字盖章。1912年4月1日，孙中山离开了他临时大总统的职位，兑现了作为一个伟大政治家的诺言。他没有计较个人的得失，期望国内能够进入一个和平发展阶段，以便实现他实业报国、发展中国、振兴中华的经济计划。

辞职后的孙中山于1912年9月9日接任了全国铁路督办的新职务，并被一致推举为“中华民国铁道协会”会长。孙中山以他渊博的知识和全球视野，告诉国人：“今日之世界，非铁道无以立国”①。“交通为实业之母，铁路又为交通之母”。②要振兴中国经

①《孙中山选集》中卷，广东人民出版社2006年版，第306页。

②孙中山：《在上海与〈民主报〉记者的谈话》，《孙中山全集》第2卷，中华书局2011年版，第383页。

济，首先要从修建铁路入手。他计划在10年内修建10万英里即16万公里的铁路，而长江沿线铁路的兴建则摆在他首选的议题上。于是，一个沿着长江流域考察的行程开始。

安庆、九江和芜湖是孙中山在沿江考察中的三个重要城市。10月21日，孙中山在张继、吴铁成、王正廷、马君武等陪同下，由南京乘“联鲸”号兵舰向着安庆进发。在安庆，他坚决支持安徽都督柏文蔚焚烧英国鸦片烟之举，认为“办理亦颇得法”，“实可为各省模范”。接着，孙中山溯江而上，到达九江。上岸后，他“骑马安辔徐行，十分威武；身着深蓝色西服的他，不断挥舞着手中的礼帽，含笑向群众致礼。”结束了九江之行的孙中山，接受了时任安徽都督、坐镇安庆的国民党籍人士柏文蔚的恳求，前往芜湖。

1912年10月30日清晨，当冉冉升起的秋日将芜湖弋矶山一带江面上的浓浓晨雾扯开之后，“联鲸”号兵舰鸣起了泊岸的汽笛。恭候在弋矶山的芜湖国民党籍的党政军一干人等，在驻军芜湖的国民革命军第十五师师长孙万乘率领下登上汽艇，向着江中心的“联鲸”号兵舰驶去，迎接心目中的领袖和英雄——时年46岁的孙中山。

孙万乘作为当时芜湖最高职位的国民党籍人士，全权负责孙中山来芜的迎送保卫工作。他登上“联鲸”舰向孙中山立正敬礼后，即引导兵舰行驶到芜湖市中江塔附近的接官亭码头。恭候在码头的暂署芜湖知事朱绣封一挥手，顿时岸边万余名群众的欢呼声、鼓号声和兵舰的汽笛声齐鸣，奏起一支雄伟的交响曲。

上午10时许，孙中山“始由接官亭上岸，乘马车至大舞台。”

芜湖大舞台位于今中山路步行街一带，由李鸿章之子李经方兴建，是当时全国第二、安徽省第一的新式大舞台。“门前用竹花扎成辕门，两旁围以色布，辕门之内，列菊成山，极为美丽。由会场至江苏米捐局延长半里皆用彩布为棚，巡士守望为卫。”“各界来宾赴会者约以万计，场为之满，途为之塞。”①

孙中山出席芜湖各界欢迎会合影

开会时，孙万乘简单致辞后，即请孙中山登台。来宾起立，行三鞠躬礼。孙中山答礼完毕，开始了演讲：“兄弟此番过芜，诸

①芜湖市政协文史资料研究委员会编：《芜湖文史资料》（第5辑），第46页。

君特开会欢迎，极为感激。我父老受君主之压制久矣，迄乎今日，才将专制推翻，造成中华民国，此非兄弟一人之力，实四万万同胞齐心协力，万众一德，有以致之也。我国自有历史以来，人民屈服于专制政府之下。我祖我宗，以至于我之一身，皆为专制之奴隶，受君主之压制，一切不能自由。所谓国家者，亦不过君主一人一姓之私产，非我国民所有也。故人民无国家思想，且无国民资格。现在君主专制既已推翻，凡我同胞，均从奴隶跃处主人翁之地位，则一切可以自由，对于国家一切事件，亦有主权矣。然既处于主人翁之地位，则当把从前之奴隶性质尽数抛却，各具一种爱国心，将国家一切事件，群策群力，尽心办理，万不能再视国事为分外事。能如是，中国前途，自有莫大之希望。”①

说到这里，孙中山咳嗽起来。这其中的原因诚如他自己的表白：“此次自江西来芜，偶受风寒，不能多言，请随行马君武代表演说。”于是，时为孙中山政治秘书的马君武开始了长篇演说，会议直到下午2时结束。

欢迎大会后，孙中山一行乘马车到江苏米捐局稍事休息，接着又到广东会馆“晏饮”。“三时仍乘马车至江口，上联鲸舰，开往东西梁山观阅炮台，即下驰回沪矣。”②

孙中山的芜湖之旅虽然只有短短几小时，但他对芜湖人民以及对芜湖未来发展的影响，意义却是十分深刻。

---

①中国社科院近代史所等编:《孙中山全集》第2卷，中华书局2011年版，第537页。

②芜湖市政协文史资料研究委员会编:《芜湖文史资料》(第5辑)，第46页。

芜湖历为交通枢纽之地，士民眼界开阔，思想也较开放。但是绵延两千多年的封建统治却是根深蒂固，封建意识、等级观念在社会上占据主导地位。孙中山的芜湖之旅以其特立独行的举止与演讲，为这一片古老土地注入了一缕新风，树立了一个崭新的社会形象。

孙中山是历史上踏上芜湖这块土地并与民众进行面对面接触的少有几位大人物之一。在那个七品芝麻官出巡尚要鸣锣开道、乡民回避的时代，孙中山便装简行，深入民众，展示了一个全新时代的领袖身体力行地践行民主的高贵精神。在芜湖民众心目中进行了一次民主与民生的早期启蒙。

芜湖是安徽新文化运动的发源地和重要据点，1905年陈独秀在安徽公学任教时，利用《安徽俗话报》宣传民主革命的新思想，安徽公学和皖江中学荟萃了许多革命人物，培养了大批革命青年，播下了革命的种子，成为中江流域新文化的摇篮，但是对普通民众来说，民主与平等究竟是什么，却知之甚少。而孙中山的芜湖之行以身体力行，倡导民主与平等的全新价值观，对芜湖人民进行一次早期的思想启蒙教育，为芜湖人民树立了民主的行为标杆，让普通老百姓了解什么是民主与平等，且在革命党人中也发挥了表率作用。

孙中山在芜湖的演讲因其身感风寒肌体不适，只讲了几分钟，短短的三百字。但他的演讲却传递了一种全新的政治理念、现代国家意识和主权观念，对长期处于封建意识愚弄下的普通百姓，是一次思想启蒙。他倡导的主人翁意识与爱国精神，唤醒民众沉睡的心灵，打开人们接受新思想的窗口。孙中山的演讲充满着浓烈的爱国之情、民族奋起之志，极大地感染了芜湖人民，激发了芜湖人民的爱国热情。芜湖人民在长期的反帝爱国斗争中，始终战斗在第一线，尤其是在“五四”爱国运动中，芜湖人民的强烈爱国热情和持续有力的反帝爱国斗争，在民族解放斗争的历史进程中，写下了可歌可泣的一页。

二、孙中山《建国方略》对芜湖的规划

1917—1919年，孙中山先生总结中国革命经验和发达国家的教训，写下了著名的《建国方略》。他在《建国方略》中，从当时的国际国内情况出发，提出了在中国这样一个落后国家进行现代化建设的宏伟蓝图。在他的这一经济现代化的蓝图中，提出的对策包括开发交通、开辟商港、铁路、水力、建厂、矿业、农业、灌溉和移民等十大部分，重点阐述六大计划。孙中山希望通过这些规划的实施，吸引外资，“发达工商”，“驰骤于今日世界经济之场”，“获超越寻常之利益”；同时通过经济合作，与西方国家互惠互利，使“人类博爱之情益加巩固”。

孙中山在《建国方略》中，对芜湖的经济建设和发展给予极大关注，特别是从芜湖的城市规划、铁路建设和水利建设等方面，提出了很多战略构想。

芜湖地处长江下游，上接内陆腹地，下通长江三角洲，为大河（长江）文化通向海洋文化的转折节点。孙中山以其全球经济的视野，提出了将芜湖规划建设为内河通向大海之重要商埠和国家近代化工业基地。

在《建国方略》中孙中山认为，“在扬子江此一部建设内河商埠，将为此发展计划中最有利之部分，因此部分在中国为农矿产最富之区，而居民又极稠密也。”[①]若如此，则“沿江两岸，转瞬之间变为两行相连之市镇，东起海边、西达汉口者，非甚奇异之事也。”为此他共规划六个商埠，芜湖是其中之一。

《建国方略》书影

①中国社科院近代史所等编:《孙中山全集》第6卷,中华书局2011年版,第290页。本文引用《建国方略》,皆出自此书。

孙中山对芜湖的港口资源和独特的地理优势给予足够的关注，并对芜湖城市的规划提出了许多具体的开发设想，主要包括：

第一，修建运河。孙中山认为，“芜湖为有居民十二万之市镇，且为长江下游米粮市易之中心，故吾择取此点为引水冲刷上海黄浦江底之接水口，而此口亦为通上海或乍浦之运河之上口。”“此所计划之运河，起于鲁港合流点下游约一英里之处。此运河应向北东走，至芜湖城东南角，与山脚中间一点，与青弋河相合；更于濮家店，循此河之支流以行。如此，则芜湖东南循此运河左岸，得一临水之地。运河两岸，应建新堤，一如长江两岸。”

第二，修建船坞。孙中山认为“且建船坞于运河通大江之处，以容内地来往船只，加以近代之机械，供盘运货物过船之用。”

第三，发展商业。“自江岸起，向内地，循运河之方向，规划广阔之街道，其近江者留以供商业之需，其沿运河者留为制造厂用地”。

从孙中山以上规划设想中，我们可以看出计划科学、宏伟并具有前瞻性。对芜湖发展的历史定位准确，产生影响巨大。

孙中山十分重视铁路建设，他提出要把铁路与港口衔接起来，并与河运、公路配套，要把人多、繁荣的地区与人少、荒凉的地区及移民开发结合起来。在《建国方略》中，孙中山规划了中央铁路系统，“此系统将为中国铁路系统中最重要者，其效能所及之地区，遍及长江以北之中国本部，及蒙古、新疆之一部。”关于芜湖的有一条线，即霍山芜湖苏州嘉兴线，“此线自霍山起至舒城及无为，乃过扬子江至芜湖。又过高淳、溧阳、宜兴，过太湖之北端（将来填筑）至苏州，与沪宁线会。过苏州后，转而南至沪宁线上之嘉兴。此线走过皖、苏两省富庶之区，长三百英里，将成为上海、汉口间之直接路线之大部分。”

孙中山还规划了东南铁路系统，包含“浙江、福建、江西三省，并及江苏、安徽、湖北、湖南、广东之各一部。”计划以各重要港口为终点，建设13条铁路，其中与芜湖相连的也有一条，即南京韶州线，此线自南京起，循扬子江右岸而上，至太平、芜湖、铜陵、池州、东流后，出安徽界，入江西之彭泽，遂至湖口。然后至鄱阳、南昌、吉安、赣州、南安，最后到韶州。此线长八百英里，是长江下游与南部中国相连的重要路线。这种关于芜湖铁路的战略构思，把芜湖与中国北部、南部、东部和西部都连接起来，有利于发挥区域地理优势。

孙中山对整治扬子江持相当重视的态度，他在《建国方略》中做了详细的规划，将长江分为六段，其中第三、第四两段关涉到芜湖。

长江第三段是由江阴至芜湖，此段长约180英里。“此段河流，性质与江阴以下全异。其水道较为巩固，惟有三数处出急曲线，河流蚀入凹曲线方面之陆地，因此时时于两岸另开新水道而已。”他认为，“此处整治之工，比之江阴以下更为困难。盖其泛滥之地，应填筑者仍与长江下游景况正同。其急曲线须修之使直，旁支水道应行闭塞，中流小岛应行削去，窄隘水路应行浚广，令全河上下游一律。”而由南京至芜湖一段河流，殆成一直线，其中有泛滥三处，一处在南京上游，余二则在东西梁山之上下游。至于如何整治芜湖泛滥两处，“则应循其右岸深水道作曲线，向太平府城，而将左边水道封锁。此曲线所经各沙洲有须全行削去者，亦有须削其一部者。而在东、西梁山上游之泛滥，须将兄弟水道完全闭塞，并将陈家洲削去一部。而芜湖下游左岸亦须稍加割削，令河流广狭上下一律。”

长江第四段自芜湖至东流，此段大江约长130英里，沿流有泛滥6处。关于此段和芜湖相关大江之治理，孙中山指出，“为整治此自芜湖上游十英里至大通下游十英里一段河流，吾拟凿此三泛滥中流之沙洲及岸边之突角，为一新水道直贯其中，使成一较短较直之河身”。

孙中山提出要在芜湖建设一个东方大港即“计划港”，“计划港当位于乍浦岬与澉浦岬之间”，“且上海所有天然利益，如其为中国东部长江商港，为其中央市场，我之计划港亦复有之。”“以由铁路以与大江以南各大都市相交通，此港较之上海为近。”

关于芜湖与计划港的联系，孙中山认为，“抑且如将该地近旁与芜湖之间水路加以改良，则此港与长江上游水上交通，亦比上海为近。”

孙中山特别强调在芜湖创建大士敏土厂（即水泥厂），他认为，“长江谷地特富于士敏土原料，自镇江而上可航之水道，夹岸皆有灰石及煤。”“九江以下，马当、黄石矶以及九江、安庆间诸地，又有极多之便利相同之灰石山。其安庆以下至南京间，多为极有利于制士敏土（水泥）之地区，即如大通、荻港、采石矶，均有丰裕之灰石及煤铁矿，夹江相望也。”“筑港、建市街、起江河堤岸诸大工程同时并举，士敏土市场既如斯巨大，则应投一二万万之资本，以供给此士敏土厂矣。”除了大士敏土厂，孙中山还提出要在芜湖开采铁矿，建造铁厂，“芜湖居丰富铁矿区之中心，此铁矿既得相当开发之时，芜湖必能成为工业之中心也。”

建国方略图

孙中山在《建国方略》中对芜湖的规划，为后人建设芜湖提供了极具价值的参考蓝本。由于历史的原因，孙中山的《建国方略》在其后的数十年内并没有来得及实施。帝国主义的侵略和国民党反动统治的腐败无能，使得孙中山的《建国方略》中的规划与设想迟迟无法落实。直到新中国成立后，中国的国家建设方才走上健康发展的轨道，孙中山的建国理想通过中国共产党人的伟大历史实践，得到了实现与发展。

孙中山当年对芜湖经济发展的规划与设想，对后来芜湖社会与经济的发展产生了重大的影响，其大多数计划如今已经成为了现实。

孙中山在对芜湖的地理位置与区位优势进行科学分析的基础上，提出了将芜湖建设成为长江下游重要商埠和近代化工业基地的设想，具有非凡的历史远见。他说，“芜湖为有居民十二万之市镇，且为长江下游米粮市易之中心”，准确地抓住了芜湖的区位优势；而“芜湖居丰富铁矿石之中心”、“芜湖有廉价材料、廉价人工、廉价食物，且极为丰裕”，为发展近代工业提供了丰富的原材料和劳动力资源。同时商埠的建成也为近代工业设备的引进与产品的流通，提供了极为便利的交通条件。因此在孙中山的眼里，芜湖应是“工业中心”并且是具有世界意义的“工业中心”，“芜湖必能成为工业中心也”，“以益人类耳”。

在孙中山《建国方略》的影响下，芜湖的近代工业在随后的十年间有了较大发展，成为安徽省近代工业的重要基地。1915年，芜湖商人王揭慎筹资集股创办芜湖电话公司，开设市内民用电话业务。1916年，芜湖益新面粉公司从英国亨利西蒙磨粉机厂引进蒸汽附设发电机及制冰设备，改进与提高了工厂的近代化水平。1917年陈绍吾、江干卿等集资从英国进口机器设备，兴办了安徽省最早的纺纱厂，于1919年开工生产，有纱锭18000枚。1919年，芜湖恒升铁工厂（新中国建立后芜湖重型机床厂的前身）成立，是当时芜湖规模最大的私营铁工厂。同年，吴兴周等集资10万银元创办了“大昌火柴股份有限公司”。1922年，汤善福等开办了“大明玻璃厂”。芜湖成为近代安徽的工业起源地，是安徽省名副其实的近代工业基地。在上世纪初的20年间，安徽全省13家民族资本经营的工矿企业，其中芜湖占了5家，而其资本总额占了全省的57.8%。

孙中山的科学设想、远大目光和伟人气魄，对今天的芜湖人也是极大的鼓舞和鞭策。芜湖的区域商贸中心地位已经形成。芜湖的现代工业通过数十年的发展已经形成了汽车与零部件、电子电器、新型建材、电线电缆等四大支柱产业，并正在成为全国重要的现代制造业基地。

孙中山提出的“工业中心”蓝图，正逐步得以实现。

孙中山从长江整治的角度出发，多次阐述芜湖与上海乃至江西湖口以下长江下游联动发展的关系。并且特别提出了联通长江与太湖水系，沟通芜湖与上海的运河建设。此外，还设想修建长江大桥通霍山、芜湖、苏州、嘉兴的铁路。

凡此种种不难看出，孙中山高度重视芜湖的区位优势，设想通过发展水陆交通把芜湖打造成为沟通中部地区与东部沿海地区的交通枢纽，将内陆之资源优势与上海、南京乃至长三角富庶地区的发展优势结合起来，整体开发长三角，推动国民经济大发展。

如今芜湖公铁两用长江大桥早已建成通车，芜申运河、芜雁高速、宁安城际铁路等与长三角连接的交通项目均已开工建设。芜湖于长江中下游地区综合交通枢纽地位愈发显现，与长三角开始了全方位的对接，并成为推动中国经济由东向西梯度推进的重要一环。

80多年前，孙中山便萌发了皖江开发的思想。在马鞍山、铜陵尚未建市不可能提出“马芜铜一体”的年代，他提出芜湖与安庆联市发展。“以芜湖为米市中心言，则此安庆之双联市将为茶市中心，而此双联市之介在丰富煤铁矿区中心，又恰与芜湖相等。”“故在长江此部建此双联市，必为大有利益之企业”。

众所周知，孙中山所处的时代，米、茶乃民生经济之大宗商品。他断言芜湖、安庆以资源优势互补，错位发展，必能整合皖南、浙西，并通过六安辐射河南。他的这一设想蕴含着区域经济联动发展的雏形，是关于皖江开发的早期思想萌芽，具有十分重要的历史价值。

孙中山对芜湖的城市区域结构、环境极为熟悉，他设想以运河建设（即古之中江古道，今之芜申运河）为中心，布局芜湖商业地块及工业区。他说，“此运河应向北东走，至芜湖城东南角与山脚中间一点，与青弋江相合。更于濮家店，循此河之支流以行。如此，则芜湖东南循此运河左岸，得一临水之地。运河两旁应建新堤，一如长江两岸。且建船坞与运河通大江之处，以容内地来往船只，加以近代之机械，供盘运货物过船之用。自江岸起，向内地，循运河之方向规划广阔之街道，其近江者留以供商业之需，其沿运河者则留为制造厂用地。”

这一区域大致是现在弋江区及清水一带，这是改变芜湖城市原有沿江布局而向东南拓展，建设区域性经济中心的早期设想。在此之前，清朝重臣张之洞等人虽多次赴清水一带考察，拟迁上海的江南制造局来芜湖办厂，但对城市布局的规划不如孙中山论述的详细科学。

孙中山关于芜湖城市发展规划的设想，将城市的经济发展定位与城市结构布局相结合，突破了芜湖城市发展格局，解决了芜湖城市发展的先天不足，具有一定的科学性，对我们今天的城市规划与建设具有十分宝贵的借鉴意义。

孙中山认为芜湖经济发展必须依靠科教和现代化，他说，“芜湖有廉价材料、廉价人工、廉价食物，且极丰裕，专待现世之学术与机器，变之以为更有价值之财物，以益人类耳。”孙中山所言之“现世学术与机器”，可以说是科教与现代化的机器设备当时之表述。他在分析了芜湖具有的发展近代工业的一系列资源优势后，进一步指出，要将此等优势转化为生产力，还必须“专待现世之学术与机器”。

孙中山“专待现世之学术”的期盼，推动了芜湖的近代教育事业的发展。1914年8月，在皖江中学堂的校址上建立了第五中学，即今天的芜湖一中。同年，芜湖商务总会创办了芜湖总商会乙种商业学校。1918年，刘希平、高语罕创办了工读学校，吸收贫民子弟入学，半工半读；创办平民夜校，吸收纱厂女工和人力车夫入学。1922年，洪镕创办了“芜湖私立工业专门学校”。这些近代学校的创办，为传播民主、爱国思想和近代科学技术发挥了重要作用。

三、芜湖人民对孙中山的永久纪念

（一）中山路

芜湖人民对孙中山有着很深的感情，为纪念这位伟大的革命先行者，特将位于市区中心的建于清光绪二十八年（1902）的第一条近代城区公路——大马路，更名为“中山路”。此路全长960米，与十里长街垂直，与沿江码头平行，是近代芜湖城区扩张过程中极为重要的一条市区道路，也是城区新的中心。

全国各地以“中山”命名的“中山路”很多，只有芜湖的中山路为孙中山亲自走过，并在此发表重要演讲。1933年又在赭山兴建中山纪念堂，1946年将原芜湖利济桥命名为“中山桥”。在一座中小型城市里，同时以孙中山先生名字命名的路、桥、堂三者都有，在国内尚不多见。

1950年代中期，中山路进行了较大规模的改造，道路两侧建起了多家商业网点，逐渐发展成为商业中心。1951年，中山路铺筑水泥路面，加宽6米，车行道达10米，两边人行道为4米。1992年再次大规模扩建，功能上迈了一个大台阶。1999年，芜湖市委市政府决定将中山路改造成为商业步行街，并向全国招标征集规划方案。全街从拆迁、封路施工到开街，只用了短短9个月，于同年9月29日开街。

2007年10月30日上午9时，伟大革命先行者孙中山先生全身铜像和演讲纪念碑在芜湖市中山路商业步行街揭幕。

孙中山雕像与纪念碑连为一体，高达4米，设立于步行街中心地段。孙中山雕像面向镜湖，傲然伫立，右掌上托，衣角飞扬，生动再现了伟人当年慷慨激昂的演讲神态。

（二）中山桥

桥的前身位于宁渊观码头之东，是清光绪二十六年（1900年）由芜湖关道吴景祺牵头修建的一座木桥。其间几经水毁，复又重建。1946年12月，芜湖市政建设委员会向市民征集钱财，修复原桥，正式命名为中山桥。

1997年芜湖市人民政府决定再次改建中山桥，同年4月1日开工建设，1998年10月竣工。改建后的中山桥为系杆拱式钢筋砼桥，桥梁全长306米；主桥面宽为23.10米；主跨梁底标高为14.42米，符合即将开通的五级航道标准的芜申运河。

（三）中山纪念堂

芜湖有两处中山纪念堂，一处在赭山南坡半山腰处，另一处曾在赭山南麓脚下。

坐落在赭山南坡半山腰处的中山堂，位于广济寺与赭塔的后山腰，始建于1933年，原为厅堂式平房，名“皖南图书馆”。新中国成立后，芜湖市人民政府为纪念孙中山先生芜湖之行，将“皖南图书馆”更名为“中山堂”，1954年移交赭山公园管理处管理。2000年，芜湖市人民政府对中山堂进行彻底改建，拆除原先的旧房，新建一座中西合璧的中山堂，面积近800平方米，堂前还建一处广场，著名书法家武中奇题写“中山堂”三个大字，悬挂于门额。

另一处中山纪念堂遗址位于今鸠兹广场西入口处，赭山南麓余脉。

2013年由民革芜湖市委提出的重修中山纪念堂的建言，已得到市主要领导的重视和肯定，批示有关部门予以落实，目前重修方案已初步确定。

中山纪念堂改建将突出本土文化特色，如采用铁画锻造技艺创作锻制“孙中山在芜湖演讲”的画面，铁画书法巨幅作品展示孙中山《建国方略》建设内河商埠的原文作品，《理想与现实——芜湖十大建设成就时空对话》平面浮雕等新内容。运用现代电子信息技术，通过电子屏幕不间断播放《孙中山》电影及相关图片、影像资料，向观众展示一个立体的全方位的孙中山与芜湖的感受空间。

新四军第七师在无为①

无为县委宣传部课题组

摘要:新四军第七师是“皖南事变”后,由战斗在无为一带的新四军无为游击纵队和“皖南事变”突围部队以及新四军第三支队江北挺进团合编组成。遵照新四军军部命令,担负着坚持皖中、发展皖南及沿江地区和创建、巩固、发展皖江抗日根据地的重要任务。在具有光荣革命传统的无为人民支持下,部队由小到大,由弱到强,经过反“扫荡”、反摩擦残酷斗争的考验,不断发展壮大,成为坚持华中敌后抗日战争的一支劲旅,也为中国人民解放军取得渡江战役作战胜利发挥重要作用,创造了闪耀思想光华的革命精神财富,留下大量弥足珍贵的红色文化遗产。

关键词:新四军第七师　皖江抗日根据地　无为县

---

①本文主要参考文献:

《皖江抗日根据地》编审委员会编:《皖江抗日根据地》,中共党史资料出版社1990年版。

《第七师年终工作总结》(1942年)(原件存中央档案馆)。

《中国共产党巢湖地区组织史资料》,安徽人民出版社1993年版。

《皖江抗日根据地史》,安徽人民出版社1998年版。

一、新四军第七师与皖江抗日根据地

皖江地区地跨安徽长江两岸。抗日战争开始不久，皖江各地即恢复和建立了党组织，组建了地方抗日武装和游击队，有力地支持了新四军各部在这一地区开展的抗日武装斗争。

（一）新四军七师的成立与壮大

1941年1月“皖南事变”后，中共中央决定重建新四军，将坚持在华中地区的抗日武装编为7个师，以原在皖中地区（主要在无为）开展抗日斗争的新四军无为游击纵队、新四军第三支队江北挺进团以及分散在皖南和皖南事变突围抵达无为的部队编为新四军第七师。

同年5月1日，新四军第七师在无为县白茆洲成立，师长张鼎丞（未到职），政委曾希圣，参谋长李志高，政治部主任何伟。下辖第十九旅、挺进团、独立1营、独立3营、特务营，十九旅下辖第55团、第56团。

新四军第七师成立后，按照军部“坚持皖中，发展皖南、沿江地区”的战略部署，在隐蔽发展方针的指导下，逐步恢复和发展了皖中根据地或游击区，并与新四军第二师、第五师沟通联络，初步创建了皖中、皖南两块抗日根据地。同时部队也得到了发展壮大，先后组建了第57团、第58团及巢无、含和、巢合庐3个独立团。全师由组建时的1900人增加到4000余人，地方武装2300余人，民兵自卫队22000余人。

1943年3月，根据党中央决定，新四军第七师将主力部队和地方武装改编为3个支队和1个独立团，第七师兼皖中军区，下辖皖南、沿江、含（山）和（县）3个军分区。9月，谭希林调任七师代师长，率第二师第六旅第16团（改部队番号为“巢大”）归建七师。此时，新四军第七师已达6000余人。

从1944年春开始，含和支队向东北发展，加强了新四军第二师以至军部的交通联络；沿江支队向西推进至安庆以西的长江两岸，完成了与第五师相连接；皖南支队渗透到皖南山区，在宣城一带与第六师密切联系。不仅改变了根据地孤悬敌后的困境，同时也与友邻地区形成相互支援和相互策应的格局，使得皖中敌后抗日根据地更加巩固。

为了加强第七师的战斗力和战略反攻的需要，1945年春，新四军第三师独立旅奉命调至皖江抗日根据地，归第七师指挥。6月，以“巢大”和沿江支队大部分为基础，重新组建了第十九旅。在战略反攻阶段，第七师部队和地方武装奉命收复失地，连克无城、望城岗、陶厂、雍家镇、运漕、襄安等50余座城镇，收复了巢湖以南、长江以北的全部地区及皖南的铜、青、南、繁、芜大部地区。一度曾攻入芜湖市区，予日寇以强烈震慑。

第七师武装部队也从刚组建时的1900余人发展到3万余人，

地方武装7000余人，民兵、自卫队仅无为中心区就有15.87万人之多。在抗日战争中，对敌作战6000余起，歼灭日伪军2万余人，以其辉煌业绩载入中国抗日战争光荣史册。

1945年10月，第七师3万余人告别皖江，奉命撤离。北撤途中，部队统一整编为第十九旅、第二十旅、第二十一旅。同年冬，进入鲁南地区，开始踏上新的征程。

（二）皖江抗日根据地的创立与发展

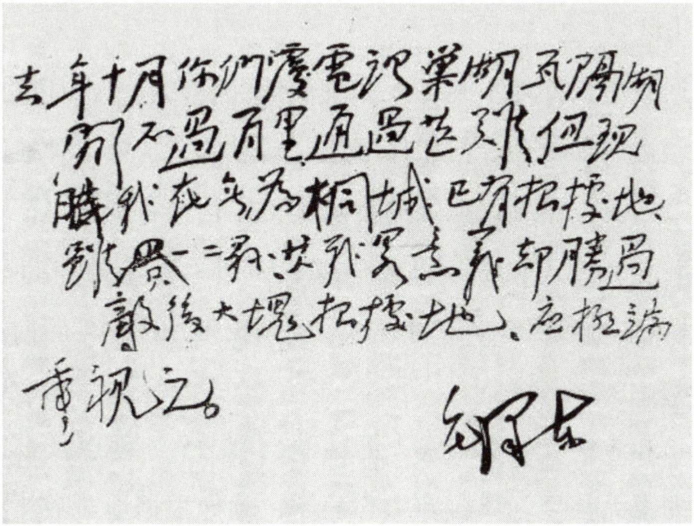
去年十月你们復電謂巢湖瓦隔湖間不過百里通過甚難但現時我在無為桐城已有根據地雖只一二縣其戰略意義却勝過敵後大塊根據地、應極端重視之

毛澤東

《毛泽东同志对新四军第七师工作指示》复印件

毛泽东同志在1941年2月1日给刘少奇、陈毅并告彭德怀的电报中指出：“去年十月你们复电谓巢湖、瓦隔湖间不过百里，通过甚难，但现时我在无为、桐城已有根据地，虽只一、二县，其

战略意义却胜过敌后大块根据地。应极端重视之。”①毛泽东同志的这段论述，高度评价了无为地区在抗日武装斗争乃至后来的重要地位和作用。

同年5月1日，无为抗日民主政府在无为县白茆洲成立。新四军第七师以无为为中心，依托地方党组织和各级抗日民主政府的支持配合，迅速发动群众，扩大抗日武装力量。从1941年9月开始，自无为向南、东北、西3个方向推进。到1942年春，恢复和发展了铜（陵）繁（昌）、含（山）和（县）、桐（城）怀（宁）潜（山）、宿（松）望（江）太（湖）及庐（江）舒（城）等根据地或游击区。

根据敌后根据地不断扩大和发展情况，1942年4月成立了中共皖鄂赣边区委员会，何伟任书记。同时成立了第七师地区党政军委员会，统一领导该地区的党政军工作，曾希圣任书记、何伟任副书记。7月，皖中参议会（议长金稚石）和皖中行政公署（主任吕惠生）同期成立。自此以后，根据地便由创建转向巩固与发展阶段。

1943年3月成立了皖南、沿江、含和3个地委以及直属区党委领导的巢无县委、巢合庐中心县委，领导根据地对敌斗争和各项建设。1945年春，根据地由“皖中”改称为“皖江”，冠以“皖中”名称的党政军群组织均改称“皖江”。

①中共中央文献研究室中央档案馆编：《建党以来重要文献选编（一九二一——一九四九）》第十八册，中央文献出版社2011年版，第74页。

在八年抗战中，皖江人民在中国共产党的领导下，历尽艰难曲折，浴血奋战，从巢无（无为）人口仅几十万的狭小游击区开始，发展到东起江浦、西至彭泽、南至皖南山区、北抵合肥的地跨安徽长江南北的皖江解放区，成为中国共产党领导下的全国19块敌后解放区之一。抗战胜利前夕，皖江抗日根据地面积达3万多平方公里，人口300余万。皖江区党委下辖3个地委、23个县委和工委；皖江行政公署下辖3个专员公署，14个县级抗日民主政府，全区和地域性参议会5个。

二、无为人民对新四军第七师的有力支持

无为，“山环西北，水绕东南”。东南长江冲积平原区，河汊纵横、阡陌交错；西北低山丘陵区，林茂草丰、连绵千里。皖江抗日根据地缔造者之一的第七师政委曾希圣在《皖江的抗日斗争》一文中评价说：“七师和皖江地区抗日斗争的胜利，与无为人民的巨大帮助是分不开的。无为人民和七师血肉相依，同敌伪顽进行不屈不挠的斗争。无为人民在人力、物力、财力上，给了七师以极大支持，才使七师获得了不断的胜利发展。”

（一）一县四置，倾力支持

第七师成立初期，仅有无为县和铜繁的小块游击区，经过一

年多的隐蔽发展，第七师站稳了脚跟，获得初步发展。为了实现完全的向南、向西发展，建立稳固的根据地，从1942年始，无为县相继被划成四个县，作为开辟新根据地的支点：

无为县：党内称巢无县，是根据地的中心区，各首脑机关的所在地。辖恍城区、石涧埠区、南苏区、新民区、无城区和银屏区，即现今严桥、红庙、石涧和无城镇一带以及巢湖市的银屏镇和巢湖南岸地区。

临江县：1941年冬即设立党的县级工作委员会，领导无为东南乡一带。1943年初设立县级行政区，作为皖南支队、地委的中心区（支队、地委次年底迁至江南铜繁地区）。辖陡沟区、白茆区、汤沟区、田桥区、雍镇区、高沟区、龙桥区（后三个区划归无南县）。即今无为东南乡一带。

无南县：1943年夏成立县委，次年4月设立县级行政机构。辖姚沟区、泥汊区、虹桥区（现高沟、泥汊、十里、姚沟、刘渡、襄安一带），后增辖无五区（现洪巷、牛埠一带），该县的设立是基于中心区至江南的捷径，并强化对大江南北交通要道的领导。

湖东县：党内称白湖县，是作为担负向西发展重任的沿江支队、地委的中心区。辖尚礼区、临泉区、关河区、无五区（后划归无南）和槐林区，即现六店、开城、赫店、蜀山、泉塘以及巢湖的槐林、坝镇一带。

此外为保证长江运输的通畅，还建立了江流船舶办事处及党的工作委员会，下辖各个大队分别负责无（为）繁（昌）和无（为）铜（陵）方向的航渡。

（二）同仇敌忾

自1941年至1945年间，日军连续不断向皖江抗日根据地无为中心区发动“扫荡”，均被根据地军民一一粉碎。其中规模最大的反“扫荡”发生在1943年3月17日和4月30日，日军连续两次对中心区进行扫荡。17日，日军从南京、芜湖、铜陵等地抽调主力7000余人，兵分8路，奔袭无为严桥、红庙第七师及根据地党政等领导机关。第七师采取避实就虚的战术，迂回转移，突袭敌军后方，最终取得胜利。但日军根本不给第七师以喘息之机，紧接着又进行第二次“扫荡”，由于根据地军民提前防范，日军阴谋也以失败告终。

在艰苦的反“扫荡”战斗中，地方党组织发动无为人民采用“消息树”、“肉望子”、“递步哨”等方式，设法传递情报，使第七师指战员能快速在运动中了解敌情，保存自己，歼灭敌有生力量。地方武装和民兵也广泛展开“麻雀战”。同时，各支队纷纷向敌伪据点进行突袭，经过两周激战，杀伤日伪300多人，粉碎了日伪“扫荡”，致敌“铁壁合围”阴谋破产。第七师政委曾希圣、华中局组织部长曾山等人，隐蔽在银屏山仙人洞进行指挥、布防。面对日军梳篦式的搜山，处境险恶，当地群众得到情报，冒着生命危险连夜从仙人洞顶天窗翻越进去，帮助曾希圣等第七师首长撤离脱险。

1945年5月，归建第七师的三师独立旅在无为黄龙岗全歼守敌80余人，此次战斗得益于当地群众的强有力支持。

（三）武装人民

为了广泛武装人民群众，无为以类似“预备役”形式，组建县总队、区中队、民兵自卫队三个层次的地方武装。到1944年年底，无为中心区参加民兵自卫队总数达15794人，成为新四军第七师的坚强后盾和兵员补充来源。

地方革命武装的发展，不仅有效维护了地方治安，推动抗日根据地各项工作的开展，同时在反击日、伪、顽的进攻中配合主力作战，切断敌前、敌后交通线和供应线，致敌首尾不能相顾，陷入被动挨打局面。

新四军第七师副师长傅秋涛盛赞无为人民，创造性地完成了“外围战略支点的重要任务”。

（四）军民大生产

在皖江地区对敌斗争战事不断，形势极为险恶的情况下，无为中心区发起了军民大生产运动。各级党组织和各级政府成立了生产委员会，帮助农民制定生产计划。组织换工队、短工队，推行深耕施肥。倡导种植经济作物，发展供销合作事业，掀起劳动竞赛热潮，生产成效日渐显现。

军民大生产运动，增进了军队与人民群众团结，群众得到了实惠，军民共同受益，丰衣足食。第七师在无为期间，年年丰收，加上减租减息，群众生活一度较为富裕，交公粮的积极性高涨，有力支持了第七师的部队建设，使部队的战斗力得到强大。

三、皖江抗日根据地的重要历史地位

（一）皖江抗日根据地

皖江地区处于华中心脏地带，紧扼800里皖江，控守淮南铁路南段，濒临南京、芜湖、安庆，江北河汉纵横，湖塘交错；江南山丘连绵、地险林密。东抵苏、浙，南达鄂、赣，是一个攻可以迅速出击，守可以隐蔽湖泊、栖身高山的战略要地。

1941年5月1日，新四军第七师与无为县抗日民主政府成立，根据地遂由创建转向巩固和发展乃至不断巩固发展的态势。日军虽然在皖中、皖南诸多要地布下重兵，经常向根据地发动突袭“扫荡”，但由于皖江人民对子弟兵的支持，第七师不但没有被打垮，反而越战越勇，越战越强大，各地武装力量也得到相应发展。在抗日战争相持阶段的1942年和1943年间，虽然是各敌后抗日根据地处于最为艰难时期，但这块根据地在这两年中却获得较大发展，取得一个又一个重大胜利。

（二）杀伤和牵制了大批日伪军

南京、芜湖沦陷后，侵华日军疯狂向皖江各县发动进攻。他们先是用飞机狂轰滥炸，继则派步兵陆地占领，设据点、筑碉堡，城镇和交通要道大多被日军控制。

驻扎在皖江地区的日军有一一六师团的三十三联队，十五师团的高田联队、仓桥联队，十三混成旅团等部；伪军有“护国救民独立师”刘子清部、“第一方面军”沈席儒部、“皖中清乡司令”吴道南部、“皖南独立方面军”以及“和县反共自卫团”、“安庆保安团”、“含山反共自卫团”、“巢北清乡队”等杂牌部队。他们大肆烧、杀、抢、掳，疯狂“扫荡”，妄图用武力征服皖江人民。

1941年新四军第七师成立后，在皖江地区人民群众的大力支持下，同日伪军进行了英勇战斗，杀伤大批日伪有生力量。同时也牵制了大批日伪军部队，使他们不敢离开其防守范围，大大减轻了日伪军对正面战场和我敌后战场的军事压力。

（三）改善人民群众生活

皖江抗日根据地建立后，各级抗日民主政府打破国民党反动统治的赋税制度，调动广大农民的生产积极性。皖（中）江行政公署和各县政权机构重视水利，兴修了“黄丝滩”、“三闸圩”、“皂河闸”等大型水利工程。民主政府还引导农民制订生产计划，注意了解市场经济导向。市场搞活了，根据地的日子也相对好过了，广大农民群众踊跃参军，积极缴纳公粮，仅1942年，无为农民就缴纳公粮400余万斤。

在发展农业生产的同时，第七师部队、地方武装及各级党政机构响应党中央号召，开展大生产运动，开垦大片荒地，保证了蔬菜和部分粮食自给。还兴办军需工厂，既减轻人民群众的负担，也改善了部队和党政机关的生活。

经济建设的多方开展，打破日伪的经济封锁，为皖江地区抗日武装斗争奠定了坚实的物质基础。同时还支援了华中局、新四军军部和兄弟部队。

（四）为渡江战役创造有利条件

抗日战争胜利后，皖江抗日根据地武装部队和党政机关奉命撤离根据地。遵照华中局指示，皖中和皖南留下部分干部和少数人民自卫军的武装，在党组织领导下与皖江人民群众一道，继续开展争取和平、民主、自由的斗争。

皖江地区广大人民群众积极为解放大军渡江作好准备，接应和掩护先遣渡江部队。各县党组织和军民积极搜集情报，破坏国民党军队交通、通讯设施，策反国民党守军，协助人民解放军渡江作战。江北和江南各项有效的支持工作，为人民解放军胜利渡江创造了极为有利的条件。

在长达千里的长江防线上，上自江西九江的湖口，下至江苏的江阴，集中了人民解放军西、中、东三路渡江部队。国民党苦心经营三个半月的漫长防线，之所以能被人民解放军最先在无为县土桥至二坝这个地段突破，究其原因：一是北撤前皖江区党委、新四军第七师留下革命火种，关键时刻发挥了作用；二是担任渡江作战的突击队员大多都是皖江子弟兵，他们在熟悉的土地上打起仗来得心应手，英勇顽强。

人民解放军中线部队第七、第九兵团的二十七军、二十四军、二十五军于1949年4月20日夜间，从无为渡江并率先突破国民党江防阵地，登上江南土地，国民党守军土崩瓦解，其它地段军心动摇，整个长江防线一举溃破。中线的突破，为渡江战役取得重大胜利奠定了有力基础，印证了毛泽东同志1941年2月关于无为“战略地位”的英明论断。

四、坚持敌后抗战的主要做法

（一）中国共产党的坚强领导

从1941年中共无为地委的建立，到1942年发展至中共皖鄂赣边区党委（俗称皖中区党委，后称皖江区党委），相继建立了3个地委、4个中心县委、17个县委和2个县一级工委，全区党员发展到11000多人。各级党组注意提高党员干部的政治素质，增强党政军民之间的团结，为战胜相持阶段的严重困难，争取抗战胜利提供了有力的组织保证。

（二）拓开区域优势

皖江抗日根据地的新四军第七师处在淮南抗日根据地的第二师、苏南抗日根据地的第六师、鄂豫边抗日根据地的第五师之间。上述三块抗日根据地犹如汉字的"品"字，皖江抗日根据地恰在三个"口"字之间，把三个"口"字连接到一起，形成一个整体。正如时任新四军政委刘少奇对皖江区党委书记、第七师政委曾希圣说的那样："无为是二师、五师和六师之间的中心地带，像一个纽扣，起到连接的作用。华中连成片，无为是关键。"

(三)保障人权

1941年9月28日,中共无为县委出台了《新四军无为县保障人权条例》,条例共17条,以保障抗日民众的自由、安全和民主权利。1943年7月25日,皖中参议会参议员代表大会通过《如何彻底保障人权案》,把保障人权以法定形式向社会进行公布,有效促进了抗日根据地的和谐与稳定。

(四)改善民生

频繁的战乱,严重损害了皖江抗日根据地的农业生产。1943年2月,根据地中心区周边数县发生春荒,不法商贾乘机囤积居奇,哄抬粮价,群众生活难以为继。

4月21日,行署主任吕惠生主持召开了财经工作紧急会议,指出解决粮食和米荒的出路有3条,一是加强管理;二是向地主士绅和殷实大户借粮给饥民,秋后以低息偿还;三是发展农业生产,大力兴修水利。会议最后决定,除重建无为境内的三闸工程,开凿湖东的大新圩口河外,还立即开展位于无为东乡的黄丝滩江堤建设工程。

1944年5月3日,黄丝滩新堤全面竣工。这项大型水利工程,共投入民工21万人次,用工100余万,完成土方40.4万。新堤全长15华里，高2丈，底宽12丈，宛如一条长龙俯卧在长江北岸，给皖江抗日根据地人民群众发展生产、支援抗日增添了巨大的信心和力量。

黄丝滩新堤竣工后，延安《新华日报》发表社论，指出黄丝滩工程“不仅在皖中是一个史无前例的大工程，也是一件与人民生活密切相关的大工程。”新四军第七师政委曾希圣高度评价这一工程：“其规模之宏大，成绩之优异，出乎人们想象。这是皖中劳动人民创造的惊人奇迹，更是敌后水利建设的一个新创造，新记录。”

（五）搞活经济

1942年10月，新四军军部供给部副部长叶进明调任第七师供给部部长。1943年初，皖中行政公署财政经济处成立，叶进明又兼任处长，后军部又委派蔡辉到皖中行署财经处任副处长兼皖中货物管理总局局长。货物管理总局设于无为县三官殿，1943年4月易名为皖中贸易管理总局（简称总局），以利扩大货物管理范围，掌握货物进出口情况，拓宽贸易渠道，开展封锁与反封锁的斗争。皖中是皖西大别山国民党统治区与苏浙沪物资交流的必经之地，也是过境税收的主要来源，为了保障过境商贾和物资的安全，师部又特地配备一支200多人组成的护商大队，大队长为周云祥。

财经工作的重点：一是加强公粮、田赋和税收工作，协助贯彻减租减息，发展农业生产，藏富于民；二是加强货物管理，以控制货物来对付敌人的经济封锁；三是开展根据地的财务税收工作，开辟财源；四是大力发展工业和手工业生产，兴办工厂，组建兵工厂，采购设备、原材料；五是开办大江银行、发行“大江币”，稳定和巩固根据地的金融阵地。

为了搞活经济，加强皖江抗日根据地的对外联系，1943年4月，在行政公署财经处和七师师部供给部的大力支持下，总局在汤沟镇的万字会兴办了“集成号”商行，蔡辉化名张辉，兼任商行总经理。还聘请了爱国民主人士、行署副主任唐晓光的岳父沈益民任经理。

“集成号”在镇上开办了“仁和饭店”和“舒云饭店”，秘密接待前来商讨以军需物资换农副产品（主要是粮食）的芜湖维持会会长汪子东和日军高级顾问楠木。一些进步民族资本家来根据地经商或观光，也在此处下榻。

“集成号”借助于“江苏旅芜民船同业会”会长杨大炎的社会地位和影响，接着又在芜湖集益里20号建立了“交通运输行”。其名义上为商业性的运输机构，实质上是为第七师在芜湖建起的一个地下交通联络站。从上海采购的发电机、机械、无缝钢管、炸药、电线、布匹、西药、颜料等大批军工物资，均由此安全运抵。

（六）开展教育实践

根据地极为重视教育工作，从1942年起，无为县普遍利用农闲开展冬学运动，以村为班，保设分校、乡设总校。并成立冬学指导委员会，督查各地办学情况。皖中行署特为参学扫盲编印《民众读本》。同时，学校教育发展迅速，据无为县政府1944年5月的统计，所辖五区内有小学12所，中学6所。

中学教育方面，1941年无为县抗日民主政府即决定兴办一所新的无为中学，次年3月筹备就绪，开始招生上课。初时有学生50人，半年即发展到100多人，设初一、二两个班，暑期又增设师范班。7月皖中参议会和行署成立，无为中学改称皖中各县联立中学，学生来自根据地各县，包括铜繁、含和。1944年底，因国民党顽固派对根据地中心区不断疯狂进攻，联中迁至临江县汤沟镇附近，并改称皖江联立中学，学校设普通班和师范班，先后培养了500多学员，大多成为各县、区、乡政权建设的骨干。

1945年6月，抗大十分校在无为县严桥镇牌楼祠堂正式成立，新四军第七师代师长谭希林兼任校长，曾希圣任政委，陈仁洪任教务长，蔡园任军训股长，郑康任政治教育股长。全校共5个大队，包括1个干部队和4个学生大队。学员主要是第七师所属部队的一批排、连、营军政干部以及皖江地区各县、区地方武装的一些干部。

抗大十分校开办以后，虽一直处在战斗频繁、高度流动的情况下，但仍坚持一面战斗，一面教学。校部根据中央军委《关于军队干部教育的决定》的精神，明确了学校教育必须服从当前敌后斗争的实际需要，制定了与之相适应的教学方针。

到了1945年9月，七师地区的抗大十分校改称“随营学校”，与第七师一道撤离皖江抗日根据地。

五、新四军第七师革命遗址

新四军第七师创建的皖江敌后抗日根据地，在无为地区留下很多珍贵的革命历史遗迹，成为人们牢记历史、缅怀先烈、进行革命传统教育极为宝贵的精神财富。

（一）照明山战斗遗址

位于严桥镇牌楼行政村境内，与牌楼水库山水相依。

1940年4月21日，国民党省保安旅司令吴绍礼率两个保安团及国民党21集团军176师一部共4000余人，由无城、开城、石涧突然向驻守在牌楼一带的新四军江北游击纵队司令部及所属新9团一部发起进攻。江北游击纵队司令部得悉后，根据自卫原则，当即命令该地区的部队在照明山、笑泉口一带组织自卫还击。由于对国民党顽军主攻方向判断失误，经激战一日，终因敌我力量悬殊，江北游击纵队伤亡百余人，纵队参谋长桂逢洲也在指挥战斗中牺牲。

（二）中共无为地委党训班遗址

1941年3月，中共巢湖地委召开扩大会议，总结了前一段时间反摩擦斗争的经验教训，决定进一步加强党的组织和思想建设，开辟和扩大含和、桐庐游击区，发展地方武装。巢湖地委更名为无为地委，领导周围游击区党组织和群众开展斗争。无为地委书记周新武、委员方琦德、林立、胡德荣，其工作区域包括舒城、庐江、桐城、无为、巢县、含山、和县以及江浦、全椒、合肥、潜山、怀宁的边缘游击区。中共无为地委直属中共中原局领导。

根据中共巢湖地委扩大会议关于“进一步加强党的思想和组织建设”的精神，地委书记周新武指示赵达、肖文，在严桥恍城地区的小俞家祠堂筹备举办“中共无为地委党训班”。4月初，第一期党训班开学，首批学员50名。党训班先后开办了三期，1942年4月中共皖鄂赣边区党委成立后，中共无为地委被撤销，党训班随之结束。遗址位于现严桥镇大俞自然村，旧址为村内的小俞家祠堂。祠堂原有前后3进各7间瓦房，左右各有厢房2间，中有天井，薄砖小瓦。20世纪60年代后曾作学校使用。后废弃失修，逐渐倒塌，现存3间房屋。

（三）中共皖江区党委机关遗址

中共皖江区党委机关遗址位于今无为县严桥镇平定行政村凤坝自然村凤家祠堂。原祠堂有房屋前后2进，每进3间，左右各1间厢房，砖墙瓦顶。2005年，凤氏家族在原址上拆老祠堂重建凤家祠堂，建筑占地面积100平方米左右，结构式样与原祠堂基本相似。

1942年3月，中共中央华中局决定在皖中地区成立第七师地区党政军委员会，由曾希圣任书记，何伟任副书记，傅秋涛、孙仲德、林维先为委员。后“以何伟、曾希圣、李步新及无为地委负责同志一起组成区党委。何伟为书记，李步新为副书记。”区党委称为中共皖鄂赣边区委员会，通称为皖中区党委（后改称皖江区党委）。机关驻地为无为县严桥镇凤家坝的凤家祠堂。

区党委成立后，领导各级党组织发动群众，开展民主建政工作。1942年7月，选举成立皖中行政公署和皖中参议会。1943年3月，根据华中局统一部署，根据地全区划分成沿江、和含、皖南三个行政区，同时设立三个地委。根据中共中央“扩大解放区、缩小沦陷区”的指示，为适应新任务和解放区已发展到皖南的实际，1945年初，皖中区正式改称“皖江区”，区党委对外改称“皖江区党委”。到1945年8月，皖江地区县级党组织发展到23个。1945年10月，第七师北撤以后，皖江区党委及所属各地委一并撤销。

皖江区党委机关出版的报纸为《大江报》，刊头为新四军代军长陈毅题写。《大江报》于1942年3月26日创刊，始为油印，三日刊，四开四版。每期印数2000—3000份。1944年1月改为铅印，每期印数5000—6000份，1945年10月3日停刊。

（四）皖江行署大礼堂遗址

皖江行署大礼堂遗址位于今无为县严桥镇平定行政村孙庄自然村。该自然村依地势形成两个村落，坡高处称为上庄院子，坡低处为下庄院子。抗战时期上、下庄院子经常为行署、参议会的流动驻地。1942年7月被皖中行署借用作为大礼堂使用的是坐落在上庄院子的孙家祠堂。孙家祠堂原有前后2进房屋，每进各5间，左右为4间厢房，砖木结构，小瓦顶。

皖中行署大礼堂自设立之日起，区党委、行署即在这里多次召开重要会议，进行工作部署，主要有：

1942年7日，皖中第一届参议会，金稚石当选为参议长，周新武、陈可亭当选为副参议长，会议通过了皖中地区《二五减租法令和减息法令》，决定成立皖中行署，选举吕惠生为行署主任。

1943年7月25日，皖中第一届参议员代表大会，会议通过了兴建位于无为东乡黄丝滩新堤的动议。

1943年11月21日，皖中行署和皖中参议会联席会议，张恺帆代表全区民众，发出《抗议顽军无理进攻》的通电，通电由新华社转发全国各大报馆。

1944年6月6日，无为县教师节庆祝大会，行署主任吕惠生参会，并作了《关于发展文化教育的报告》。

1944年12月9日，皖江行署“追悼邹韬奋先生大会”，党政军群各界2000余人出席大会。会议决定，成立“韬奋图书馆”，颁发“韬奋文化教育奖金”，开办“韬奋书店”和成立“韬奋先生纪念委员会”。

1945年5月17—18日，皖江抗日根据地各界300余名代表在行署大礼堂隆重集会，庆祝欧洲反法西斯战争胜利和中国共产党第七次全国代表大会召开。会议电告中共中央，建议“先召开解放区人民代表大会，以组织解放区联合政府”。

（五）大江银行造币厂遗址

大江银行造币厂遗址位于今无为县石涧镇青苔行政村胡村自然村。造币厂原有3间草屋，后在左右两侧增添2间。1959年因年久失修而自然倒塌，现由一胡姓村民在原址附近新建5间砖墙瓦顶房屋。

1943年6月，为适应形势发展的需要，经皖中区党委研究决定，成立“大江银行”，发行“大江币”，也称“抗币”。在获得皖中参议会通过后，委任行署财经处处长叶进明兼任行长，金贯

一、徐德明为副行长，着手筹建造币厂，准备制币的各项事宜。

新钞票印刷成功后，定名为“大江币”。皖江抗日根据地干部与战士，每月发大江币作为津贴费。

大江银行造币厂遗址

（六）天井山、三尖山、周家大山战斗遗址

天井山位于今无为县蜀山镇百胜社区山里黄自然村，山顶自然生成两口水井，四季有水，常年不涸。

三尖山位于蜀山镇百胜社区严凤路一侧，山顶并列，突兀三座高峰。

周家大山位于蜀山镇百胜社区，海拔高度为239米。

1944年7月中旬，国民党顽固派一七一师占领江宁、全椒地区，完全隔断了新四军第二师与第七师之间的联系。经过长时间准备，一七一师、一七六师实行东西对进，于8月下旬向根据地巢无中心区发起进攻，妄图摧毁和占领皖中抗日根据地。

8月23日7时，顽军第八游击纵队司令龙炎武到阵地前沿督战，令一七六师的五二八团、常备队5个中队和1个迫击炮连2000余人，分两路向周家大山西侧的天井山新四军第七师沿江支队阵地发起攻击，顽军五二八团向天井山侧翼迂回。新四军第七师沿江支队独立团第三营和白湖团三营进行猛烈的反攻，奋勇杀敌。当顽军冲锋接近时，各分队投出一排排手榴弹，趁敌被炸得一片混乱之际，战士们拔出马刀，跳出战壕，扑向敌群，杀得顽军鬼哭狼嚎。战斗至上午9时，正面之敌被我沿江支队奋力所阻，其右翼也被我独立团出击打退。10时许，沿江支队独立团二营和白湖团因弹药消耗将尽，主动撤离天井山一线。

国民党顽军占领天井山后，又全力围攻三尖山。沿江支队独立团四连一排在党支部书记张柏与排长张开运的指挥下，连续打退敌人整营整连的冲锋10余次，杀伤顽军数十人。战斗至下午15时，全排23名勇士提出“誓与阵地共存亡”的口号，弹药打光，石雷耗尽，便用枪杆、刺刀、石块与敌拼杀。到了后来，勇士们砸毁枪械，在党支部书记张柏和排长张开运带领下，高呼“中国共产党万岁”、“和平民主万岁”的口号，与敌肉搏，最后全部壮烈牺牲。黄昏时分，新四军第七师“巢大”火速增援赶到，顽军弃下尸体30余具，仓皇向乌龙山、黄姑闸方向逃窜。第七师独立团、白湖团在“巢大”配合下，乘胜出击，将天井山、三尖山一线收复。此一战，沿江支队击毙国民党营长1名、连长2名，连以下人员300余名，重创了国民党五二八团。第七师独立团，荣获新四军军部嘉奖。新四军第七师《武装报》以“二十三勇士荣获新四军军部嘉奖”为题，进行报道，赞美独立团四连一排指战员的英雄事迹。

1945年2月21日，在日伪2000余人至无为东乡“扫荡”之际，国民党以第五二七团、第五二八团、保二团、保四团和第八游击纵队一部共5个团兵力，东西夹击，妄图摧毁皖江抗日根据地巢无中心区。第七师沿江支队根据师部指示“既要保卫根据地，又要保存有生力量”的原则，隐蔽主力，适时进行出击。以独立团、“巢大”防守周家大山一线，以沿江团在蒋家山向西和向南警戒。21日6时，顽军兵发两路北犯沐家集镇，南犯周家大山。7时，南路顽军五二八团两个营进犯周家大山，以一个连围攻第七师独立团四连三排防守的菩萨山，另一个营和保安团攻击第七师“巢大”三营防守的葫芦山。战至10时，为解葫芦山之围，独立团七连向顽军侧后田东、吴村出击未成，该团副团长袁大鹏在观察敌情时不幸中弹身亡。13时，“巢大”向菩萨山出击未成，该团团长兰祥、二营营长徐万炳在指挥作战时牺牲。第七师周家大山防守部队在给敌人以重大杀伤后，奉命撤出阵地向北转移。22日，南北两路顽军在严家桥会合。23日，占领西乡石涧埠。第七师沿江支队在照明山一线阻击后，便转移到顽军侧翼银屏山一带，待机出击。当顽军进犯第七师根据地中心区时，第七师以一部兵力在地方武装、民兵的配合下，大步推进敌后，不断袭扰敌人。顽军腹背挨打，被迫于25日开始从根据地中心区撤退。

在周家大山保卫战中，第七师沿江支队独立团伤亡200余人，但是换来了毙俘敌近千人的胜利。保卫了巢无中心区，使周家大山始终成为顽敌不可逾越的屏障。

（七）皖江烈士陵园

皖江烈士陵园位于红庙镇海云行政村涧边自然村的团山（时称团山李）。1941年5月至1945年10月，新四军第七师创建了皖江抗日根据地，七师党政群首脑机关常驻在团山李、山水涧，这里遂成为第七师领导皖江地区军民进行抗战的指挥中心。4年多的时间里，皖江军民同日本侵略者、国民党反动派展开了英勇顽强的斗争，为赢得抗日战争的伟大胜利作出了重要贡献。与此同时，根据地军民也付出了巨大牺牲，仅第七师就有650多名指战员英勇献身，其中营级以上干部200多人。

1958年，安徽省人民政府在团山修建皖江烈士陵园，在团山之巅修建“皖江抗日根据地革命烈士纪念塔”。塔的主体为水泥磨石，塔高15米，8根水泥柱与塔身衔接一体，塔身正面镌刻着原安徽省政协主席、曾任皖江行署副主任张恺帆的题词：“皖江革命根据地死难烈士永垂不朽”。塔前45级宽3米的石阶逐级延伸至7

位抗日烈士墓前（包括2006年4月4日迁灵入园的原七师参谋长李志高陵墓）。陵园内苍松翠柏含黛，绿树成荫蔽地。纪念塔巍巍壮观，与第七师旧址纪念馆遥相呼应。

皖江烈士陵园东西长300米，南北宽204米，建筑面积110平方米，总面积约78亩。陵园内另建有“忠魂亭”，以告慰革命英烈。

（八）新四军第七师师部旧址

新四军第七师师部旧址

旧址位于今无为县红庙镇海云行政村涧边自然村（时称三水涧村）。师政治委员曾希圣住所及师部办公室、机要室、作战室建筑等保存较为完好。这是一座建于民国初年的土木结构、草顶加瓦平房，有正屋1栋4间、厢房2间，占地面积100多平方米。

（九）新四军第七师纪念馆

纪念馆位于今无为县红庙镇海云行政村涧边自然村。

1995年春，为纪念中国人民抗日战争胜利50周年，经安徽省人民政府批准，中共无为县委、县政府决定修建新四军第七师师部旧址纪念馆。无为县民政局承建全部建筑工程，县委党史办公室负责展馆全部资料、图片的征集、编撰与布展工作，纪念馆于同年10月正式建成并对外开放。

纪念馆共有三个展厅、两个会议室及附属设施。曾任新四军第七师锄奸部部长的原浙江省委副书记、省人大主任李丰平题写馆名。展馆正厅陈列着毛泽东同志在1941年2月1日为中央军委、中央书记处起草的电文，印证了无为县在中国人民抗日战争中具有举足轻重的历史地位。

纪念馆大门前，有北京、上海、浙江、江苏、江西、福建、安徽等7省市新四军研究会的新四军老战士亲手植下的苍松翠柏，郁郁葱葱，傲然挺立。

2012年，无为县人民政府拨款在原馆东侧重建新的纪念馆，该馆于2014年竣工并对外开放。新馆气势恢宏，面积为原馆的四倍，达1800平米。展厅为双层结构，布展面积1500平米。所展新增了日军侵华战争（大背景）、永远的丰碑、铁流浩荡续征程等三大部分内容。展出方式采用现代声光电技术，使内容更加形象逼真，大大提升了展示效果。该馆现为安徽省革命传统教育基地。

戴安澜将军①

无为县委宣传部课题组

摘要：戴安澜将军传奇一生，被世人广为传颂，在国内外有着很大影响。本文进一步发掘研究、深入探讨戴安澜将军英雄事迹，重点阐述戴安澜将军魂归故里墓葬芜湖的史实，对戴安澜将军为什么不葬在出生地无为县练溪乡风和戴村，而是葬在与无为一江之隔的芜湖市风景名胜赭山的原因进行解读。

关键词：英雄事迹　墓葬芜湖

一、生平简介

戴安澜，字衍功，自号海鸥，芜湖市所辖无为县练溪乡风和戴村人（今属无为县昆山乡练溪社区），生于1904年11月25日。家境清贫，1923年考入陶行知先生创办的安徽公学高中部学习。1924年投笔从戎，参加北伐军。1925年考入黄埔军校第三期步兵

①本文主要参考文献：

戴安澜著：《戴安澜遗集》，1943年，重庆图书馆馆藏。

江苏文史资料编辑部：《壮烈辉煌——纪念民族英雄戴安澜将军诞辰九十周年》，1994年。

邱对著：《中国远征军》，云南人民出版社2011年版。

科学习，翌年参加北伐战争。1933年2月，戴安澜在国民革命军第十七军二十五师关麟征部一四五团任团长，参加了古北口战役。七七事变爆发，戴安澜升任第七十三旅旅长，先后参加了保定、漕河、台儿庄、中条山诸役。1938年5月，因战功晋升为第八十五军八十九师副师长。1939年1月，升任第二〇〇师师长，同年12月奉命参加昆仑关（大明山区）战役。经1个月苦战，毙敌6千，缴获甚多，写下中国抗战史上辉煌的一页。

戴安澜将军

1942年3月1日，戴安澜奉命率二〇〇师为第五军先头部队入缅作战。同古一役，戴安澜的二〇〇师抗击五倍于己之敌，以伤亡800勇士的代价，歼敌5000有余，连傲横不可一世的日寇也不得不承认，同古之战是缅战中“最艰苦的战斗之一”。

同古狙击任务完成后，二〇〇师奉命转移至叶新。喘息未定，因西路乔克巴唐英军被围，又奉命驰援。刚解围，东路棠吉又告失守，4月21日，遂又奉命收复棠吉。24日拂晓，戴安澜的二〇〇师发起攻击，先后攻占西南北三面高地，并突入市区与敌巷战。战斗打得异常激烈，戴安澜亲临前线指挥。随从副官受伤，一卫士牺牲。争夺至午夜，棠吉被攻克，捷报飞传，国人无不欢欣鼓舞。

攻克棠吉后，二〇〇师奉命作战略转移。1942年5月18日，在朗科地区，突遭敌重兵伏击。在密林中鏖战了两昼夜后，全师突出重围，但不幸戴安澜将军为流弹所中，胸腹部受伤。然而，戴安澜将军在担架上仍继续指挥战斗。由于当时缅甸已进入雨季，连日战斗，衣履如浸，泥血斑斑，且进入山区人烟稀少，医药不全，伤势严重恶化，不幸于1942年5月26日下午5时40分与世长辞，时年三十八岁。

1943年4月1日，在广西全州香山寺，隆重举行戴安澜将军国葬仪式，国民政府派代表李济深主持，国共两党领导人纷纷书赠挽诗、挽词和挽联。

戴安澜将军去世后，美国政府为表彰戴安澜在第二次世界大战中作出的巨大贡献，1942年10月29日特颁授懋绩勋章一枚，戴安澜将军成为第二次世界大战反法西斯斗争中第一位获得美国勋章的中国军人。美国总统罗斯福在签署的命令中说："中华民国陆军第二〇〇师师长戴安澜将军于1942年同盟国缅甸战场协同援英抗日时期，作战英勇，指挥卓越，圆满完成所负任务，实为我同盟国军人之优良楷模”。

同年12月，国民政府发布命令，追赠晋戴安澜为陆军中将，并批准戴安澜将军的英名入祀南京忠烈祠。

1947年秋天，戴安澜将军的灵柩由广西全州迁葬于芜湖故里。

1956年9月21日，中华人民共和国中央人民政府内务部追认戴安澜将军为革命烈士，10月3日，毛泽东主席向戴安澜将军遗属颁发了《革命牺牲军人家属光荣纪念证》。

为纪念戴安澜将军，芜湖市人民政府于1979年重新整修墓地，并树立了墓碑。

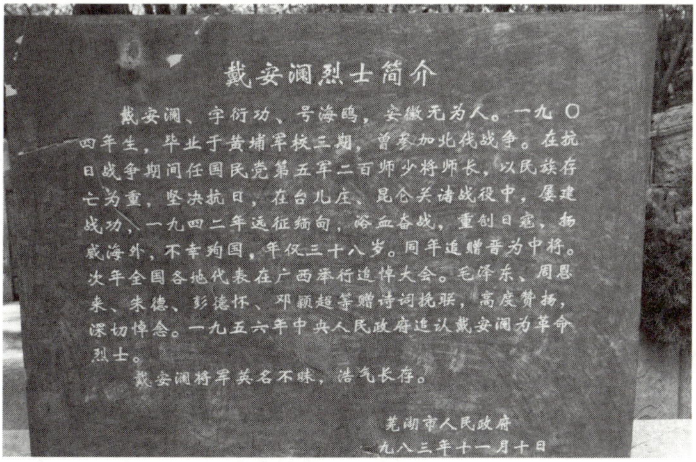

戴安澜烈士简介

2009年9月10日，在“100位为新中国成立作出突出贡献的英雄模范人物和100位新中国成立以来感动中国人物”评选活动中，戴安澜将军被评为“100位为新中国成立作出突出贡献的英雄模范人物”。

二、戎马生涯

戴安澜自1924年投奔国民革命军，时年20岁，步入军旅生涯，直至38岁壮烈牺牲，经历过大小无数次战斗。

（一）古北口之战

1933年1月，热河省省会承德失陷，日军大举进攻长城，华北危在旦夕。3月4日，戴安澜所在的第十七军二十五师奉命赶往古北口，参加对日抗战。3月10日清晨，二十五师进入阵地不久，日军第八师团十六旅团便疯狂发起进攻，对二十五师阵地轮番狂轰滥炸。3月11日，敌人以飞机、大炮作掩护，占领了将军楼口高地及古北口关口，从两翼包围戴安澜的第二十五师一四五团，部队伤亡惨重。3月12日拂晓，敌人又增加了主炮和飞机，向一四五团发起进攻，战斗比前两天打的更为激烈。战斗力消耗很大，通讯联络中断，战况益渐恶化。为了缩短战线，夺取战机，团长戴安澜果断命令，将阵地转移到古北口以西的南天门一带高地，进行有力阻击。经过三天三夜的激战，戴安澜率领全团官兵连续多次击退敌人的进攻，使来犯之敌遭受重大伤亡。

在这场战斗中，戴安澜因作战英勇，指挥有方，荣获五等云麾勋章。

（二）血战台儿庄

1938年3月，日军侵犯至徐州附近运河北岸，中国军队和侵华日军在这里投下大批兵力，台儿庄战役打响。在御敌奋战的关键时刻，戴安澜率部，火速驰援至台儿庄附近的一个村庄。日军发现后，以六辆坦克掩护步兵，恶狼般扑向这个村庄。旅长戴安澜指挥若定，他迅速命令部队埋伏在预定地点，用麦草铺在村外桥头的路上，伪装成埋布地雷的样子。敌人的坦克开来，看见麦草，害怕有地雷，惊慌失措地向后撤退。乘敌慌乱之际，戴安澜埋伏下的部队让过敌人坦克，待敌人步兵到来后，猛地跳出战壕，扑向敌寇，毙敌数十名，其余敌寇抱头鼠窜而去。

在台儿庄对日作战中，戴安澜由旅长晋升为第八十九师副师长，并获华胄荣誉奖章一枚。

（三）昆仑关大战

1939年12月4日，日寇第五师团进占了昆仑关。戴安澜率领第二〇〇师参加昆仑关大战。戴安澜亲临阵前，指挥部队，一次又一次把敌人击退，阵地失而复得，几度易手。

12月17日凌晨，战斗打响，双方首先进行炮战。在中国军队远程重炮火力压迫下，敌人炮兵中断射击。二〇〇师和友师在战车和轻重火力掩护下，向敌阵地发起攻击。敌机在上空盘旋，企图袭击第二〇〇师步兵，但遭到中国军队高射炮猛烈射击，使敌人阴谋无法得逞。双方激烈交战持续了一整天，到了深夜，二〇〇师官兵在师长戴安澜亲自指挥下，由战车作掩护，沿公路长驱直入，从敌人手中夺回了昆仑关。

敌人不甘心失败，12月19日又以大批飞机为掩护，向昆仑关强行反扑，昆仑关一度失守。经过同日军反复争夺，短兵相接，白刃拼杀，打退敌人多次反扑，第二次又收复了昆仑关。在这次战斗中，第二〇〇师击毙敌前线指挥官日军第五师团第十二旅团少将旅团长中村正雄。

战斗越打越激烈，不久昆仑关又被敌军占领。12月31日，师长戴安澜身先士卒，指挥和带领部队英勇杀敌。巍巍昆仑关，终又回到中国军队手中。为了纪念这次战斗的胜利，戴安澜即兴赋诗一首："仙女山（昆仑关高地）头竖将旗，南来顽寇尽披靡。等闲试向云端望，倩影翩翩舞绣衣。"

在昆仑关大战中，戴安澜荣获四等宝鼎勋章一枚。

（四）同古保卫战

太平洋战争爆发后，应美国和英国政府一再请求，1942年初，中国组建了中国远征军开赴缅甸。戴安澜奉命率领第二〇〇师，作为中国远征军先遣部队赴缅参战。

1942年3月8日，二〇〇师星夜赶到同古。这是一座位于缅南平原的小城，距缅甸首都仰光260公里，扼公路、铁路和水路要冲，战略地位十分突出。此时的英缅军在日军凌厉攻势下，正如潮水般溃退。

3月19日，追击撤退英缅军至皮尤河西岸的日军，与防守同古的二〇〇师先头部队接火。战讯传来，戴安澜慷慨宣布："本师长立遗嘱在先，如果师长战死，以副师长代之；副师长战死，参谋长代之；团长战死，营长代之……以此类推，各级皆然。"

3月21日，同古城北的永克冈机场被日军占领，守城的二〇〇师后路被切断。28日深夜，日军派出小股部队突袭二〇〇师指挥部。戴安澜发现后，毫无惧色，他手提一挺机枪，愤怒向敌人扫射，激战整个通宵。官兵们的子弹打光了，刺刀也拼弯了，正危在旦夕，一营援兵及时赶到，师部才化险为夷。

同古一战，戴安澜的第二〇〇师以不足9000人的队伍，抗击强寇20000多人、时间12天之久，使日军遭受到南侵以来第一次重大挫败。这也是中国远征军入缅作战的首次胜利，打出了国威，打出了中华儿女的英雄气概。

（五）棠吉攻坚战

进入1942年4月，缅甸战场局势瞬息万变，由于英缅军连连丢城失地，中国远征军与英缅军之间结成的同盟军，正一步步陷入失败的泥淖。4月5日上午，时任中缅印战区总司令的蒋介石飞抵眉苗中国远征军前线指挥部，与戴安澜等在内的远征军第五、第六军高级将领商定作战方案。孰料一夜之间，战局陡转直下。

4月24日拂晓，负责收复棠吉的二〇〇师将士向日军发起进攻。由于敌军防守太强，火力太猛，使进攻连连受挫。见此情景，戴安澜果断作出决策，命令部队先拿下棠吉西侧的敌警戒阵地，然后再夺棠吉。此一局部战斗的胜利，无法遏止整个缅甸战场中英同盟军的疾速溃败。日军第五十六师团除留一部分兵力作为正面策应外，其主力部队秘密穿越缅泰边境1500公里的原始大森林，神出鬼没地出现在后方腊戍、密支那等城的中国守军前，使得中国远征军返回国门的咽喉之地失守。

战斗最白热化的时候，师长戴安澜随身副官身负重伤，一卫士牺牲，戴安澜也处于极其危险境地。几次陷入绝境，几次又化险为夷，绝处逢生。

三、为国捐躯

1942年5月10日，中国远征军大部队撤退至缅甸胡康河谷，不料遭到日军第五十六师团疯狂阻击。日军在进行地面攻击的同时，大批敌机还向路面轮番猛烈轰炸扫射，中国远征军部队不得不隐蔽山林，躲避敌人的火力。负责在温佐一带掩护撤退的戴安澜第二〇〇师，一时与军部失去联系。

在后有追兵、前路不通的情形下，师长戴安澜做出决定，带领部队进入缅甸中北部山区打游击，寻找机会，撤回国内。5月18日，第二〇〇师兵分两路，横穿细抹公路。正在行进中，前卫部队突然遭到大股日军伏击。爱兵如子的戴安澜立即命令部队，马上分散突围。面对此情此景，戴安澜悲怆不已："关公走麦城，也不过如此……缅甸非久留之地，今天只能不是鱼死，就是网破。"英雄的二〇〇师官兵，不但没有分散突围保命，而是迎着日军机关枪、步枪和炮火交叉组织的密集火力网，义无反顾地端着刺刀，奋勇冲向前去。敌军以逸待劳，据险伏击，二〇〇师伤亡惨重。激战中，一梭罪恶的机枪子弹射中了戴安澜的胸部和腹部，被身后官兵及时发现，赶紧救起。

戴安澜身负重伤，不能行走。官兵们流着眼泪，轮流用担架抬着敬爱的师长，一边与日军周旋，一边艰难地行走在缅北的高山峡谷和原始密林之中。

进入5月，缅甸已是雨季，终日大雨滂沱。二〇〇师官兵们的衣衫整天湿透，粮食也早已断绝，只能寻求山野充饥。见躺在担架上的戴安澜身体虚弱，一位官兵向当地山民讨来一碗粥糜，让戴安澜喝下。戴安澜只喝了一小口，左顾右盼，看着眼前这些可爱的官兵，热泪夺眶而出，便再也没有喝下去。

部队没有粮食，没有药物，戴安澜伤口溃烂，无法治疗。虽然痛苦不堪，戴安澜仍然保持着旺盛的必胜信念，坚持指挥部队，继续突围前进。

5月26日，队伍行进至缅北一个叫茅邦的克钦山寨，此时离国门也不过三、五天的行程，已是胜利在望。戴安澜一面庆幸二〇〇师官兵全师生还，一面预感到自己在世的日子已是十分有限，嘱咐部下帮他整理一下衣冠，把他从担架上扶起，深情地向北瞭望凝视，嘴里喃喃地说："反攻，反攻……"

1942年5月26日下午5时40分，一代抗日名将戴安澜将军的心脏停止跳动，壮烈殉国，牺牲在异国他乡，时年三十八岁。

戴安澜将军牺牲后，举国悲痛。当时的国民党最高领导人蒋介石闻讯，亲为戴安澜将军赋诗题挽，上联是："虎头食肉负雄资，看万里长征，与敌周旋欣不忝。"下联是："马革裹尸酹壮志，惜大勋未成，虚予期望痛何如。"

中国共产党最高领导人毛泽东对戴安澜将军大义凛然、为国捐躯的壮举十分敬仰，赋五律挽诗一首："外侮需人御，将军赋采薇。师称机械化，勇夺虎罴威。浴血冬瓜守，驱倭棠吉归。沙场竟殒命，壮志也无违。”

八路军总司令朱德和副总司令彭德怀联名挽联，上联是：“将略冠军门，日寇几回遭重创。”下联是：“英魂羁缅境，国人无处不哀思。”

戴安澜的安徽同乡、国民党高级将领孙立人痛作挽诗一首：“伟哉将军，战绩辉煌。立功异域，蜚声盟邦。袍泽兴荣，民族增光。身虽成仁，挞伐是张。大汉声威，赖以远扬。勋炳史册，名斯永芳”。

曾经担任过黄埔军校政治部主任的周恩来，对戴安澜怀有深厚感情，他奋笔疾书，题写挽联：“黄埔之英，民族之雄。”

四、魂归故里

（一）举国公祭

戴安澜牺牲后，遗体由二○○师工兵营伐木制棺入殓。大军渡过瑞江，因遗体腐烂，于1942年5月29日，不得不将遗体连同棺木一起火化，拣出遗骸，用红绸布包裹，装在一个小木匣里。

1942年6月2日，第二○○师突破日军最后一道防线，17日到达云南腾冲。戴安澜遗骸运抵中缅边境时，一位七十高龄的老华侨献出自己备用的楠木棺材，将遗骸装入棺内成殓。

1942年7月、8月，灵柩先后经过云南、贵州等地，最后运抵广西全州，进行公祭厝葬。

运送戴安澜灵柩的灵车，由红绸白字的“阵亡陆军少将第二〇〇师师长戴公安澜”铭旌为前导，戴安澜夫人王荷馨以及戴安澜的三个儿子和一个女儿随灵护送。灵柩每到一地，家家素烛鲜花，人人挥涕执绋。迎灵队伍高达数万甚至十几万人，绵延数十里，表达对戴安澜将军的爱戴和敬重。

灵车低达贵阳，贵阳沿街市民，挨家挨户摆设路祭香案。

灵车到达昆明、安顺、贵阳、桂林等地，各界群众隆重举行公祭大会，悼念一代抗日名将戴安澜。各地的公祭大会会场布置庄严肃穆，所在各地的省主席、市长、县长、部队长官等，亲自撰联哀挽。

戴安澜将军夫人王荷馨的挽联情真意切，催人泪下：“天道无凭世道衰，君斯壮烈成仁，已侥幸薄取勋名，略酬素志；国难未纾家难续，我忽强肩巨责，应如何勤侍二老，教抚孤儿……”

1942年10月16日，国民革命军第五军在广西全州举行“追悼戴故师长安澜大会”，时任机械化军校教育长的徐庭瑶致悼词，戴安澜将军的堂兄戴蔚文致谢词。

当日，《国府公报渝字节第五〇七号》文颁布“国民政府令”：“故陆军少将戴安澜追赠晋为陆军中将。此令。”

国民政府1942年12月31日在所发布的“抗战殉职将领入祀忠烈祠令”中，将戴安澜将军列入其中。

1942年10月29日，由美国国会授权总统罗斯福颁发给戴安澜将军以懋绩勋章，这是第二次世界大战中，美国政府颁发给外国同盟军中国将领的第一枚勋章。

1943年4月1月八时，在广西全州香山寺举行悼念戴安澜将军公（国）祭仪式。国民政府代表李济深、广西省政府主席黄旭初、国民革命军第五军军长杜聿明等党政要员以及社会各界民众10000多人，参加了这一重大活动。

（二）厝葬全州

戴安澜将军的灵柩，起初厝葬在广西全州。

1940年的夏天，戴安澜所部驻防全州，戴安澜的儿子戴复东小学毕业，考入全州花溪镇私立清华中学。花溪地理位置好，自然环境美，清华中学位于花溪镇大将军山和猴子坡两座山峰下面，每当春暖花开季节，漫山遍野的杜鹃花争相开放，景色宜人。且沿着花溪河有一条简便公路，可直达学校，交通便捷。

为了让儿子戴复东能在花溪安心读书，戴安澜特意在花溪镇盖建了几间平瓦房，购置几亩良田，举家移居，迁至花溪。

戴安澜将军生前十分喜爱花溪山水，他曾在日记中写道："早餐后返全（全州），沿途见（花溪）杜鹃花遍野，极为美丽，遂采折若干，插入车之周围。而藩、靖两儿（即女儿戴藩篱、次子戴靖东），对此尤感兴趣。"

戴安澜将军殉国后，夫人王荷馨即在公（国）祭大会结束的当天，将灵柩厝葬在戴安澜将军生前喜爱的花溪。为了实现戴安澜将军死后归乡入土的遗愿，夫人王荷馨在安葬戴安澜将军灵柩时，特意用两根长长的木头架子将棺材架空，置放于墓穴，以便日后起运，回乡入土为安。

申明大义的王荷馨，不愧为戴安澜将军的贤达夫人，她在戴安澜将军殉国后，“勤侍二老，教抚孤儿”，度日艰难。尽管日子过得并不怎么富裕，甚至出现拮据，她依然慷慨解囊，毅然决然地将国民政府颁发给她的20万元（法币）特恤金悉数拿出，投入到纪念戴安澜将军的“安澜高级工业职业学校”筹建中。

1943年，由教育部核准的“私立安澜高级工业职业学校”在广西全州登记注册，正式成立，设土木、化工、机械、汽车维护四科。王荷馨既不担任董事长，也不兼任校长，只是承诺丈夫生前夙愿，完成了一项事业（该校后随戴安澜灵柩一并迁至安徽芜湖，为现芜湖市第二中学前身）。

1945年8月15日，日本帝国主义投降，饱受战乱之苦的中国人民在国民党尚未发动内战之前，总算暂时缓了一口气。身在广西全州的戴安澜将军夫人王荷馨，思乡心切，特别是对丈夫戴安澜长期厝葬全州，至今尚未入土的现状，感到非常不安。经过反复思量，仔细斟酌，决意扶柩而归，与丈夫戴安澜灵柩一道，举家移迁安徽。考虑到处于兵荒马乱，如将灵柩运抵出生地无为安葬，别说是路途不便，安全也得不到保障。再说戴安澜将军离开出生地已久，举家早已随部队迁往外埠，无为练溪乡风和戴村已无嫡亲，葬在此处，实际意义已不是很大。于是王荷馨主意已定，决定将戴安澜将军灵柩葬在与无为一江之隔的芜湖。

芜湖虽然不是戴安澜将军的出生地，但历史上与戴安澜将军出生地的无为，有着渊源已久的所辖和隶属关系。

早在春秋时期，无为（驾邑）就曾属芜湖（古鸠兹）所辖；东晋侨立豫州，州治在芜湖，无为隶属豫州（329—363）。后隶属关系虽时有变化，但到了民国二十一年（1932年），芜湖又与无为同属安徽省第二专区，专区所在地设在芜湖（新中国成立后几次区划调整，1952年无为属芜湖专区；2011年至今，无为属芜湖市所辖）。且国民政府所在地南京距芜湖仅咫尺之遥，戴安澜将军生前友好袍泽从南京到芜湖往来悼念祭奠，也比较方便。

为了在芜湖选择一理想墓地，使戴安澜将军入土为安，王荷馨选了又选，择了又择。选好以后，她又带着子女亲往实地查勘，终于选定风景名胜赭山的小赭山，为戴安澜将军最后归属地。这里前有滚滚长江，两侧山头如大鹏展翅，风水颇好，甚具灵气。

接着是筹集路费及置办回乡交通工具，戴安澜将军夫人王荷馨带着女儿戴藩篱、次子戴靖东，一路长途跋涉，奔赴南京国民政府，东奔西走，请求援助。在戴安澜将军生前好友袍泽的关注下，历时半年，终于如愿以偿。

1947年5月，国民政府派出6辆美式十轮大卡车，帮王荷馨搬家。王荷馨仅留下一辆装载戴安澜将军灵柩，其余5辆全部退还。她一路颠簸，风餐露宿，费尽万般辛苦，从广西全州抵达湖南衡阳，后又改乘火车取道湖北武昌，从水路乘船回安徽芜湖。

在武昌货运装船时，码头装卸工人起初只给装货，不装棺材，说是码头多年流传的规矩。后一听说棺材是抗日名将戴安澜将军的灵柩，立即抬棺上船，鸣笛启航。

（三）青山赭土埋忠骨

1947年12月31日，运载戴安澜将军灵柩的“执信”轮抵达芜湖。因一时来不及筹备相关事宜，直到时隔两天后的1948年1月2日，芜湖地方政府才着手迎接灵柩上岸。据史料记载，当时前往迎接灵柩的有县长朱世珩等人，芜湖各学校、各法团、宪兵等10多个单位相关人员。

戴安澜将军灵柩被抬上一辆大卡车，向公共体育场进发。警察局乐队在前面奏哀乐开道，宪兵队紧随其后，接着是建国中学、高等商业专科学校等学校的老师和学生，队伍后面是戴安澜将军灵车，灵车上插着各界挽联以及戴安澜将军牺牲前穿的血衣。沿途各商店住户一律挂半旗、燃放爆竹。灵车所到之处，芜湖市民均停下脚步，注目敬礼致哀。

中午12时正，灵车到达公共体育场，举行本地公祭活动。公祭的灵台为司令台，司令台两边楹柱上，张挂着无为同乡会和芜湖米联会撰写的挽联，台下摆放着社会各界送来的花圈。

公祭仪式在哀乐声中开始，朱世珩代表芜湖社会各界主祭，报告了戴安澜将军的履历及举行公祭的意义。戴安澜将军家属代表戴子庄致词答礼。在虽然简单但却十分隆重的气氛中，公祭仪式结束。

为了做好戴安澜将军安葬芜湖的一应事务，当即成立了戴安澜将军治丧委员会，由驻军整编六十三师师长林湛、新编十三旅旅长许午言、皖六区行政督察专员杨绩荪、县长朱世珩、省参议员高铁君等五人担任常委，张呼诚等130多人为委员。治丧委员会办公地点设在芜湖中山纪念堂。社会各界和芜湖民众自发组织募捐活动，筹集经费，为戴安澜将军助葬。

1948年5月2日，国民政府国防部特派战区副司令长官杜聿明、装甲兵总司令徐庭瑶、整编八十八师师长马师泰等人，前来芜湖办理戴安澜将军公（国）葬事宜。

1948年5月3日下午二时正，声势浩大的公祭大典在戴安澜将军家乡芜湖举行。杜聿明等人来到公共体育场戴安澜将军灵柩前致祭，拜谒了戴安澜将军的血衣等遗物。公祭大典礼毕，举行发引仪式，送灵队伍由公共体育场经上二街、中二街转往中山路，至观音巷后折至萃文中学右侧，到达小赭山墓地。

当日国民党《中央日报》对这次公（国）葬活动进行了报道："远征军戴故师长安澜遗榇卜葬于芜湖小赭山，三日发引，全市各界民众执绋，行列长达三里。杜聿明、徐庭瑶、马师恭来芜执绋送葬。"

《中央日报》还刊登了杜聿明《悼念戴安澜将军》一文，称其与戴安澜十余年相处，“共事最久，相知最深。”“水乳交融，情同手足。”文章又称，“戴将军的忠勇勋绩，亭峙山河昭垂日月，其光芒焜耀铄古震今，更足以坚定我们的信心和鼓励我们的勇气。”

杜聿明在这篇文章中，悲壮而又不免伤感地写道：“民族的英雄已竟随历史的巨轮而俱逝，悼念逝者，顾念将来，固然不胜其苍茫独立之感……”

1954年，经中央人民政府批准，芜湖市民政局对戴安澜将军墓地立碑修复。

1956年10月3日，中央人民政府向戴安澜将军家属颁发了由毛泽东主席署名的“革命牺牲军人家属纪念证。”

1978年，邓小平同志对戴安澜将军墓地批示，“抓紧予以修复”。在邓小平同志的亲切关怀下，芜湖市民政局1979年为戴安澜烈士墓立了墓碑。

1985年6月，国家民政部向戴安澜将军家属颁发了“革命烈士证书”。同年，芜湖市人民政府拨款整修烈士墓地，墓的正面为大理石石碑，石碑上镌刻着中国国民党革命委员会中央委员会主席王昆仑所题“戴安澜烈士墓”六个大字。右侧石碑上刻写着毛泽东、周恩来、朱德和彭德怀、邓颖超题赠的挽诗、挽联和挽词；左侧石碑上刻着烈士的生平简介。

2002年，芜湖市人民政府再次拨款，对戴安澜将军墓地进行扩建和维修。著名抗日爱国将领戴安澜烈士的墓地，已被命名为

"爱国主义教育基地",供广大群众纪念、瞻仰和学习。

戴安澜烈士墓

2007年8月15日，戴安澜将军塑像落成揭幕仪式在芜湖举行。芜湖市委、市人大、市政府、市政协领导与全市干部、职工、学生代表，戴安澜将军子女、亲属等100多人，冒雨在戴安澜将军塑像前肃立祭拜。塑像由青铜铸成，像高2.2米，底座高1.6米，合计3.8米，象征着戴安澜将军38岁的光辉人生。塑像底座镌刻着徐向前元帅所题"戴安澜将军"五个镏金大字。底座前方还有书卷状的石雕，上刻戴安澜将军生平事迹。塑像位于赭山公园内戴安澜将军墓园下方，并新建上下山环道，便于群众前来瞻仰祭拜。

戴安澜将军墓地所在的赭山，因山石呈赭色而得名，兀立于芜湖市中心西北角。周长4.5公里，方圆552.3亩，有大小山峰两座。其中大赭山海拔84.8米；小赭山海拔67.9米，树木葱茏，芳菲萋萋，戴安澜将军墓即葬在小赭山之麓。

赭山对面有一赤铸山，春秋时期干将在此设炉铸剑。《图经》云："干将淬剑于此"。至今山上仍有"淬剑池"、"砥剑石"、"铁门槛"等文化遗迹。相传干将在赤铸山锻制宝剑，熊熊炉火把赭山的土地山石都烤染成赭红色，至今山上还可见到遍地殷红色的石头和泥土，有的石头竟红得如同玛瑙一般，光彩夺目，颇为神奇。

《志书》记载："干将死后葬于（芜湖）城东赤铸山"，指的便是此山。

戴安澜将军墓与2500多年以前干将墓隔山相对，遥遥相望。青山赭土埋忠骨，魂归故里，长眠于此，也称得上是"入土为安"了。

后 记

“观乎人文，以化成天下”。

文化是民族的血脉，是人民的精神家园。党的十八大把建设和发展中国特色社会主义文化提到新的历史高度。党的十八届三中全会强调，提高文化开放水平，推动中华文化走向世界。

习近平总书记在庆祝中国共产党成立95周年大会上的讲话中指出：“坚持不忘初心，继续前进，就是要坚持中国特色社会主义道路自信、理论自信、制度自信、文化自信”，“文化自信是更基础、更广泛、更深厚的自信。”

文化是城市精神的“根”和“魂”，每一个城市都有自己独特的文化。我们每天都在触摸城市独有的文化符号，感受城市的历史与现实、外形与内涵，领悟绵延不断的文化魅力。生活其间的我们，有义务关注并守护一个城市的文化资源，敬畏城市的文化脉络，传承城市的文化发展。

芜湖历史悠久，文化璀璨。本着对历史负责、对文化敬畏的精神，深入发掘，缜密考证，力求正本清源、形成成果，进而推介芜湖文化、弘扬芜湖文化的目的。我们先后编撰了《芜湖市文化研究论文汇编》第一、二、三集，付梓后，得到各有关方面的肯定与鼓励。在此基础上，我们又将《鸠兹文化探析》、《干将莫邪铸剑芜湖》、《三华山无湖长印》、《芜湖古代圩田刍探》、《周瑜与芜湖》、《小乔与小乔墓考》、《王敦与“王敦城”》、《李白诗缘芜湖》、《芜湖小九华与地藏文化》、《从一华到九华金地藏落迹寻踪》、《繁昌窑及其历史文化影响》、《“石圣”米芾与无为米公祠》、《南宋状元张孝祥与镜湖》、《徽商与芜湖的相互影响》、《汤鹏、萧云从与芜湖铁画》、《孙中山与芜湖》、《新四军第七师在无为》和《戴安澜将军》等18篇课题研究论文，认真编校订正，结集成辑，正式出版。

精神层面的东西赖于物质的载体，体现出来，传播开去。希望广大读者能从《芜湖市文化研究论文汇编》第一辑中，感受芜湖文化的魅力生机，见证芜湖城市的成长轨迹。

本书在编辑过程中，得到了芜湖市文联、芜湖市文化委员会、芜湖市民委（宗教局）、芜湖市党史和地方志办公室、芜湖市旅游局，各县、区委宣传部等单位以及安徽师范大学、安徽工程大学等驻芜高校的大力支持和帮助指导，市档案馆提供了珍贵图片资料，在此一并表示感谢。

由于时间仓促，加上水平有限，错漏和不足之处难免，恳请广大读者批评指正。

2016年9月